高等院校信息安全专业系列教材

信息安全数学基础

秦艳琳　陈　云　付　钰　杨智超　编著

国防工业出版社

·北京·

内 容 简 介

本书系统地介绍了与信息安全相关的数学知识，主要包含初等数论、抽象代数、布尔函数、椭圆曲线论、数理逻辑等方面的内容。书中结合大量例题深入浅出地阐述了各数学分支的基本概念、基本理论与基本方法；同时注重背景，将知识点与其在信息安全领域的实际应用进行结合，便于读者理解掌握。本书可作为网络空间安全、信息安全、计算机科学与技术、通信工程、电子等领域的研究生和本科生相关课程的教科书，也可作为这些领域工程技术人员的参考书。

图书在版编目（CIP）数据

信息安全数学基础 / 秦艳琳等编著. —北京：国防工业出版社，2023.8
ISBN 978-7-118-12966-3

Ⅰ．①信⋯ Ⅱ．①秦⋯ Ⅲ．①信息安全－应用数学 Ⅳ．①TP309 ②O29

中国国家版本馆 CIP 数据核字（2023）第 137022 号

※

国防工业出版社 出版发行
（北京市海淀区紫竹院南路 23 号　邮政编码 100048）
三河市天利华印刷装订有限公司印刷
新华书店经销

*

开本 787×1092　1/16　印张 13　字数 294 千字
2023 年 8 月第 1 版第 1 次印刷　印数 1—1500 册　定价 69.00 元

（本书如有印装错误，我社负责调换）

国防书店：（010）88540777　　书店传真：（010）88540776
发行业务：（010）88540717　　发行传真：（010）88540762

前 言

随着信息网络技术的飞速发展和广泛应用，信息安全已经成为世人关注的社会问题和信息科学领域的热点研究课题。值此之际，我国于2001年创建了国内第一个信息安全本科专业，此后许多高校都陆续开设了相关本科专业。信息安全是数学、计算机和信息科学等诸多领域的交叉学科，数学在其中有着不可忽视的地位和作用。

在信息安全专业的学习和研究中，如信息安全模型的建立、密码算法的设计（尤其是公钥密码算法的设计）、密码分析破译、密码体制的形式化分析以及安全性证明等方面会涉及数论、抽象代数、布尔函数、椭圆曲线理论、数理逻辑等数学知识。这些数学知识在高等院校工科数学课程中大部分是没有介绍过的，因此非数学专业学生在学习这些与信息安全紧密相关的数学知识时遇到了很大的困难，而有关数论、抽象代数和椭圆曲线论等方面的书籍多半是针对数学专业的学生，更加注重数学理论的完备性和严谨性，不便于非数学专业的学生进行阅读和学习。因此，编写一本满足专业需求、强调实用的教材就显得十分必要。本书希望将应用于信息安全的数学理论和信息安全研究和应用中所产生的一些新的数学成果作一次系统全面的介绍，以方便信息安全、计算机科学技术、通信工程等专业的学生及信息安全领域的工作者学习。

本书对作者于2014年出版的《信息安全数学基础》进行了改编，根据实际需要调整了部分教学内容，同时对原书中出现的错误进行了纠正，并适当增加了相关数学知识在密码学中的具体应用。第一章至第五章分别介绍了数论中整数的可除性、同余及同余式、二次剩余、原根、素性检验等内容，第六章至第七章介绍了抽象代数中的群、环、域，第八章介绍了应用于格公钥密码的格理论，第九章介绍了布尔函数的相关内容，第十章简单介绍了应用于椭圆曲线密码体制的椭圆曲线理论，第十一章介绍了数理逻辑的基本知识。为便于阅读，本书在编写过程中选择性地略去了部分定理的证明过程，学有余力的读者可查阅列于书末的参考书目或相关书籍。由于学时数有限，建议授课教师根据学生实际情况适当选取课堂讲授内容，其他部分可安排学生自学。

本书内容翔实，概念表述严谨，语言精练，例题丰富，切合教学之用。但由于时间和水平有限，不妥和错误之处在所难免，恳切地盼望读者能给予指正与帮助，以使本书能够进一步修改完善。

本书在编写过程中得到信息安全系许多教师的热情帮助，在此向他们表示衷心的感谢。

作 者
2023年1月

目　　录

第一章　整数的可除性 ·· 1
　第一节　整除的概念与欧几里得除法 ·· 1
　第二节　最大公因数与辗转相除法 ·· 3
　第三节　最小公倍数及其性质 ·· 10
　第四节　素数和整数的唯一分解定理 ·· 12
　第五节　厄拉多塞筛法 ·· 15
　第六节　整数的表示 ··· 18
　习题 ·· 21

第二章　同余及同余式 ·· 24
　第一节　同余的概念和基本性质 ··· 24
　第二节　剩余类及完全剩余系 ·· 29
　第三节　缩系与几个重要定理 ·· 31
　第四节　RSA 公钥密码算法 ··· 37
　第五节　一次同余式 ··· 40
　第六节　中国剩余定理 ·· 43
　第七节　高次同余式的解法和解数 ·· 47
　第八节　素数模的同余式 ··· 51
　习题 ·· 54

第三章　二次同余式 ··· 58
　第一节　二次剩余 ·· 58
　第二节　勒让德符号 ··· 61
　第三节　二次互反律 ··· 64
　第四节　雅可比符号 ··· 68
　第五节　二次同余式的解法和解数 ·· 71
　习题 ·· 78

第四章　原根 ·· 81
　第一节　指数 ·· 81
　第二节　原根 ·· 86
　第三节　指标及 n 次剩余 ·· 91
　第四节　ELGamal 密码 ··· 95
　习题 ·· 96

第五章 素性检验 ... 98
- 第一节 AKS 素性检验和莱梅判别法 ... 98
- 第二节 Fermat 素性检验 ... 99
- 第三节 Solovay-Stassen 素性检验 ... 101
- 第四节 Miller-Rabin 素性检验 ... 103
- 习题 ... 104

第六章 群 ... 105
- 第一节 群和子群 ... 105
- 第二节 同态和同构 ... 109
- 第三节 正规子群和商群 ... 111
- 第四节 循环群 ... 114
- 第五节 置换群 ... 116
- 第六节 群在密码学中的应用 ... 118
- 习题 ... 120

第七章 环与域 ... 122
- 第一节 环与子环 ... 122
- 第二节 整环、除环和域 ... 124
- 第三节 理想 ... 126
- 第四节 域的扩张 ... 130
- 第五节 有限域 ... 134
- 第六节 分式域 ... 137
- 第七节 环论在密码学中的应用——NTRU 密码 ... 138
- 习题 ... 140

第八章 格 ... 142
- 第一节 基本概念 ... 142
- 第二节 格中的计算性难题 ... 144
- 第三节 最短向量问题 ... 145
- 第四节 最近向量问题 ... 147
- 第五节 格理论在密码中的应用——GGH 公钥密码 ... 150
- 习题 ... 153

第九章 布尔函数 ... 155
- 第一节 布尔函数的基本概念 ... 155
- 第二节 布尔函数的平衡相关免疫性 ... 158
- 第三节 布尔函数的非线性度及其上界研究 ... 161
- 第四节 布尔函数的严格雪崩特性和扩散性 ... 164
- 第五节 Bent 函数 ... 165
- 习题 ... 167

第十章 椭圆曲线 ... 168
- 第一节 椭圆曲线基本概念 ... 168

第二节	加法原理	169
第三节	有限域上的椭圆曲线	172
第四节	椭圆曲线密码算法	173
习题		175

第十一章 数理逻辑 ································· 176

第一节	命题逻辑	176
第二节	联结词	177
第三节	命题公式及其间的逻辑关系	178
第四节	谓词与量词	183
第五节	谓词公式及公式之间的逻辑关系	184
第六节	范式	188
第七节	命题逻辑推理理论	191
第八节	谓词逻辑推理理论	193
习题		195

参考文献 ································· 198

第一章 整数的可除性

整数是日常生活中使用频率最高的一类数,由于其具有的良好性质而在信息安全、计算机及通信等领域中有重要的应用。本章将围绕整数的可除性介绍整数的一些基本性质,并引出初等数论中最基本的定理——整数的唯一分解定理,也被称为算术基本定理,这些内容是研究后续同余关系的基础。

第一节 整除的概念与欧几里得除法

定义 1.1.1 设 a, b 是任意两个整数,其中 $b \neq 0$。如果存在一个整数 q 使得等式
$$a = bq \tag{1-1-1}$$
成立,就称 b 整除 a 或者 a 被 b 整除,记作 $b|a$,并把 b 称为 a 的因数,把 a 称为 b 的倍数,这时,q 也是 a 的因数,我们常常将 q 写成 a/b 或 $\dfrac{a}{b}$。否则,就称 b 不能整除 a 或者 a 不能被 b 整除,记作 $b \nmid a$。

由定义可知,0 是任何非零整数的倍数,1 是任何整数的因数,任何非零整数 a 是其自身的倍数,也是其自身的因数。此外,注意到:

(1) 当 b 遍历整数 a 的所有因数时,$-b$ 也遍历整数 a 的所有因数。

(2) 当 b 遍历整数 a 的所有因数时,a/b 也遍历整数 a 的所有因数。

例 1.1.1 $42 = 2 \cdot 3 \cdot 7$。

显然,2、3、7 分别整除 42 或 42 被 2、3、7 分别整除,可记作 $2|42, 3|42, 7|42$。这时,2、3、7 都是 42 的因数,42 是 2、3、7 的倍数。

42 的所有因数是 $\{\pm 1, \pm 2, \pm 3, \pm 6, \pm 7, \pm 14, \pm 21, \pm 42\}$,或是 $\{\mp 1, \mp 2, \mp 3, \mp 6, \mp 7, \mp 14, \mp 21, \mp 42\}$,或是 $\{\pm 42 = 42/\pm 1, \pm 21 = 42/\pm 2, \pm 14 = 42/\pm 3, \pm 7 = 42/\pm 6, \pm 6 = 42/\pm 7, \pm 3 = 42/\pm 14, \pm 2 = 42/\pm 21, \pm 1 = 42/\pm 42\}$。

从整除的定义出发,不难推断出下述性质:

性质 1.1.1 设 a, b, c 是整数。

(1) 如果 $b|a$,$c|b$,则 $c|a$。

(2) 如果 $b|a$,则 $cb|ca$。

(3) 如果 $c|a$,$c|b$,则对任意的整数 m, n,有 $c|ma+nb$。

(4) 如果 $cb|ca$,则 $b|a$。

(5) 如果 $b|a$ 且 $a \neq 0$,则 $|b| \leq |a|$。

(6) 如果 $b|a$,$a \neq 0$,则 $\dfrac{a}{b} | a$。

(7) 如果 $a|b$,$b|a$,则 $a = \pm b$。

(8) 如果 $b|a$，则 $b|(-a)$，$(-b)|a$，$(-b)|(-a)$。

例 1.1.2 设 a、b、c 是 3 个非零整数，$c|a$，$c|b$，如果存在整数 s、t，使得 $sa+tb=1$，求 c。

解 因为 $c|a$，$c|b$，所以由性质 1.1.1（3）可知 $c|sa+tb$。又 $sa+tb=1$，于是 $c=\pm 1$。

注意到，并不是任意两个整数之间都有整除关系，因此我们接着引进欧几里得（Euclid）除法，也称为带余数除法。

定理 1.1.1（欧几里得除法） 设 a，b 是两个整数，其中 $b>0$，则存在唯一的整数 q，r 使得

$$a=bq+r, \quad 0\leqslant r<b \qquad (1\text{-}1\text{-}2)$$

证 （存在性）考虑一个整数序列

$$\cdots, -3b, -2b, -b, 0, b, 2b, 3b, \cdots$$

它们将实数轴分成长度为 b 的左闭右开的一些区间，而 a 必定落在其中的一个区间中。因此存在一个整数 q 使得

$$qb\leqslant a<(q+1)b$$

令 $r=a-bq$，则有

$$a=bq+r, \quad 0\leqslant r<b$$

（唯一性）如果分别有整数 q，r 和 q_1，r_1 满足式（1-1-2），则

$$a=bq_1+r_1, \quad 0\leqslant r_1<b$$

两式相减，有

$$b(q-q_1)=-(r-r_1)$$

当 $q\neq q_1$ 时，左边的绝对值大于或等于 b，而右边的绝对值小于 b，这是不可能的，故 $q=q_1$，$r=r_1$。

定义 1.1.2 式（1-1-2）中的 q 称为 a 被 b 除所得的不完全商，r 称为 a 被 b 除所得的余数。

欧几里得除法可以理解成用一个长度为 b 的"尺子"去度量长度 a，度量后剩余的一段 r 不会大于"尺子"的长度 b。

利用欧几里得除法，可将两个数之间的整除关系转化为计算问题，即

推论 1.1.1 在定理 1.1.1 的条件下，$b|a$ 的充要条件是 a 被 b 除所得的余数 $r=0$。

注 在式（1-1-2）中，$0\leqslant r<b$ 可改写为 $0\leqslant r\leqslant b-1$，且当 $r=0$ 时，$a=bq=b(q-1)+b$，这种情形等价于 $r=b$，因此，式（1-1-2）又可改写为

$$a=bq+r, \quad 1\leqslant r\leqslant b \qquad (1\text{-}1\text{-}2')$$

称式（1-1-2'）中的 r 为最小正余数。

例 1.1.3 （1）$a=-347$，$b=5$，则

$$-347=(-70)\times 5+3, \quad r=3$$

（2）$a=131$，$b=-5$，则

$$131=(-26)\times(-5)+1, \quad r=1$$

（3）$a=86794$，$b=-265$，则

$$86794=(-327)\times(-265)+139, r=139$$

第二节 最大公因数与辗转相除法

利用欧几里得除法，我们可以来学习整数最大公因数的求法，在此之前，需要先介绍最大公因数的定义及其性质。

定义 1.2.1 设 $a_1,\cdots,a_n$ 是 $n(n\geq 2)$ 个整数，若整数 d 是它们中每一个数的因数，那么 d 就称为 $a_1,\cdots,a_n$ 的一个公因数，它满足：$d|a_1,\cdots,d|a_n$。如果整数 $a_1,\cdots,a_n$ 不全为零，那么它们所有公因数中最大的一个正整数称为最大公因数，记作 $(a_1,\cdots,a_n)$。特别地，当 $(a_1,\cdots,a_n)=1$ 时，称 $a_1,\cdots,a_n$ 互素或互质。

实际上，如果 $d>0$ 是 $a_1,\cdots,a_n$ 的最大公因数，那么它满足：

(1) $d|a_1,\cdots,d|a_n$；

(2) 若 $e|a_1,\cdots,e|a_n$，则 $e|d$。

此处（1）表明 d 为 $a_1,\cdots,a_n$ 的公因数，（2）表明 d 是 $a_1,\cdots,a_n$ 所有公因数中最大的，其严格的数学证明可参见推论 1.2.2。

例 1.2.1 两个整数 15 和 35 的公因数为 $\{\pm 1,\pm 5\}$，它们的最大公因数 $(15,35)=5$。

例 1.2.2 三个整数 14，-15 和 32 的公因数为 $\{\pm 1\}$，它们的最大公因数 $(14,-15,32)=1$，或者说，三个整数 14，-15 和 32 是互素的。

例 1.2.3 设 p 是一个素数（整数 p 只有 1 与 p 两个正因数，见定义 1.4.1），a 为整数，如果 $p \nmid a$，则 p 与 a 互素。

证 设 $(p,a)=d$，则有 $d|p$ 及 $d|a$。因为 p 是素数，所以由 $d|p$，我们有 $d=1$ 或 $d=p$。对于 $d=p$，由 $d|a$，我们有 $p|a$，这与假设 $p \nmid a$ 矛盾。因此，$d=1$，即 $(p,a)=1$，结论成立。

由最大公因数的定义，很容易发现它们如下性质：

性质 1.2.1

(1) 设 $a_1,\cdots,a_n$ 是 n 个不全为零的整数，则 $a_1,\cdots,a_n$ 与 $|a_1|,\cdots,|a_n|$ 的公因数相同，即 $(a_1,\cdots,a_n)=(|a_1|,\cdots,|a_n|)$。

(2) 设 a,b,c 是 3 个不全为零的整数，如果 $a=bq+c$，其中 q 是整数，则 $(a,b)=(b,c)$。

(3) 设 b 是任一非零整数，则 $(0,b)=|b|$。

证 （1）设 $d|a_i$，$1\leq i\leq n$，由性质 1.1.1（8），有 $d||a_i|$，$1\leq i\leq n$。故 $a_1,\cdots,a_n$ 的公因数也是 $|a_1|,\cdots,|a_n|$ 的公因数。

反之，设 $d||a_i|$，$1\leq i\leq n$，同样有 $d|a_i$，$1\leq i\leq n$。故 $|a_1|,\cdots,|a_n|$ 的公因数也是 $a_1,\cdots,a_n$ 的公因数。

（2）因为 $(a,b)|a$，$(a,b)|b$，所以有 $(a,b)|c$，因而 $(a,b)\leq(b,c)$，同理可证 $(b,c)\leq(a,b)$，于是得到 $(a,b)=(b,c)$。

（3）因为任何非零整数都是 0 的因数，而整数 b 的最大因数为 $|b|$，所以

$$(0,b)=|b|$$

例 1.2.4 因为 $1554=1\cdot 1273+281$，所以

$$(1554, 1273)=(1273, 281)$$

有了最大公因数的定义,一个很自然的问题是如何求解两个整数 a,b 的最大公因数?若直接从最大公因数的定义出发,那么就需要对整数进行因数分解,这在 a,b 不是大数时是可行的,见定理 1.4.4,但当 a,b 是大数时,对其分解就变得很困难了。针对这一困难,结合性质 1.2.1 来介绍一种求最大公因数的一般性方法——辗转相除法,它的过程可归纳为:首先根据性质 1.2.1(1),将求两个整数的最大公因数转化为求两个非负整数的最大公因数;其次,运用欧几里得除法和性质 1.2.1(2),将求两个较大正整数的最大公因数转化为求两个较小正整数的最大公因数,并重复这一过程,最终将求两个正整数的最大公因数转化为求 0 和一个正整数的最大公因数;最后由性质 1.2.1(3),便可完成求解。

下面将辗转相除法的过程用数学语言表述出来:

设 a,b 是任意两个正整数,则

$$\begin{cases} a = bq_1 + r_1, & 0 \leqslant r_1 < b \\ b = r_1 q_2 + r_2, & 0 \leqslant r_2 < r_1 \\ \quad \cdots\cdots \\ r_{n-2} = r_{n-1} q_n + r_n, & 0 \leqslant r_n < r_{n-1} \\ r_{n-1} = r_n q_{n+1} + r_{n+1}, & r_{n+1} = 0 \end{cases} \tag{1-2-1}$$

注意到经过有限步后,必然存在 n 使得 $r_{n+1}=0$,这是因为

$$0=r_n+1<r_n<r_{n-1}<\cdots<r_2<r_1<b$$

且 b 是有限正整数。

定理 1.2.1 设 a,b 是任意两个正整数,则 $(a,b)=r_n$,其中 r_n 是辗转相除法式(1-2-1)中最后一个非零余数。

证 根据性质 1.2.1(2),有

$$\begin{aligned}(a,b) &= (b, r_1) \\ &= (r_1, r_2) \\ &= \cdots \\ &= (r_{n-1}, r_n) \\ &= (r_n, 0)\end{aligned}$$

再结合性质 1.2.1(3)可知

$$(a,b)=(r_n,0)=r_n$$

因此,定理 1.2.1 成立。

因为求两个整数的最大公因数在信息安全的实践中起着重要的作用,所以下面以几个具体的例子将求解的过程详细地表示出来。

例 1.2.5 设 $a=-1859$,$b=1573$,计算 (a,b)。

解 由性质 1.2.1(1),$(-1859, 1573)=(1859, 1573)$。

运用辗转相除法,有

$$1859=1\cdot 1573+286$$

$$1573=5\cdot 286+143$$
$$286=2\cdot 143$$

再根据性质 1.2.1（3），显然 $(-1859, 1573)=143$。

例 1.2.6　设 $a=46480$，$b=39423$，计算 (a,b)。

解　利用辗转相除法

$$46480=1\cdot 39423+7057$$
$$39423=5\cdot 7057+4138$$
$$7057=1\cdot 4138+2919$$
$$4138=1\cdot 2919+1219$$
$$2919=2\cdot 1219+481$$
$$1219=2\cdot 481+257$$
$$481=1\cdot 257+224$$
$$257=1\cdot 224+33$$
$$224=6\cdot 33+26$$
$$33=1\cdot 26+7$$
$$26=3\cdot 7+5$$
$$7=1\cdot 5+2$$
$$5=2\cdot 2+1$$
$$2=2\cdot 1$$

对于式（1-1-2）里的余数，如果不要求它是正的，那么，对于整数 a 和 $b>0$，则存在整数 s、t，使 $a=bt+s$ 成立，其中 $|s|\leq \dfrac{b}{2}$，这是因为，当余数 $r<\dfrac{b}{2}$ 时，取 $s=r$；当 $r>\dfrac{b}{2}$ 时，取 $s=r-b$；当 b 是偶数且 $r=\dfrac{b}{2}$ 时，则 s 可取 $\dfrac{b}{2}$ 和 $-\dfrac{b}{2}$ 两个数中的任意一个，数 s 称为 a 被 b 除所得到的绝对最小剩余。如果在式（1-2-1）的计算过程中，都取绝对最小剩余，并设最后一个不为零的余数为 s_m，则由性质 1.2.1（2），仍然有 $|s_m|=(a,b)$，仍用前例说明。

$$46480=1\cdot 39423+7057$$
$$39423=6\cdot 7057-2919$$
$$7057=2\cdot 2919+1219$$
$$2919=2\cdot 1219+481$$
$$1219=3\cdot 481-224$$
$$481=2\cdot 224+33$$
$$224=7\cdot 33-7$$
$$33=5\cdot 7-2$$
$$7=3\cdot 2+1$$
$$2=2\cdot 1$$

所以，$(46480, 39423)=1$。与一般的辗转相除法相比，计算步骤由 14 次减少为 10 次，大大减少了计算量。

从辗转相除法的演示中，可推断出如下结论

定理 1.2.2 若 a,b 是任意两个不全为零的整数，则存在两个整数 s,t 使得
$$sa+tb=(a,b)$$

证 从式（1-2-1）中可以观察到
$$(a,b)=r_n=r_{n-2}-r_{n-1}q_n$$
$$r_{n-1}=r_{n-3}-r_{n-2}q_{n-1}$$
$$\cdots\cdots$$
$$r_3=r_1-r_2q_3$$
$$r_2=b-r_1q_2$$

这样，逐次消去 $r_{n-1},r_{n-2},\cdots,r_3,r_2,r_1$ 便可找到满足要求的整数 s,t。

推论 1.2.1 整数 a,b 互素的充分必要条件是存在整数 s,t 使得 $sa+tb=1$。

证 由定理 1.2.2，我们立得命题的必要性。

反过来，设 $d=(a,b)$，则有 $d|a,d|b$。现在若存在整数 s,t 使得 $sa+tb=1$，则有 $d|sa+tb=1$，因此，$d=1$，即整数 a,b 互素。

推论 1.2.2 设 a,b 是任意两个不全为零的整数，d 是正整数，则 d 为整数 a,b 的最大公因数的充要条件是：

（1）$d|a, d|b$。

（2）若 $e|a, e|b$，则 $e|d$。

证 若 d 是整数 a,b 的最大公因数，则显然有（1）成立；再由定理 1.2.2 知，存在整数 s,t 使得
$$sa+tb=d$$

因此，当 $e|a, e|b$ 时，有
$$e|sa+tb=d$$

故（2）成立。

反过来，假设（1）和（2）成立，那么

（1）说明 d 是整数 a,b 的公因数。

（2）说明 d 是整数 a,b 的公因数中的最大数，因为 $e|d$ 时，有 $|e|\leq d$。

因此，d 是整数 a,b 的最大公因数。

定理 1.2.3 设 a,b 是任意两个正整数，则
$$s_ka-t_kb=(-1)^{k-1}r_k \quad (k=1,\cdots,n) \tag{1-2-2}$$

其中
$$\begin{cases} t_0=1, t_1=q_1, t_k=q_kt_{k-1}+t_{k-2} \\ s_0=0, s_1=1, s_k=q_ks_{k-1}+s_{k-2} \end{cases} (k=2,\cdots,n) \tag{1-2-3}$$

证 当 $k=1$ 时，式（1-2-2）显然成立，当 $k=2$ 时，有
$$r_2=-[aq_2-b(1+q_1q_2)]$$

但 $1+q_1q_2=q_2t_1+t_0$，则 $q_2=q_2 \cdot 1+0=q_2s_1+s_0$。故 $s_2a-t_2b=(-1)^{2-1}r_2$，$t_2=q_2t_1+t_0$，$s_2=q_2s_1+s_0$。假定式（1-2-2）、式（1-2-3）对于不超过 $k \geq 2$ 的正整数都成立

$$(-1)^k r_{k+1} = (-1)^k(r_{k-1} - q_{k+1}r_k)$$
$$= (s_{k-1}a - t_{k-1}b) + q_{k+1}(s_k a - t_k b)$$
$$= (q_{k+1}s_k + s_{k-1})a - (q_{k+1}t_k + t_{k-1})b$$

故

$$s_{k+1}a - t_{k+1}b = (-1)^k r_{k+1}$$

式中：$t_{k+1}=q_{k+1}t_k+t_{k-1}$，$s_{k+1}=q_{k+1}s_k+s_{k-1}$。

利用归纳法，定理得证。

例 1.2.7 设 $a=-1859$，$b=1573$，求整数 s，t，使得

$$sa+tb=(a, b)$$

解 由例 1.2.5，有

$$143 = 1573 - 5 \cdot 286$$
$$= 1573 - 5 \cdot (1859 - 1 \cdot 1573)$$
$$= 5 \cdot (-1859) + 6 \cdot 1573$$

因此，整数 $s=5$，$t=6$ 满足 $sa+tb=(a, b)$。

例 1.2.8 设 $a=46480$，$b=39423$，求整数 s，t，使得 $sa+tb=(a, b)$。

解 由例 1.2.6，有两种方法。

方法一：最小非负余数。

$$1 = 5 - 2 \cdot 2$$
$$= 5 - 2 \cdot (7 - 1 \cdot 5)$$
$$= (-2) \cdot 7 + 3 \cdot (26 - 3 \cdot 7)$$
$$= 3 \cdot 26 + (-11) \cdot (33 - 1 \cdot 26)$$
$$= (-11) \cdot 33 + 14 \cdot (224 - 6 \cdot 33)$$
$$= 14 \cdot 224 + (-95) \cdot (257 - 1 \cdot 224)$$
$$= (-95) \cdot 257 + 109 \cdot (481 - 1 \cdot 257)$$
$$= 109 \cdot 481 + (-204) \cdot (1219 - 2 \cdot 481)$$
$$= (-204) \cdot 7 + 517 \cdot (2919 - 2 \cdot 1219)$$
$$= 517 \cdot 2919 + (-1238) \cdot (4138 - 1 \cdot 2919)$$
$$= (-1238) \cdot 4138 + 1755 \cdot (7057 - 1 \cdot 4138)$$
$$= 1755 \cdot 7057 + (-2993) \cdot (39423 - 5 \cdot 7057)$$
$$= (-2993) \cdot 39423 + 16720 \cdot (46480 - 1 \cdot 39423)$$
$$= 16720 \cdot 46480 + (-19713) \cdot 39423$$
$$= (16720 - 39423) \cdot 46480 + (46480 - 19713) \cdot 39423$$
$$= (-22703) \cdot 46480 + 26767 \cdot 39423$$

方法二：绝对值最小余数

$$1 = 7 - 3 \cdot 2$$

$$=7 \cdot 3 \cdot (-33+5 \cdot 7)$$
$$=3 \cdot 33+(-14) \cdot (-224+7 \cdot 33)$$
$$=14 \cdot 224+(-95) \cdot (481-2 \cdot 224)$$
$$=(-95) \cdot 481+204 \cdot (-1219+3 \cdot 481)$$
$$=(-204) \cdot 1219+517 \cdot (2919-2 \cdot 1219)$$
$$=517 \cdot 2919+(-1238) \cdot (7057-2 \cdot 2919)$$
$$=(-1238) \cdot 7057+2993 \cdot (-39423+6 \cdot 7057)$$
$$=(-2993) \cdot 39423+16720 \cdot (46480-1 \cdot 39423)$$
$$=16720 \cdot 46480+(-19713) \cdot 39423$$
$$=(16720-39423) \cdot 46480+(46480-19713) \cdot 39423$$
$$=(-22703) \cdot 46480+26767 \cdot 39423$$

由上可知，整数 $s=-22703$，$t=26767$ 满足 $sa+tb=(a,b)$。

例1.2.9 设 4 个整数 a,b,c,d 满足关系式：
$$ad-bc=1$$
则 $(a,b)=1$，$(a,c)=1$，$(d,b)=1$，$(d,c)=1$。

基于上面的讨论，我们可进一步给出一些有用的性质。

性质 1.2.2 设 a,b 为不全为零的整数（$a^2+b^2 \neq 0$），

（1）对于任意正整数 m，有 $(am,bm)=(a,b)m$。

（2）如果非零整数 d 满足 $d|a$，$d|b$，则 $\left(\dfrac{a}{d}, \dfrac{b}{d}\right) = \dfrac{(a,b)}{|d|}$。特别地，$\left(\dfrac{a}{(a,b)}, \dfrac{b}{(a,b)}\right) = 1$。

（3）如果 a,b 均大于零，则正整数 2^a-1 和 2^b-1 互素的充要条件是 a 和 b 互素。

证 （1）设 $d=(a,b)$，$d'=(am,bm)$。由定理 1.2.2 知存在整数 s,t 使得
$$sa+tb=d$$
两端同乘 m，得到
$$s(am)+t(bm)=dm$$
因此 $d'|dm$。又显然有 $dm|am$，$dm|bm$。根据推论 1.2.2（2），有 $dm|d'$，从而 $d'=(am,bm)$。

（2）根据上述（1）中结论，当 $d|a, d|b$ 时，有
$$(a,b) = \left(\dfrac{a}{|d|} \cdot |d|, \dfrac{b}{|d|} \cdot |d|\right)$$
$$= \left(\dfrac{a}{|d|}, \dfrac{b}{|d|}\right)|d|$$
$$= \left(\dfrac{a}{d}, \dfrac{b}{d}\right)|d|$$

因此，$\left(\dfrac{a}{d}, \dfrac{b}{d}\right) = \dfrac{(a,b)}{|d|}$，特别地，取 $d=(a,b)$，有
$$\left(\dfrac{a}{(a,b)}, \dfrac{b}{(a,b)}\right) = 1$$

（3）我们将证明分为两步：

首先说明 2^a-1 被 2^b-1 除的最小正余数是 2^r-1，其中 r 是 a 被 b 除的最小正余数。当 $a<b$ 时，$r=a$，结论显然成立。当 $a \geqslant b$ 时，对 a, b 运用欧几里得除法，存在不完全商 q 及最小正余数 r，使得

$$a=bq+r, 1 \leqslant r \leqslant b$$

进而，

$$2^a-1=2^r(2^{bq}-1)+2^r-1=(2^b-1)q_1+2^r-1$$

其中 $q_1=2^r(2^{b(q-1)}+\cdots+1)$ 为整数，结论也成立。

然后运用辗转相除法和第一步的结论不难看出整数 2^a-1 和 2^b-1 的最大公因数是 $2^{(a,b)}-1$，从而完成了证明。

例 1.2.10 设 $a=13 \cdot 201303$，$b=19 \cdot 201303$，计算 (a, b)。

解 因为

$$(13, 19)=(13, 19-13 \cdot 1)=(13, 6)=1$$

所以

$$(a, b)=(13 \cdot 201303, 19 \cdot 201303)=201303$$

性质 1.2.3 设 a, b, c 是 3 个整数

（1）如果 $b \neq 0$，$c \neq 0$，且 $(a, c)=1$，则 $(ab, c)=(b, c)$。

（2）如果 $c \neq 0$，且 $c|ab$，$(a, c)=1$，则 $c|b$。

证（1）令 $d=(ab, c)$，$d'=(b, c)$，有 $d'|b$，$d'|c$，进而 $d'|ab$，$d'|c$。根据推论 1.2.2 得到 $d'|d$。

反过来，因为 $(a, c)=1$，所以根据推论 1.2.1 知存在整数 s, t，使得

$$sa+tc=1$$

两端同乘 b，得到

$$s(ab)+(tb)c=b$$

根据性质 1.1.1（3），由 $d|ab$，$d|c$，我们得到 $d|s(ab)+(tb)c$，即 $d|b$，同样，根据推论 1.2.2 有 $d|d'$。

综上可得 $d=d'$。

（2）由上可知

$$c|(ab, c)=(b, c)$$

从而 $c|b$，证毕。

例 1.2.11 因为 $5|2 \cdot 20$，又 $(2, 5)=1$，所以 $5|20$。

性质 1.2.4 设 $a_1, \cdots, a_n$ 是 n 个整数

（1）如果 c 为整数，且 $(a_i, c)=1$，$1 \leqslant i \leqslant n$ 则

$$(a_1 \cdots a_n, c)=1$$

（2）如果 p 是素数，且 $p|a_1 \cdots a_n$，则 p 一定整除某个 $a_k(1 \leqslant k \leqslant n)$。

证（1）用数学归纳法来完成证明。

当 $n=2$ 时，命题就是性质 1.2.3（1）。

假设 $n-1$ 时，命题成立，即

$$(a_1 \cdots a_{n-1}, c)=1$$

对于 n，由 $(a_1 \cdots a_{n-1}, c)=1$，$(a_n, c)=1$ 及性质 1.2.3（1），得
$$(a_1 \cdots a_{n-1}a_n, c)=((a_1 \cdots a_{n-1})a_n, c)=1$$

因此，命题对所有的 n 成立，证毕。

（2）显然只需考虑 $a_i \neq p$，$1 \leq i \leq n$ 的情形。用反证法证明，若 $a_1, \cdots, a_n$ 都不能被 p 整除，则根据例 1.2.3 有
$$(a_i, p)=1, \quad 1 \leq i \leq n$$

再由上述（1）中结论可知，
$$(a_1 \cdots a_n, p)=1$$

这与 $p|a_1, \cdots, a_n$ 矛盾。

在本节的最后，我们基于前面两个整数最大公因数的求解，用递归的方法来求 n 个整数 $a_1, \cdots, a_n$ 的最大公因数，即

定理 1.2.4 设 $a_1, \cdots, a_n$ 是 n 个整数，且 $a_1 \neq 0$，令 $(a_1, a_2)=d_2, \cdots, (d_{n-1}, a_n)=d_n$ 则 $(a_1, \cdots, a_n)=d_n$。

证 由 $d_n|a_n$，$d_n|d_{n-1}$，$d_{n-1}|a_{n-1}$，$d_{n-1}|d_{n-2}$，可得 $d_n|a_{n-1}$，$d_n|d_{n-2}$。
由此类推，最后得到
$$d_n|a_n, d_n|a_{n-1}, \cdots, d_n|a_1$$

因此有 $d_n \leq (a_1, \cdots, a_n)$，另一方面，设 $(a_1, \cdots, a_n)=d$，由 $d|d_2, d|d_3, \cdots, d|d_n$，故 $d \leq d_n$。于是可得
$$(a_1, a_2, \cdots, a_n)=d_n$$

由上述定理的证明过程可以看出，必存在整数 $(x_1, \cdots, x_n)$ 使得
$$(a_1, \cdots, a_n)=a_1x_1+\cdots+a_nx_n$$

例 1.2.12 计算最大公因数 $(90, 150, 180, 70)$。

解 因为
$$(90, 150)=(90, 60)=30$$
$$(30, 180)=30$$
$$(30, 70)=(30, 10)=10$$

所以最大公因数 $(90, 150, 180, 70)=10$。

第三节 最小公倍数及其性质

定义 1.3.1 设 $a_1, \cdots, a_n$ 是 n 个整数，若 m 是这 n 个数的倍数，则 m 称为这 n 个数的一个公倍数，$a_1, \cdots, a_n$ 的所有公倍数中的最小正整数称为最小公倍数，记作 $[a_1, \cdots, a_n]$。
类似地，$m=[a_1, \cdots, a_n]$ 可用如下两条描述：
（1）$a_i|m$ 且 $m>0$，其中 $1 \leq i \leq n$。
（2）若 $a_i|m'$，$1 \leq i \leq n$，则 $m|m'$。

例 1.3.1 整数 14 和 21 的公倍数为 $\{\pm 42, \pm 84, \cdots\}$，最小公倍数为 $[14, 21]=42$。

下面我们给出最小公倍数的一些重要性质。

性质 1.3.1 设 a, b 是两个正整数, 则

(1) 若 $a|m$, $b|m$, 则 $[a,b]|m$。

(2) $[a,b]=\dfrac{ab}{(a,b)}$。

(3) 若 a, b 互素, 则 $[a,b]=ab$。

证 先证（2），设 m 为 a, b 的任一公倍数, 则有 $m=ak=bh$, 设 $a=a_1(a,b)$, $b=b_1(a,b)$ 则有 $a_1k=b_1h$, 且 $(a_1,b_1)=1$, 又由 $b_1|a_1k$, 可得到 $b_1|k$, 令 $k=b_1t$, 则 $m=ak=ab_1t=[ab/(a,b)]t$, 故 $t=1$ 时 m 为 a, b 的最小公倍数, 即 $[a,b]=\dfrac{ab}{(a,b)}$。由（2）的证明可以立即得到（1）。

(3) 由（2）可知, 若 $(a,b)=1$, 则有 $[a,b]=ab$。

例 1.3.2 整数 14 和 21 的最大公因数为 7, 因此

$$[14,21]=\frac{14\cdot 21}{(14,21)}=\frac{14\cdot 21}{7}=42$$

对于 n 个整数 $a_1,\cdots,a_n$ 的最小公倍数, 可以用递归的方法, 将求它们的最小公倍数转化为一系列求两个整数的最小公倍数, 即

定理 1.3.1 设 $a_1,\cdots,a_n$ 是 n 个整数, 令

$$[a_1,a_2]=m_2, [m_2,a_3]=m_3,\cdots,[m_{n-1},a_n]=m_n$$

则 $[a_1,\cdots,a_n]=m_n$。

例 1.3.3 计算最小公倍数 $[90, 150, 180, 70]$。

解 因为

$$[90,150]=\frac{90\cdot 150}{(90,150)}=\frac{90\cdot 150}{30}=450$$

$$[450,180]=\frac{450\cdot 180}{(450,180)}=\frac{450\cdot 180}{90}=900$$

$$[900,70]=\frac{900\cdot 70}{(900,70)}=\frac{900\cdot 70}{10}=6300$$

所以最小公倍数 $[90, 150, 180, 70]=6300$。

性质 1.3.2 设 $a_1,\cdots,a_n$ 是正整数, 如果 $a_1|m$, $a_2|m,\cdots,a_n|m$, 则 $[a_1,\cdots,a_n]|m$。

证 用数学归纳法证明。

$n=2$ 时命题就是性质 1.3.1（1）。

假设 $n-1$（$n\geq 3$）时, 命题成立。即

$$m_{n-1}=[a_1,\cdots,a_{n-1}]|m$$

对于 n, 根据归纳假设, 有 $m_{n-1}|m$, 再根据定理 1.3.1, $[m_{n-1},a_n]=[a_1,\cdots,a_n]$ 及性质 1.3.1（1）, 得

$$[a_1,\cdots,a_n]|m$$

因此, 命题对所有的 n 成立, 证毕。

第四节 素数和整数的唯一分解定理

在正整数里，1 的因子只有它本身，任何一个大于 1 的整数至少有 2 个因子，即 1 和它本身。

定义 1.4.1 一个大于 1 的整数，如果它的正因数只有 1 和它本身，则称为素数（或质数）；否则称为合数。

当整数 $n\neq 0$，± 1 时，n 和 $-n$ 同为素数或合数，因此，若没有特别声明，下文中所指素数总是限定在大于 1 的正整数范围内，通常记为 p。

素数在研究整数的过程中占有一个很重要的地位，本节的主要目的就是要证明任何一个大于 1 的整数，如果不论次序，能唯一地表成素数的乘积。在此之前，我们先来了解一下素数的一些基本性质。

定理 1.4.1 设 n 是任一大于 1 的整数，则 n 的除 1 外最小正因数 p 是一素数，并且当 n 是合数时，$p\leqslant \sqrt{n}$。

证 假定 p 不是素数，由定义，p 除 1 及本身外还有一正因数 p_1，因而 $1<p_1<p$，但 $p|n$，所以 $p_1|n$，这与 p 是 n 的除 1 外的最小正因数矛盾，故 p 是素数。

当 n 是合数时，则 $n=n_1 p$，且 $p\leqslant n_1$，故 $p^2 \leqslant pn_1 = n$，故 $p\leqslant \sqrt{n}$。

定理 1.4.2 设 p 是素数，若 $p|ab$，则 $p|a$ 或 $p|b$。

证 若 $p\nmid a$，则根据例 1.2.3，有 $(p,a)=1$，再根据性质 1.2.3（2），有 $p|b$，证毕。

推论 1.4.1 设 $a_1,\cdots,a_n$ 是 n 个整数，p 是素数，若 $p|a_1\cdots a_n$，则 p 一定整除某一个 a_k。

在定理 1.4.1、定理 1.4.2 和例 1.2.3 的基础上，我们可以给出下面的整数唯一分解定理。

定理 1.4.3（整数唯一分解定理） 任一整数 $n>1$ 都可以表示成素数的乘积，且在不考虑乘积顺序的情况下，该表达式是唯一的，即

$$n=p_1\cdots p_s, p_1 \leqslant \cdots \leqslant p_s \tag{1-4-1}$$

其中 p_i 是素数，并且若有

$$n = q_1\cdots q_t, q_1 \leqslant \cdots \leqslant q_t$$

其中 q_j 是素数，则

$$s=t, p_i = q_i, 1\leqslant i \leqslant s$$

证 首先用数学归纳法证明：任一整数 $n>1$ 都可以表示成素数的乘积，即式（1-4-1）成立。

$n=2$ 时，式（1-4-1）显然成立。

假设对于小于 n 的正整数，式（1-4-1）成立。则对于正整数 n，若 n 是素数，则式（1-4-1）对 n 成立；若 n 是合数，则存在正整数 b,c 使得

$$n = bc, 1<b<n, 1<c<n$$

根据归纳假设，

$$b = p_1'\cdots p_u', c = p_{u+1}'\cdots p_s'$$

于是
$$n = p'_1 \cdots p'_s$$

适当改变 p'_i 的次序即得式（1-4-1），故式（1-4-1）对于 n 成立。

再证明表达式是唯一的，设还有
$$n = q_1 \cdots q_t, q_1 \leqslant \cdots \leqslant q_t$$

其中 q_j 是素数，则
$$p_1 \cdots p_s = q_1 \cdots q_t \tag{1-4-2}$$

因此 $p_1 | q_1 \cdots q_t$。根据推论 1.4.1，存在 q_j 使得 $p_1 | q_j$，又 p_1，q_j 都是素数，故 $p_1 = q_j$。

同理，存在 p_k 使得 $q_1 = p_k$，这样
$$p_1 \leqslant p_k = q_1 \leqslant q_j = p_1$$

进而 $p_1 = q_1$，将式（1-4-2）的两端同时消除 p_1，有 $p_2 \cdots p_s = q_2 \cdots q_t$。同理可推出 $p_2 = q_2$。以此类推，依次得到
$$p_3 = q_3, \cdots, p_s = q_t$$

以及 $s = t$，证毕。

例 1.4.1 写出整数 90, 121, 120, 64 的素因数分解式。

解 根据定理 1.4.3，有
$$90 = 2 \cdot 3 \cdot 3 \cdot 5,\ 121 = 11 \cdot 11$$
$$120 = 2 \cdot 3 \cdot 4 \cdot 5,\ 64 = 2 \cdot 2 \cdot 2 \cdot 2 \cdot 2 \cdot 2$$

将相同的素数乘积写成素数幂的形式，定理 1.4.3 可表述如下。

推论 1.4.2 任一整数 $n > 1$ 可以唯一地表示为
$$n = p_1^{\alpha_1} \cdots p_s^{\alpha_s}, \alpha_s > 0, i = 1, \cdots, s \tag{1-4-3}$$

其中 $p_i < p_j (i < j)$ 是素数。

通常式（1-4-3）称为 n 的标准分解式。

例 1.4.2 写出整数 90, 121, 120, 64 的标准素因数分解式。

解 根据定理 1.4.3 和例 1.4.1，有
$$90 = 2 \cdot 3^2 \cdot 5,\ 121 = 11^2$$
$$120 = 2 \cdot 3 \cdot 4 \cdot 5,\ 64 = 2^6$$

在应用中，为了表述方便起见，有时插进若干质数的零次幂而把整数的素因数分解式写为
$$n = p_1^{\alpha_1} \cdots p_s^{\alpha_s}, \alpha_i \geqslant 0, i = 1, \cdots, s$$

由例 1.4.1 和例 1.4.2 可以看出，当合数比较小时，对其进行素因数分解比较容易，但是当给定一个足够大的合数，要对它进行素因数分解，这是一个非常困难的问题，也被称为密码学应用上的三大数学难题之一——大合数因子分解难题（简称为 IFP）。究竟有多难？要分解上千位的大合数，按照目前计算机的计算能力，可能要万年、亿年甚至太阳系消亡，哪怕全球的计算机联合起来也无济于事。著名的公钥密码算法 RSA 就是基

于大合数因子分解难题设计的。

推论 1.4.3 设 n 是大于 1 的一个整数，且有标准分解式
$$n = p_1^{\alpha_1} \cdots p_s^{\alpha_s}, \alpha_i \geq 0 \quad (i=1,\cdots,s)$$
则 d 是 n 的正因数，当且仅当 d 有因数分解式：
$$d = p_1^{\beta_1} \cdots p_s^{\beta_s}, \alpha_i \geq \beta_i \geq 0 \quad (i=1,\cdots,s) \tag{1-4-4}$$

证 若 $d|n$，则 $n=dq$，由推论 1.4.2 知 n 的标准分解式是唯一的，故 d 的标准分解式中出现的素数都在 p_j ($j=1,2,\cdots,s$) 中出现，且 p_j 在 d 的标准分解式中出现的指数 $\beta_j \not> \alpha_j$，亦即 $\beta_j \leq \alpha_j$。反之当 $\beta_j \leq \alpha_j$ 时，d 显然整除 n，证毕。

例 1.4.3 设正整数 n 有因数分解式 $p_1^{\alpha_1} \cdots p_s^{\alpha_s}$
$$n = p_1^{\alpha_1} \cdots p_s^{\alpha_s}, \alpha_i > 0 \quad (i=1,\cdots,s)$$
则 n 的因数个数 $d(n)=(1+\alpha_1)\cdots(1+\alpha_s)$。

证 设 d 是整数 n 的正因数，根据推论 1.4.3，有
$$d = p_1^{\beta_1} \cdots p_s^{\beta_s}, \alpha_i \geq \beta_i \geq 0 \quad (i=1,\cdots,s)$$
因为 β_1 的变化范围是 0 到 α_1 共 $1+\alpha_1$ 个值，$\cdots$，β_s 的变化范围是 0 到 α_s 共 $1+\alpha_s$ 个值，所以 n 的因数个数为
$$d(n)=(1+\alpha_1)\cdots(1+\alpha_s)$$

应用推论 1.4.3 可以得到下面定理，这是中学教科书中求最大公因数及最小公倍数的依据。

定理 1.4.4 设 a,b 是两个正整数，且都有素因数分解式：
$$a = p_1^{\alpha_1} \cdots p_s^{\alpha_s}, \alpha_i \geq 0 \quad (i=1,\cdots,s)$$
$$b = p_1^{\beta_1} \cdots p_s^{\beta_s}, \beta_i \geq 0 \quad (i=1,\cdots,s)$$
则 a 和 b 的最大公因数和最小公倍数分别有因数分解式
$$(a,b) = p_1^{\min(\alpha_1,\beta_1)} \cdots p_s^{\min(\alpha_s,\beta_s)}$$
$$[a,b] = p_1^{\max(\alpha_1,\beta_1)} \cdots p_s^{\max(\alpha_s,\beta_s)}$$

证 根据推论 1.4.3，有
$$d = p_1^{\min(\alpha_1,\beta_1)} \cdots p_s^{\min(\alpha_s,\beta_s)}$$
满足最大公因数的数学定义，所以
$$(a,b) = p_1^{\min(\alpha_1,\beta_1)} \cdots p_s^{\min(\alpha_s,\beta_s)}$$
同样，整数
$$m = p_1^{\max(\alpha_1,\beta_1)} \cdots p_s^{\max(\alpha_s,\beta_s)}$$
满足最小公倍数的数学定义，所以
$$[a,b] = p_1^{\max(\alpha_1,\beta_1)} \cdots p_s^{\max(\alpha_s,\beta_s)}$$

事实上，从上述证明过程可以看出，定理 1.4.4 的结果可推广到多个正整数的情形，这里不作详述。

利用定理 1.4.4，可给出性质 1.3.1（2）的另一种证明方法。

推论 1.4.4 设 a, b 是两个正整数，则

$$(a, b)[a, b] = ab$$

证 对任意整数 α, β，有 $\min(\alpha,\beta) + \max(\alpha,\beta) = \alpha+\beta$。再根据定理 1.4.4，推论是成立的。

例 1.4.4 计算整数 70, 90, 150, 180 的最大公因数和最小公倍数。

解 根据定理 1.4.3，有

$$90 = 2 \cdot 3^2 \cdot 5 \cdot 7^0, \quad 150 = 2 \cdot 3 \cdot 5^2 \cdot 7^0$$
$$180 = 2^2 \cdot 3^2 \cdot 5 \cdot 7^0, \quad 70 = 2 \cdot 3^0 \cdot 5 \cdot 7$$

再结合定理 1.4.4，有

$$(90, 150, 180, 70) = 2 \cdot 3^0 \cdot 5 \cdot 7^0 = 10$$

所以整数 90, 150, 180, 70 的最大公因数为 10。

同理，

$$[190, 150, 180, 70] = 2^2 \cdot 3^2 \cdot 5^2 \cdot 7 = 6300$$

所以整数 190, 150, 180, 70 的最小公倍数为 6300。

利用整数的因数分解式，给出如下结果：

例 1.4.5 设 a, b 是两个正整数，则存在整数 $a'|a$，$b'|b$ 使得

$$a' \cdot b' = [a,b], (a', b') = 1$$

证 设整数 a, b 有如下的因数分解式：

$$a = p_1^{\alpha_1} \cdots p_s^{\alpha_s}, b = p_1^{\beta_1} \cdots p_s^{\beta_s}$$

其中：$\alpha_i \geqslant \beta_i \geqslant 0 (i=1,\cdots,t)$；$\beta_i > \alpha_i \geqslant 0 (i=t+1,\cdots,s)$。

取

$$a' = p_1^{\alpha_1} \cdots p_t^{\alpha_t}, b' = p_{t+1}^{\beta_{t+1}} \cdots p_s^{\beta_s}$$

则整数 a'，b' 即为所求。

例 1.4.6 设 $a = 2^3 \cdot 5^4 \cdot 11^6 \cdot 3^2 \cdot 7^0$，$b = 2^2 \cdot 5^0 \cdot 11^3 \cdot 3^6 \cdot 7^4$

取

$$a' = 2^3 \cdot 5^4 \cdot 11^6, \quad b' = 3^6 \cdot 7^4$$

则有

$$a'|a, b'|b, \quad a' \cdot b' = 2^3 \cdot 5^4 \cdot 11^6 \cdot 3^6 \cdot 7^4 = [a,b], \quad (a,b) = 1$$

第五节 厄拉多塞筛法

大约在公元前 250 年，古希腊数学家厄拉多塞（Eratosthenes）提出一个造出不超过 N 的素数表的方法，后来人们把它称为厄拉多塞筛法，它基于这样一个简单的性质：如果 $n \leqslant N$，而 n 是合数，则 n 必为一不大于 $\sqrt{N}$ 的素数所整除。这个性质由定理 1.4.1 即

可推出。厄拉多塞筛法的具体方法如下：先列出不超过 $\sqrt{N}$ 的全体素数，设为 $2=p_1<p_2<\cdots<p_k\leqslant\sqrt{N}$，然后依次排列 $2,3,\cdots,N$，在其中留下 $p_1=2$，而把 p_1 的倍数全部划掉，再留下 p_2，而把 p_2 的倍数划掉，继续这一步骤，直到最后留下 p_k 而划去 p_k 的全部倍数，根据前面的性质，留下的就是不超过 N 的全体素数。近代素数表都是由此法略加变化造出的。例如，1914 年莱梅（Lehmer）发表了 1～10006721 的素数表，1951 年，库利克（Kulik）等又把它增加到 10999997。

例 1.5.1 求出所有不超过 $N=100$ 的素数。

解 因为小于或等于 $\sqrt{100}=10$ 的所有素数为 2，3，5，7，所以依次删除 2，3，5，7 的倍数，即

$$2\cdot 2, 3\cdot 2, 4\cdot 2, \cdots, 49\cdot 2, 50\cdot 2$$
$$2\cdot 3, 3\cdot 3, 4\cdot 3, \cdots, 32\cdot 3, 33\cdot 3$$
$$2\cdot 5, 3\cdot 5, 4\cdot 5, \cdots, 19\cdot 5, 20\cdot 5$$
$$2\cdot 7, 3\cdot 7, 4\cdot 7, \cdots, 13\cdot 7, 14\cdot 7$$

余下的整数（不包括 1）就是所要求的不超过 $N=100$ 的素数。

我们将上述解答列表如下：

对于素数 $p_1=2$，

1	2	3	~~4~~	5	~~6~~	7	~~8~~	9	~~10~~
11	~~12~~	13	~~14~~	15	~~16~~	17	~~18~~	19	~~20~~
21	~~22~~	23	~~24~~	25	~~26~~	27	~~28~~	29	~~30~~
31	~~32~~	33	~~34~~	35	~~36~~	37	~~38~~	39	~~40~~
41	~~42~~	43	~~44~~	45	~~46~~	47	~~48~~	49	~~50~~
51	~~52~~	53	~~54~~	55	~~56~~	57	~~58~~	59	~~60~~
61	~~62~~	63	~~64~~	65	~~66~~	67	~~68~~	69	~~70~~
71	~~72~~	73	~~74~~	75	~~76~~	77	~~78~~	79	~~80~~
81	~~82~~	83	~~84~~	85	~~86~~	87	~~88~~	89	~~90~~
91	~~92~~	93	94	95	96	97	98	99	100

对于素数 $p_2=3$，

1	2	3	5	7	~~9~~
11		13	~~15~~	17	19
~~21~~		23	25	~~27~~	29
31		~~33~~	35	37	~~39~~
41		43	~~45~~	47	49
~~51~~		53	55	~~57~~	59
61		~~63~~	65	67	~~69~~
71		73	~~75~~	77	79
~~81~~		83	85	~~87~~	89
91		~~93~~	95	97	~~99~~

对于素数 $p_3=5$，

1	2	3	5	7
11		13		17	19
		23	~~25~~		29
31		~~33~~		37
41		43		47	49
		53	~~55~~		59
61		~~63~~		67
71		73		77	79
		83	~~85~~		89
91		~~93~~		97

对于素数 $p_4=7$，

1	2	3	5	7
11	13	17	19
	23		29
31		37	
41	43	47	4̷9̷
	53		59
61		67	
71	73	7̷7̷	79
	83		89
9̷1̷		97	

余下的整数（不包括 1）就是所要求的不超过 $N=100$ 的素数：

1̷	2	3	5	7
11	13	17	19
	23		29
31		37	
41	43	47	
	53		59
61		67	
71	73		79
	83		89
		97	

即 2, 3, 5, 7, 11, 13, 17, 19, 23, 29, 31, 37, 41, 43, 47, 53, 59, 61, 67, 71, 73, 79, 83, 89, 97。

虽然厄拉多塞筛法可以找出素数，但下述定理告诉我们它不可能找出所有的素数。

定理 1.5.1 素数有无穷多个。

证 用反证法，假设只有有限个素数。设它们为 $p_1, p_2, \cdots, p_k$，考虑整数

$$n = p_1 \cdot p_2 \cdots p_k + 1$$

因为 $n > p_i, i=1,\cdots,k$，所以 n 一定是合数。根据定理 1.4.1，n 的大于 1 的最小正因数 p 是素数。因此，p 是 $p_1, p_2, \cdots, p_k$ 中的某一个，即存在 j，$1 \leqslant j \leqslant k$，使得 $p = p_j$。根据性质 1.1.1（3），有

$$p \mid n - p_1 \cdots p_j \cdots p_k = 1$$

这显然是不可能的。故存在无穷多个素数。

由整数唯一分解定理可以看出，素数在有关整数的研究中起着非常重要的作用，因此人们对其具体分布十分感兴趣，著名的黎曼猜想就与其有关。在此我们列出一些结果供读者学习，希望了解更多相关内容的读者可以阅读有关书籍。

设 $\pi(x)$ 表示不超过 x 的素数个数，即

$$\pi(x) = \sum_{p \leqslant x} 1$$

是素数集的函数。由定理 1.5.1，存在无穷多个素数，即 $\pi(x)$ 随 x 趋于无穷。更具体地，有

定理 1.5.2（契贝谢夫不等式） 设 $x \geqslant 2$，则
$$\frac{\ln 2}{3} \frac{x}{\ln x} < \pi(x) < 6\ln 2 \frac{x}{\ln x}$$

和
$$\frac{1}{6\ln 2} n\ln n < p_n < \frac{8}{\ln 2} n\ln n, n \geqslant 2$$

其中 p_n 为第 n 个素数。

定理 1.5.3（素数定理）
$$\lim_{x \to \infty} \pi(x) \frac{\ln x}{x} = 1$$

从这章的讨论内容可以看出判断一个整数是合数还是素数及如何具体地进行因数分解涉及很多运算，同时现代的加密技术需要判断和找出大的素数，例如 50 位或者更高位数的素数；解密技术需要分解大数，虽然我们介绍的"厄拉多塞筛法"可以逐一地把素数求出来，但是实际上即使动用超级计算机，要想求出一个大的素数，例如 100 以上的素数，也是非常困难的，分解大数就更加困难，我们会在第六章对其作进一步的介绍。

素数的性质是数论最早的研究课题之一，这方面有许多艰深的难题和猜想，迄今仍是一个活跃的领域，感兴趣的读者可参阅相关的数论专著。

第六节 整数的表示

我们平时遇到的整数通常是十进制的，例如 64328 是指
$$6 \cdot 10^4 + 4 \cdot 10^3 + 3 \cdot 10^2 + 2 \cdot 10^1 + 8 \cdot 10^0$$

中国是世界上最早采用十进制的国家，春秋战国时期已普遍使用的筹算就严格遵循了十进位制（参见《孙子算经》）。但在计算机中，常采用的是二进制、八进制或十六进制。为此，我们在本节中先考虑一般的 b 进制，再考察特殊的二进制、十进制和十六进制。运用欧几里得除法，有如下定理。

定理 1.6.1 设 b 是大于 1 的正整数，则每个正整数 n 可唯一地表示成
$$n = a_k b^k + a_{k-1} b^{k-1} + \cdots + a_1 b + a_0$$

其中 a_i 是整数，$0 \leqslant a_i \leqslant b-1 (i=1,\cdots,k)$，且首项系数 $a_k \neq 0$。

证 证明分两步进行。

第一步说明 n 有上述表达式：首先，用 b 去除 n 得到
$$n = bq_0 + a_0, 0 \leqslant a_0 \leqslant b-1$$

再用 b 去除 q_0 得到
$$q_0 = bq_1 + a_1, 0 \leqslant a_1 \leqslant b-1$$

继续这类算法，依次得到

$$q_1 = bq_2 + a_2, 0 \leqslant a_2 \leqslant b-1$$
$$q_2 = bq_3 + a_3, 0 \leqslant a_3 \leqslant b-1$$
$$\vdots$$
$$q_{k-2} = bq_{k-1} + a_{k-1}, 0 \leqslant a_{k-1} \leqslant b-1$$
$$q_{k-1} = bq_k + a_k, \qquad 0 \leqslant a_k \leqslant b-1$$

因为
$$0 \leqslant q_k < q_{k-1} < \cdots < q_2 < q_1 < q_0 < n$$

所以存在整数 k 使得不完全商 $q_k=0$。于是依次得到

$$n = bq_0 + a_0$$
$$= b(bq_1 + a_1) + a_0 = b^2 q_1 + a_1 b + a_0$$
$$\vdots$$
$$= b^{k-1} q_{k-2} + a_{k-2} b^{k-2} + \cdots + a_1 b + a_0$$
$$= b^k q_{k-1} + a_{k-1} b^{k-1} + \cdots + a_1 b + a_0$$
$$= a_k b^k + a_{k-1} b^{k-1} + \cdots + a_1 b + a_0$$

第二步说明这个表达式是唯一的。用反证法，不妨设 n 有如下两种不同的表示式

$$n = a_k b^k + a_{k-1} b^{k-1} + \cdots + a_1 b + a_0, 0 \leqslant a_i \leqslant b-1, i=1,\cdots,k$$
$$n = c_k b^k + c_{k-1} b^{k-1} + \cdots + c_1 b + c_0, 0 \leqslant c_i \leqslant b-1, i=1,\cdots,k$$

（这里可以取 $a_k=0$ 或 $c_k=0$）两式相减，得

$$(a_k - c_k) b^k + (a_{k-1} - c_{k-1}) b^{k-1} + \cdots + (a_1 - c_1) b + (a_0 - c_0)$$

假设 j 是最小的正整数使得 $a_j \neq c_j$，则

$$b^j [(a_k - c_k) b^{k-j} + (a_{k-1} - c_{k-1}) b^{k-1-j} + \cdots + (a_{j-1} - c_{j-1}) b + (a_j - c_j)] = 0$$

或者

$$(a_k - c_k) b^{k-j} + (a_{k-1} - c_{k-1}) b^{k-1-j} + \cdots + (a_{j-1} - c_{j-1}) b + (a_j - c_j) = 0$$

因此

$$a_j - c_j = -[(a_k - c_k) b^{k-j-1} + (a_{k-1} - c_{k-1}) b^{k-j-2} + \cdots + (a_{j+1} - c_{j+1})] b$$

故

$$b \mid (a_j - c_j), |a_j - c_j| \geqslant b$$

但又由

$$0 \leqslant a_j \leqslant b-1, 0 \leqslant c_j \leqslant b-1$$

有 $|a_j - c_j| < b$，这就产生了矛盾。故 n 的表达式是唯一的。

定义 1.6.1 用 $n = (a_k a_{k-1} \cdots a_1 a_0)_b$ 表示展开式：

$$n = a_k b^k + a_{k-1} b^{k-1} + \cdots + a_1 b + a_0$$

其中 $0 \leqslant a_i \leqslant b-1, i=1,\cdots,k-1, a_k \neq 0$，并称其为整数 n 的 b 进制表示。

当取 $b=2$ 时，系数 a_i 为 0 或 1，因此我们有

推论 1.6.1 每个正整数都可以表示成不同的 2 的幂的和。

例 1.6.1 求整数 642 的二进制表示。

解 逐次运用欧几里得除法,有

$$642=2\cdot321+0$$
$$321=2\cdot160+1$$
$$160=2\cdot80+0$$
$$80=2\cdot40+0$$
$$40=2\cdot20+0$$
$$20=2\cdot10+0$$
$$10=2\cdot5+0$$
$$5=2\cdot2+1$$
$$2=2\cdot1+0$$
$$1=2\cdot0+1$$

因此,$642=(1010000010)_2$,即

$$642=1\cdot2^9+0\cdot2^8+1\cdot2^7+0\cdot2^6+0\cdot2^5+$$
$$0\cdot2^4+0\cdot2^3+1\cdot2^1+0\cdot2^0$$

计算机也常采用八进制、十六进制或六十四进制等。在十六进制中,我们用 0, 1, 2, 3, 4, 5, 6, 7, 8, 9, A, B, C, D, E, F 分别表示 0, 1, ···, 15 共 16 个数,其中 A, B, C, D, E, F 分别对应于 10, 11, 12, 13, 14, 15。

例 1.6.2 转换十六进制 $(BAD8)_{16}$ 为十进制。

$$(BAD8)_{16}=11\cdot16^3+10\cdot16^2+13\cdot16+8=(47832)_{10}$$

为了方便各进制之间的转换,我们可以预先制作一个换算表,再根据换算表作转换,表 1.6.1 就是二进制、十进制和十六进制之间的换算表。

表 1.6.1

十进制	十六进制	二进制	十进制	十六进制	二进制
0	0	0000	8	8	1000
1	1	0001	9	9	1001
2	2	0010	10	A	1010
3	3	0011	11	b	1011
4	4	0100	12	C	1100
5	5	0101	13	D	1101
6	6	0110	14	E	1110
7	7	0111	15	F	1111

例 1.6.3 转换十六进制 $(BAD8)_{16}$ 为二进制。

由上述转换表可得到 $B=(1011)_2$, $A=(1010)_2$, $D=(1101)_2$, $8=(1000)_2$,从而

$$(BAD8)_{16}=(1011101011011000)_2$$

例1.6.4 转换二进制 1011101111111101000 为十六进制。

由上述转换表可得到

$$(1000)_2=8,\ (1110)_2=E,\ (1111)_2=F$$
$$(1101)_2=D,\ (101)_2=(0101)_2=5$$

从而

$$(1011101111111101000)_2=(5DFE8)_{16}$$

因为二进制的转换比十六进制要容易些，所以我们通常先将数作二进制表示，然后，运用二进制与十六进制之间的换算表，将二进制转换成十六进制。

例1.6.5 求整数 642 的十六进制表示。

解 根据例 1.6.1 我们有

$$642=(1010000010)_2$$

又查转换表得到 $(0010)_2=2,\ (1000)_2=8,\ (10)_2=(0010)_2=2$。故

$$642=2 \cdot 16^2+8 \cdot 16^1+2=(282)_{16}$$

习　题

1. 证明 $6|n(n+1)(2n+1)$，其中 n 是任何整数。

2. 证明：每个奇整数的平方具有形式 $8k+1$。

3. 证明：任意 3 个连续整数的乘积都被 6 整除。

4. 证明：若 $(m-p)|(mn+qp)$，则 $(m-p)|(mq+np)$。

5. 证明：若 $p|(10a-b)$ 和 $p|(10c-d)$，则 $p|(ad-bc)$。

6. 若 $(a,b)=1$，则 $(a+b,a-b)=1$ 或 2。

7. 若 $(a,b)=1$，则 $(a+b,a^2-ab+b^2)=1$ 或 3。

8. 证明：（1）如果正整数 a,b 满足 $(a,b)=1$，则对于任意正整数 n，都有 $(a^n,b^n)=1$。

（2）如果 a,b 是整数，n 是正整数，且满足 $a^n|b^n$，则 $a|b$。

9. 证明：若 a,b,c 是互素且非零的整数，则 $(ab,c)=(a,b)(a,c)$。

10. 求如下整数对的最大公因数

（1）(202, 282)

（2）(666, 1414)

（3）(20785, 44350)

11. 求如下整数对的最大公因数

（1）$(2t+1,\ 2t-1)$

（2）$(2n,\ 2(n+1))$

（3）$(kn,\ k(n+2))$

（4）$(n-1,\ n^2+n+1)$

12. 寻找互素却不两两互素的 3 个整数。

13. 运用辗转相除法求整数 s,t，使得 $sa+tb=(a,b)$

（1）1613, 3589

（2）1107, 822916

（3）20041, 37516

（4）2947, 3772

14．将下列各组的最大公因数表示为整系数线性组合

（1）7, 10, 15

（2）70, 98, 105

（3）180, 330, 405, 590

15．给定 x 和 y，若 $m=ax+by, n=cx+dy$，这里 $ad-bc=\pm 1$，证明：$(m,n)=(x,y)$。

16．设 $a>0, b>0, s>1$，则
$$(s^a-1, s^b-1) = s^{(a,b)}-1$$

17．设 a,b 是正整数，证明：若 $[a,b]=(a,b)$，则 $a=b$。

18．设 a,b 是任意两个不全为零的整数

（1）若 m 是任一正整数，则 $[am,bm]=[a,b]m$；

（2）$[a,0]=0$。

19．求出下列各对数的最小公倍数

（1）8, 60

（2）14, 18

（3）49, 77

（4）132, 253

20．证明：191, 547 都是素数，737, 747 都是合数。

21．设 p 是正整数 n 的最小素因数，证明：若 $p>n^{1/3}$，则 $\dfrac{n}{p}$ 是素数。

22．设 a,b 是两个不同的整数，证明：如果整数 $n>1$ 满足 $n|a^2-b^2$ 和 $n\backslash a+b, n\backslash a-b$，则 n 是合数。

23．利用上题证明：737 和 747 都是合数。

24．设 k 是给定的正整数，证明：任一正整数 n 必可唯一表示为 $n=ab^k$，其中 a,b 为正整数，以及不存在 $d>1$ 使得 $d^k|a$。

25．求下列各数的素因数分解式

（1）36；

（2）2154；

（3）289；

（4）2838。

26．求出下列各对数的最大公因数及最小公倍数：

（1）$2\cdot 3\cdot 5\cdot 7\cdot 11\cdot 13$, $17\cdot 19\cdot 23\cdot 29$；

（2）$2^3\cdot 5^7\cdot 11^{13}$, $2\cdot 3\cdot 5\cdot 7\cdot 11\cdot 13$；

（3）$47^{11}\cdot 79^{111}\cdot 101^{1001}$, $41^{11}\cdot 83^{111}\cdot 101^{1000}$。

27．证明：如果 a,b 是正整数，那么 $(a,b)|[a,b]$，问：什么时候有 $(a,b)=[a,b]$？

28. 设 p 是一个素数，形如 2^p-1 的数称为麦什涅数（Mersenne），记 $M_p = 2^p - 1$，计算前 5 个 Mersenne 数。

29. $F_n = 2^{2^n} + 1$，$n \geq 0$，称为费马数，证明：F_0, F_1, F_2, F_3, F_4 都是素数。

30. 证明：$641 | F_5$，从而 F_5 是合数。

31. 设 n 是合数，p 是 n 的素因数，设 $p^a \| n$（即 $p^a | n$，但 $p^{a+1} \nmid n$），则 $p^a \nmid \binom{n}{p}$，其中 $\binom{n}{p} = \dfrac{n(n-1)\cdots(n-p+1)}{p!}$。

32. 利用厄拉多塞筛法求出 500 以内的全部素数。

33. 证明：形如 $4k-1$ 的素数有无穷多个。

34. 证明：对于任意给定的整数 x_0，不存在整系数多项式
$$f(x) = a_n x^n + a_{n-1} x^{n-1} + \cdots + a_1 x + a_0 \ (a_n \neq 0, n > 0)$$
使得 x 取所有大于或等于 x_0 的整数时，$f(x)$ 都表示素数。

第二章 同余及同余式

我们在日常生活中会遇到这样一类问题：如果今天是星期二，那么 5 天后是星期几？5000 天后呢？2^{100} 天后呢？这样的问题实际上与余数是相关的，如 2^{100} 天后是星期几的问题，需要求出 2^{100} 除以 7 所得的余数，而这恰是本章所要讨论的问题之一。本章将主要介绍同余的相关理论，包括同余的概念和性质、剩余系、著名的欧拉定理和费马定理及其应用，同余式的求解和相关理论。

第一节 同余的概念和基本性质

同余事实上是指"余数相同"，比如 3、10、17、24 除以 7 的余数都是 3，于是它们关于 7 是同余的。

定义 2.1.1 给定一个正整数 m，如果用 m 去除两个整数 $a \neq b$ 所得的最小非负余数相同，我们就说 a，b 对模数 m 同余，记作 $a \equiv b \pmod{m}$，如果最小非负余数不同，我们就说 a，b 对模数不同余记作 $a \not\equiv b \pmod{m}$。

由上述定义可知，模 m 同余是整数集合上的一种等价关系，即满足
(1)（自反性）对任一整数 a，$a \equiv a \pmod{m}$。
(2)（对称性）若 $a \equiv b \pmod{m}$，则 $b \equiv a \pmod{m}$。
(3)（传递性）若 $a \equiv b \pmod{m}$，$b \equiv c \pmod{m}$，则 $a \equiv c \pmod{m}$。

有了同余的概念，那么如何判断两个整数 a，b 是否对模 m 同余呢？一个很直观的方法就是利用欧几里得除法来计算 a，b 被模 m 除的最小非负余数，但这是一项冗长的工作，因此，我们引进一些同余的等价定义，以便更快捷地处理这个问题：

(1) 整数 a，b 对模数 m 同余的充分必要条件是 $m \mid a-b$。
(2) 设 m 是一个正整数，a，b 是两个整数，则

$$a \equiv b \pmod{m}$$

的充要条件是存在一个整数 k 使得

$$a = b + km$$

证 (1) 设 $a \equiv b \pmod{m}$，则有

$$a = mq_1 + r,\ 0 \leq r < m,\ b = mq_2 + r,\ 0 \leq r < m$$

故

$$a - b = m(q_1 - q_2),\ m \mid a-b$$

反之，设 $a = mq_1 + r_1$，$b = mq_2 + r_2$，$0 \leq r_1 < m$，$0 \leq r_2 < m$，$m \mid a-b$，则有

$$m \mid a-b = m(q_1 - q_2) + r_1 - r_2$$

故 $m \mid r_1 - r_2$，又因 $|r_1 - r_2| < m$，便得 $r_1 = r_2$，证完。

（2）如果 $a \equiv b \pmod{m}$，则根据同余的等价定义，有
$$m | a-b$$
又由整除的定义知，存在一个整数 k 使得 $a-b=km$。故
$$a=b+km$$
反过来，如果存在一个整数 k 使得 $a=b+km$，则有
$$a-b=km$$
即
$$m | a-b$$
结合（1）中结论可知
$$a \equiv b \pmod{m}$$
证毕。

例 2.1.1　我们有 $39 \equiv 4 \pmod{7}$，因为 $39 = 5 \cdot 7 + 4$。

在密码学的加解密算法中常常还会用到一个与模数相关的运算——模余运算，也称求余运算，记作 $r = a \pmod{m}$，即求整数 a 被模 m 除的最小非负余数为 r。

例 2.1.2　计算 $123 \pmod{7}, 2^7 \pmod{7}, -45 \pmod{6}$ 的值。

解　$4 = 123 \pmod{7}$，$2 = 2^7 \pmod{7}$，$3 = -45 \pmod{6}$。

因为同余是一个等价关系，所以关于整数 a, b 模 m 有相应的加法和乘法运算，我们可利用这些运算的性质来判断整数 a, b 对模 m 是否同余。

性质 2.1.1　设 m 是一个正整数，a_1, a_2, b_1, b_2 是 4 个整数。如果
$$a_1 \equiv b_1 \pmod{m}, a_2 \equiv b_2 \pmod{m}$$
则

（1）$a_1 + a_2 \equiv b_1 + b_2 \pmod{m}$。

（2）$a_1 a_2 \equiv b_1 b_2 \pmod{m}$。

证　依题设，分别存在整数 k_1, k_2 使得
$$a_1 = b_1 + k_1 m, a_2 = b_2 + k_2 m$$
从而
$$a_1 + a_2 = b_1 + b_2 + (k_1 + k_2)m$$
$$a_1 a_2 = b_1 b_2 + (k_1 b_2 + k_2 b_1 + k_1 k_2 m)m$$
因为 $k_1 + k_2, k_1 b_2 + k_2 b_1 + k_1 k_2 m$ 都是整数，所以有
$$a_1 + a_2 \equiv b_1 + b_2 \pmod{m}$$
及
$$a_1 a_2 \equiv b_1 b_2 \pmod{m}$$
即定理成立，证毕。

例 2.1.3　已知 $29 \equiv 1 \pmod{7}$，$32 \equiv 4 \pmod{7}$，所以
$$61 = 29 + 32 \equiv 1 + 4 \equiv 5 \pmod{7}$$
$$-3 = 29 - 32 \equiv 1 - 4 \equiv 4 \pmod{7}$$

$$928=29\cdot32\equiv1\cdot4\equiv4\pmod{7}$$
$$841=29^2\equiv1^2\equiv1\pmod{7}$$
$$1024=32^2\equiv4^2\equiv1\pmod{7}$$

例 2.1.4 2013 年 6 月 7 日是星期五，问第 2^{2013} 天是星期几？

解 因为
$$2^1\equiv2\pmod{7},\ 2^2\equiv4\pmod{7},\ 2^3\equiv8\equiv1\pmod{7}$$
又 $2013=671\cdot3$，所以
$$2^{2013}=(2^3)^{671}\equiv1\pmod{7}$$
故第 2^{2013} 天是星期六。

由上述性质，我们可进一步得到如下定理，并利用其来判断一些特殊的整除问题。

定理 2.1.1 设 m 是一个正整数，x,y,a_i,b_i 是整数，其中 $0\leqslant i\leqslant k$。若 $x\equiv y\pmod{m}$，$a_i\equiv b_i\pmod{m}$，则
$$a_0+a_1x+\cdots+a_kx^k\equiv b_0+b_1y+\cdots+b_ky^k\pmod{m}$$

证 设 $x\equiv y\pmod{m}$，由性质 2.1.1，有
$$x^i\equiv y^i\pmod{m}\quad(0\leqslant i\leqslant k)$$
又 $a_i\equiv b_i\pmod{m}$，$0\leqslant i\leqslant k$，将它们对应相乘，有
$$a_ix^i\equiv b_iy^i\pmod{m}\quad(0\leqslant i\leqslant k)$$
最后，将这些同余式左右对应相加，得
$$a_0+a_1x+\cdots+a_kx^k\equiv b_0+b_1y+\cdots+b_ky^k\pmod{m}$$

推论 2.1.1 设整数 n 有十进制表示式：
$$n=a_k10^k+a_{k-1}10^{k-1}+\cdots+a_110+a_0\quad(0\leqslant a_i<10)$$
则 $3|n$ 的充分必要条件是
$$3|a_k+\cdots+a_0$$
而 $9|n$ 的充分必要条件是
$$9|a_k+\cdots+a_0$$

证 因为 $10\equiv1\pmod{3}$，又 $1^i=1$，$0\leqslant i\leqslant k$，所以，根据定理 2.1.1，有
$$a^k10^k+a_{k-1}10^{k-1}+\cdots+a_110+a_0\equiv a_k+\cdots+a_0\pmod{3}$$
因此，
$$a_k10^k+a_{k-1}10^{k-1}+\cdots+a_110+a_0\equiv0\pmod{3}$$
的充分必要条件是
$$a_k+\cdots+a_0\equiv0\pmod{3}$$
结论对于 $m=3$ 成立。

同理，对于 $m=9$，结论也成立。

由上述推论可以很快地判断一些数是否被 3 或 9 整除，下面以几个具体例子来说明。

例 2.1.5 设 $n=5874192$，则 $3|n$，$9|n$。

解 因为
$$a_k+\cdots+a_0=5+8+7+4+1+9+2=36$$
又 $3|36, 9|36$，于是由推论 2.1.1，有 $3|n, 9|n$。

例 2.1.6 设 $n=637683$，则 n 被 3 整除，但不被 9 整除。

解 因为
$$a_k+\cdots+a_0=6+3+7+6+8+3=33=3\cdot 11$$
又 $3|3\cdot 11, 9\nmid 3\cdot 11$，根据推论 2.1.1，有 $3|n, 9\nmid n$。

推论 2.1.2 设整数 n 有 1000 进制表示式：
$$n=a_k 1000^k+\cdots+a_1 1000+a_0, \quad 0\leq a_i<1000$$
则 7（或 11，或 13）$|n$ 的充分必要条件是 7（或 11，或 13）能整除整数
$$(a_0+a_2+\cdots)-(a_1+a_3+\cdots)$$

证 因为
$$1000=7\cdot 11\cdot 13-1\equiv -1(\mathrm{mod}\ 7)$$
所以有
$$1000\equiv 1000^3\equiv 1000^5\equiv\cdots\equiv -1(\mathrm{mod}\ 7)$$
以及
$$1000^2\equiv 1000^4\equiv 1000^6\equiv\cdots\equiv 1(\mathrm{mod}\ 7)$$
根据定理 2.1.1，立即得到
$$a_k 1000^k+a_{k-1}1000^{k-1}+\cdots+a_1 1000+a_0$$
$$\equiv a_k(-1)^k+a_{k-1}(-1)^{k-1}+\cdots+a_1(-1)+a_0$$
$$\equiv (a_0+a_2+\cdots)-(a_1+a_3+\cdots)(\mathrm{mod}\ 7)$$
因此，$7|n$ 的充分必要条件是
$$7|(a_0+a_2+\cdots)-(a_1+a_3+\cdots)$$
即结论对于 $m=7$ 成立。

同理，结论对于 $m=11$ 或 13 也成立。

下面进一步介绍有关同余的一些性质。

性质 2.1.2 设 m 是一个正整数，

（1）如果 $ad\equiv bd(\mathrm{mod}\ m)$，且 $(d, m)=1$，则 $a\equiv b(\mathrm{mod}\ m)$。

（2）如果 $a\equiv b(\mathrm{mod}\ m)$，则对于任意的 $k>0$，$ak\equiv bk(\mathrm{mod}\ mk)$。

（3）如果 $a\equiv b(\mathrm{mod}\ m)$，且整数 $d|(a, b, m)$，则
$$\frac{a}{d}\equiv \frac{b}{d}\left(\mathrm{mod}\ \frac{m}{d}\right)$$

（4）如果 $a\equiv b(\mathrm{mod}\ m)$，且 $d|m$，则 $a\equiv b(\mathrm{mod}\ d)$。

（5）如果 $a\equiv b(\mathrm{mod}\ m)$，则 $(a, m)=(b, m)$。

（6）如果 m_i 是一个正整数，$a\equiv b(\mathrm{mod}\ m_i)$，$i=1,\cdots,k$，则
$$a\equiv b(\mathrm{mod}\ [m_1,\cdots,m_k])$$

证 （1）若 $ad \equiv bd \pmod{m}$，则 $m|ad-bd$，即 $m|d(a-b)$。因为 $(d,m)=1$，根据性质 1.2.3（2），有 $m|a-b$，结论成立。

（2）由同余定义可直接验证。

（3）因为 $d|(a,b,m)$，所以存在整数 a', b', m'，使得
$$a=da', b=db', m=dm'$$
现在 $a \equiv b \pmod{m}$，所以存在整数 k 使得
$$a=b+mk$$
即
$$da'=db'+dm'k$$
因此，
$$a'=b'+m'k$$
这就是
$$a' \equiv b' \pmod{m'}$$
或者
$$\frac{a}{d} \equiv \frac{b}{d} \left(\text{mod } \frac{m}{d}\right)$$

（4）因为 $d|m$，所以存在整数 m' 使得 $m=dm'$，又因为 $a \equiv b \pmod{m}$，所以存在整数 k 使得
$$a=b+mk$$
该式又可写成
$$a=b+d(m'k)$$
故
$$a \equiv b \pmod{d}$$

（5）设 $a \equiv b \pmod{m}$，则存在整数 k 使得 $a=b+mk$。根据性质 1.2.1（2）我们有
$$(a,m)=(b,m)$$

（6）设 $a \equiv b \pmod{m_i}$, $i=1,\cdots,k$，则
$$m_i|a-b, i=1,\cdots,k$$
根据性质 1.3.2，有
$$[m_1,\cdots,m_k]|a-b$$
这就是
$$a \equiv b \pmod{[m_1,\cdots,m_k]}$$

关于性质 2.1.2，我们依次给出下述相应例题来帮助读者进行理解。

例 2.1.7 因为 $95 \equiv 25 \pmod 7$，$(5,7)=1$，所以 $19 \equiv 5 \pmod 7$。

例 2.1.8 因为 $19 \equiv 5 \pmod 7$，$k=4>0$，所以 $76 \equiv 20 \pmod{28}$。

例 2.1.9 因为 $190 \equiv 50 \pmod{70}$，不妨取 $d=10$，则有 $19 \equiv 5 \pmod 7$。

例 2.1.10 因为 $190 \equiv 50 \pmod{70}$，不妨取 $d=7$，得到 $190 \equiv 50 \pmod 7$。

例 2.1.11 因为 $190\equiv 50(\bmod\ 7)$，$190\equiv 50(\bmod\ 10)$ 以及 $(7, 10)=1$，所以
$$190\equiv 50(\bmod\ 70)$$

例 2.1.12 设 p, q 是不同的素数。如果整数 a, b 满足
$$a\equiv b(\bmod\ p),\quad a\equiv b(\bmod\ q)$$
则有 $a\equiv b(\bmod\ pq)$。

证 若 $a\equiv b(\bmod\ p)$，$a\equiv b(\bmod\ q)$，则
$$p|a-b,\quad q|a-b,$$
因为 p, q 是不同的素数，所以根据性质 1.3.1（1），有
$$pq|a-b,$$
这就是
$$a\equiv b(\bmod\ pq)$$

例 2.1.13 设 m, n, a 都是正整数，如果
$$n^a\not\equiv 0, 1(\bmod\ m)$$
则存在 n 的一个素因数 p 使得
$$p^a\not\equiv 0, 1(\bmod\ m)$$

证 反证法，如果存在 n 的一个素因数 p，使得 $p^a\equiv 0(\bmod\ m)$，则 $m|p^a$，但 $p^a|n^a$，故 $m|n^a$，即 $n^a\equiv 0(\bmod\ m)$，这与假设矛盾。

如果对 n 的每个素因数 p，都有
$$p^a\equiv 1(\bmod\ m)$$
根据性质 2.1.1（2），有
$$n^a\equiv 1(\bmod\ m)$$
这也与假设矛盾。因此，结论成立，证毕。

第二节 剩余类及完全剩余系

第一节中已经多次指出同余是一种等价关系，这意味着可以借助它对整数集合进行划分，将余数相同的数放在一起，从而形成剩余类。

本节的目的是讨论剩余类以及与其有关的完全剩余系的性质，这些性质已在信息安全中得到普遍应用。

首先给出相关的定义

定义 2.2.1 设 m 是一个给定的正整数，$C_r(r=0, 1, \cdots, m-1)$ 表示所有形如 $qm+r$ 的整数组成的集合，其中 $q=0, \pm 1, \pm 2, \cdots$，则 $C_0, \cdots, C_{m-1}$ 称为模数 m 的剩余类，剩余类中的任一个数称为该类的剩余。

由上述定义，有

性质 2.2.1 设 m 是一个正整数，则

（1）任一整数必包含在一个 C_r 中，$0\leqslant r\leqslant m-1$。

（2）$C_a = C_b$ 的充分必要条件是

$$a \equiv b \pmod{m} \qquad (2\text{-}2\text{-}1)$$

（3）C_a 与 C_b 的交集为空集的充分必要条件是

$$a \not\equiv b \pmod{m}$$

证 （1）设 a 为任一整数，由整数的欧几里得除法可得

$$a = mq + r, \quad 0 \leqslant r < m$$

故 a 恰包含在 C_r 中。

（2）设 a, b 是两个整数，并且都在 C_r 内，则

$$a = q_1 m + r, \quad b = q_2 m + r$$

故 $m|a-b$，反之，若 $m|a-b$，则由同余的定义知 a 和 b 同在某一 C_r 类里，$0 \leqslant r < m$。

（3）由性质 2.2.1（2）立得必要性，因此只需证明充分性即可。

反证法，假设 C_a 与 C_b 的交集非空，即存在整数 c 满足 $c \in C_a$ 且 $c \in C_b$，于是有

$$c = q_1 m + a \quad 且 \quad c = q_2 m + b$$

即有

$$q_1 m + a = q_2 m + b$$

因此

$$a - b = (q_2 - q_1) m$$

这等价于

$$a \equiv b \pmod{m}$$

上式与假设矛盾，故 C_a 与 C_b 的交集为空集，证毕。

定义 2.2.2 在模 m 的剩余类 $C_0, C_1, \cdots, C_{m-1}$ 中各取一数 $r_j \in C_j$，$j = 0, 1, \cdots, m-1$，此 m 个数 $r_0, r_1, \cdots, r_{m-1}$ 称为模 m 的一组完全剩余系。

例 2.2.1 设正整数 $m=10$，对任意整数 a，集合

$$C_a = \{a + 10k | k \in \mathbf{Z}\}$$

是模 $m = 10$ 的剩余类。

0, 1, 2, 3, 4, 5, 6, 7, 8, 9 为模 10 的一个完全剩余系。

1, 2, 3, 4, 5, 6, 7, 8, 9, 10 为模 10 的一个完全剩余系。

0, -1, -2, -3, -4, -5, -6, -7, -8, -9 为模 10 的一个完全剩余系。

0, 3, 6, 9, 12, 15, 18, 21, 24, 27 为模 10 的一个完全剩余系。

10, 11, 22, 33, 44, 55, 66, 77, 88, 99 为模 10 的一个完全剩余系。

由完全剩余系的定义容易得到以下结论

定理 2.2.1 设 m 是一个正整数，则 m 个整数 $r_0, r_1, \cdots, r_{m-1}$ 为模 m 的一个完全剩余系的充分必要条件是它们对模 m 两两不同余。（证明留给读者）

例 2.2.2 设 m 是一个正整数，则

（1）$0, 1, \cdots, m-1$ 是模 m 的一个完全剩余系，称为模 m 的最小非负完全剩余系；

（2）$1, \cdots, m-1, m$ 是模 m 的一个完全剩余系，称为模 m 的最小正完全剩余系；

(3) $-(m-1), \cdots, -1, 0$ 是模 m 的一个完全剩余系，称为模 m 的最大非正完全剩余系；

(4) $-m, -(m-1), \cdots, -1$ 是模 m 的一个完全剩余系，称为模 m 的最大负完全剩余系；

(5) 当 m 为偶数时，

$$-m/2, -(m-2)/2, \cdots, -1, 0, 1, \cdots, (m-2)/2$$

或

$$-(m-2)/2, \cdots, -1, 0, 1, \cdots, (m-2)/2, m/2$$

是模 m 的一个完全剩余系；

当 m 为奇数时，

$$-(m-1)/2, \cdots, -1, 0, 1, \cdots, (m-1)/2$$

是模 m 的一个完全剩余系，上述两个完全剩余系统称为模 m 的一个绝对值最小完全剩余系。

下面介绍完全剩余系一个非常重要的性质。

定理 2.2.2 $m_1>0, m_2>0, (m_1, m_2)=1$，若 x_1, x_2 分别遍历模 m_1, m_2 的完全剩余系，则 $m_2x_1+m_1x_2$ 遍历模 m_1m_2 的完全剩余系。

证 因为 x_1, x_2 分别遍历 m_1, m_2 个数时，$m_2x_1+m_1x_2$ 遍历 m_1m_2 个整数，所以只需证明 m_1m_2 个整数模 m_1m_2 两两不同余，事实上，若整数 x_1, x_2 和 y_1, y_2 满足

$$m_2x_1+m_1x_2 \equiv m_2y_1+m_1y_2 (\mod m_1m_2)$$

则根据性质 2.1.2（4），有

$$m_2x_1+m_1x_2 \equiv m_2y_1+m_1y_2 (\mod m_1)$$

即

$$m_2x_1 \equiv m_2y_1 (\mod m_1)$$

进而，$m_1|m_2(x_1-y_1)$，因为 $(m_1, m_2)=1$，所以 $m_1|x_1-y_1$，故 x_1 与 y_1 模 m_1 同余，这与 x_1 和 y_1 取自模 m_1 的完全剩余系矛盾。

同理，x_2 与 y_2 模 m_2 同余，与 x_2 和 y_2 取自模 m_2 的完全剩余系矛盾。

因此，定理是成立的，证毕。

例 2.2.3 设 p, q 是两个不同的素数，n 是它们的乘积，则对任意的整数 c，存在唯一的一对整数 x, y 满足

$$qx+py \equiv c(\mod n), 0 \leq x<p, 0 \leq y<q$$

证 因为 p, q 是两个不同的素数，所以 p, q 是互素的，根据定理 2.2.2 及其证明，知 x, y 分别遍历 p, q 的完全剩余系时，$qx+py$ 遍历模 $n=pq$ 的完全剩余系，因此，存在唯一的一对整数 x, y 满足 $qx+py \equiv c(\mod n), 0 \leq x<p, 0 \leq y<q$。

第三节 缩系与几个重要定理

第二节讨论了完全剩余系的基本性质，本节要进一步讨论完全剩余系中与 m 互质的整数，这就引出了缩系（简化剩余系）的概念。此外，我们还会分析数论中两个著名的定理——欧拉定理和费马定理。

定义 2.3.1 设 m 是一个正整数，则 m 个整数 $0, 1, \cdots, m-1$ 中与 m 互素的整数的个数，

记作 $\varphi(m)$，通常称为欧拉（Euler）函数。

例 2.3.1 设 $m=10$，则 10 个整数 0, 1, 2, 3, 4, 5, 6, 7, 8, 9 中与 10 互素的整数为 1, 3, 7, 9，所以 $\varphi(10)=4$。

若 a,b 在模数 m 的同一个剩余类中，即 $a\equiv b(\mathrm{mod}\ m)$。由性质 2.1.2（5）可知 $(a,m)=(b,m)$，因此若 $(a,m)=1$，则其所在剩余类 C_a 中的元素均与 m 互素，此时，C_a 称为与模数 m 互素的剩余类。

定义 2.3.2 在与模 m 互素的全部剩余类中，各取一数所组成的集合称为模数 m 的一组缩系（简化剩余系）。

显然，由定义可知模 m 缩系中元素的个数为 $\varphi(m)$。

例 2.3.2 设 m 是一个正整数，则

（1）m 个整数 0, 1, $\cdots$, $m-1$ 中与 m 互素的整数全体组成模 m 的一个缩系，称为模 m 的最小非负缩系。

（2）m 个整数 1, $\cdots$, $m-1$, m 中与 m 互素的整数全体组成模 m 的一个缩系，称为模 m 的最小正缩系。

（3）m 个整数 $-(m-1), \cdots, -1, 0$ 中与 m 互素的整数全体组成模 m 的一个缩系，称为模 m 的最大非正缩系。

（4）m 个整数 $-m, -(m-1), \cdots, -1$ 中与 m 互素的整数全体组成模 m 的一个缩系，称为模 m 的最大负缩系。

（5）当 m 为偶数时，m 个整数

$$-m/2, -(m-2)/2, \cdots, -1, 0, 1, \cdots, (m-2)/2$$

或 m 个整数

$$-(m-2)/2, \cdots, -1, 0, 1, \cdots, (m-2)/2, m/2$$

中与 m 互素的整数全体组成模 m 的一个缩系，

当 m 为奇数时，m 个整数

$$-(m-1)/2, \cdots, -1, 0, 1, \cdots, (m-1)/2$$

中与 m 互素的整数全体组成模 m 的一个缩系，上述两个缩系统称为模 m 的一个绝对值最小缩系。

例 2.3.3 1, 2, 4, 5, 7, 8 是模 9 的缩系，$\varphi(9)=6$。

例 2.3.4 当 $m=p$ 为素数时，1, 2, $\cdots$, $p-1$ 是模 p 的缩系，所以 $\varphi(p)=p-1$。

类似于完全剩余系的讨论，下面介绍有关缩系的一些结论。

定理 2.3.1 设 m 是一个正整数。若 $r_1, \cdots, r_{\varphi(m)}$ 是 $\varphi(m)$ 个与 m 互素的整数，则 $r_1, \cdots, r_{\varphi(m)}$ 是模 m 的一个缩系的充分必要条件是它们两两对模数 m 不同余。（证明留给读者）

定理 2.3.2 设 m 是一个正整数，a 是满足 $(a,m)=1$ 的整数，如果 x 遍历模 m 的缩系，则 ax 也遍历模 m 的一个缩系。

证 当 x 遍历模 m 的缩系时，即 $x=x_1, x_2, \cdots, x_{\varphi(m)}$，由于 $(a,m)=1$，$(x_j,m)=1$，故 $(ax_j,m)=1$ ($j=1, 2, \cdots, \varphi(m)$)，即 $ax_1, \cdots, ax_{\varphi(m)}$ 是 $\varphi(m)$ 个与 m 互素的整数，由定理 2.3.1，只需证明 $ax_1, \cdots, ax_{\varphi(m)}$ 两两对模数 m 不同余即可。若 $ax_i \equiv ax_j(\mathrm{mod}\ m)$ ($i \neq j$)，可得 $x_i \equiv x_j(\mathrm{mod}\ m)$，

这与 x_i 与 x_j 是模 m 的缩系中两个不同的元素相矛盾，故 $ax_i \not\equiv ax_j \pmod{m}$。

例 2.3.5 已知 1, 3, 5, 9, 11, 13, 15, 17, 19, 23, 25, 27 是模 28 的缩系，(5, 28)=1，所以
$$5 \cdot 1 \equiv 5,\ 5 \cdot 3 = 15,\ 5 \cdot 5 = 25,\ 5 \cdot 9 = 45 \equiv 17,\ 5 \cdot 11 = 55 \equiv 27,\ 5 \cdot 13 = 65 \equiv 9$$
$$5 \cdot 15 = 75 \equiv 19,\ 5 \cdot 17 = 85 \equiv 1 \pmod{28},\ 5 \cdot 19 = 95 \equiv 11 \pmod{28},\ 5 \cdot 23 = 115 \equiv 3 \pmod{28}$$
$$5 \cdot 25 = 125 \equiv 13 \pmod{28},\ 5 \cdot 27 = 135 \equiv 23 \pmod{28}$$

因此，$5 \cdot 1, 5 \cdot 3, 5 \cdot 5, 5 \cdot 9, 5 \cdot 11, 5 \cdot 13, 5 \cdot 15, 5 \cdot 17, 5 \cdot 19, 5 \cdot 23, 5 \cdot 25, 5 \cdot 27$ 是模 28 的缩系。

例 2.3.6 设 $m=7$，a 表示第一列数，为与 m 互素的给定数，x 表示第一行数，遍历模 m 的简化剩余系，a 所在行与 x 所在列的交叉位置表示 ax 模 m 最小非负剩余，则得到表 2.3.1。

表 2.3.1

a \ x	1	2	3	4	5	6
1	1	2	3	4	5	6
2	2	4	6	1	3	5
3	3	6	2	5	1	4
4	4	1	5	2	6	3
5	5	3	1	6	4	2
6	6	5	4	3	2	1

其中 a 所在行的数表示 ax 随 x 遍历模 m 的缩系。

定理 2.3.3 设 m 是一个正整数，a 是满足 $(a, m)=1$ 的整数，则存在整数 a'，$1 \leqslant a' < m$ 使得
$$aa' \equiv 1 \pmod{m}$$

证一（存在性证明） 因为 $(a, m)=1$，根据定理 2.3.2，x 遍历模 m 的一个最小缩系时，ax 也遍历模 m 的一个缩系。因此，存在整数 $x=a'$，$1 \leqslant a' < m$ 使得 aa' 属于 1 的剩余类，即 $aa' \equiv 1 \pmod{m}$，证毕。

因为在实际运用中，我们常常需要具体地求出整数，所以我们运用辗转相除法给出定理 2.3.3 的构造性证明。

证二（构造性证明） 因为 $(a, m)=1$，根据定理 1.2.2，运用辗转相除法可找到整数 s，t 使得
$$sa + tm = (a, m) = 1$$

由上式知 $(s, m)=1$，因此可设
$$s = km + r,\ 0 < r < m$$

取 $a'=r$，则 $1 \leqslant a' < m$，且 $a'a - 1 = -tm$，故
$$aa' \equiv 1 \pmod{m}$$

证毕。

例 2.3.7 设 $m=7$，a 表示与 m 互素的整数，根据定理 2.3.3，我们得到相应的同余式：
$$1 \cdot 1 \equiv 1,\ 2 \cdot 4 \equiv 1,\ 3 \cdot 5 \equiv 1 \pmod{7}$$
$$4 \cdot 2 \equiv 1,\ 5 \cdot 3 \equiv 1,\ 6 \cdot 6 \equiv 1 \pmod{7}$$

例 2.3.8 设 $m=46480$, $a=39423$, 根据例 1.2.8, 由辗转相除法, 可找到整数 $s=-22703$, $t=26767$ 使得

$$(-22703) \cdot 46480 + 26767 \cdot 39423 = 1$$

因此, $a'=26767 \pmod{46480}$ 使得

$$39423 \cdot 26767 \equiv 1 \pmod{46480}$$

定理 2.3.4 设 $m_1>0, m_2>0, (m_1, m_2)=1$, 如果 x_1, x_2 分别遍历模 m_1 和模 m_2 的简化剩余系, 则 $m_2 x_1 + m_1 x_2$ 遍历模 $m_1 m_2$ 的简化剩余系。

证 首先证明: $(x_1, m_1)=1, (x_2, m_2)=1$ 时,

$$(m_2 x_1 + m_1 x_2, m_1 m_2)=1$$

事实上, 因为 $(m_1, m_2)=1$, 根据性质 1.2.1 (2) 和性质 1.2.3 (1), 有

$$(m_2 x_1 + m_1 x_2, m_1) = (m_2 x_1, m_1) = (x_1, m_1) = 1$$
$$(m_2 x_1 + m_1 x_2, m_2) = (m_1 x_2, m_2) = (x_2, m_2) = 1$$

因此, 再根据性质 1.2.4 (1), 得

$$(m_2 x_1 + m_1 x_2, m_1 m_2) = 1$$

其次, 证明模 $m_1 m_2$ 的任一简化剩余可表示为

$$m_2 x_1 + m_1 x_2$$

其中 $(x_1, m_1)=1$, $(x_2, m_2)=1$, 事实上, 根据定理 2.2.2, 模 $m_1 m_2$ 的任一剩余可以表示为

$$m_2 x_1 + m_1 x_2$$

因此, 当 $(m_2 x_1 + m_1 x_2, m_1 m_2)=1$ 时, 根据性质 1.2.1 (2) 和性质 1.2.3 (1), 有

$$(x_1, m_1) = (m_2 x_1, m_1) = (m_2 x_1 + m_1 x_2, m_1) = 1$$

同理, $(x_2, m_2)=1$, 结论成立, 证毕。

从定理 2.3.4 我们可以推出欧拉函数 φ 的性质 (即 φ 是乘性函数)。

推论 2.3.1 设 m, n 是互素的两个正整数, 则

$$\varphi(mn) = \varphi(m)\varphi(n)$$

证 根据定理 2.3.4, 当 x 遍历模 m 的简化剩余系, 共 $\varphi(m)$ 个整数以及 y 遍历模 n 的简化剩余系, 共 $\varphi(n)$ 个整数时, $ym + xn$ 遍历模 mn 的简化剩余系, 其整数个数为 $\varphi(m)\varphi(n)$, 但模 mn 的简化剩余系的元素个数又为 $\varphi(mn)$, 因此, $\varphi(mn) = \varphi(m)\varphi(n)$, 证毕。

例 2.3.9 $\varphi(55) = \varphi(5)\varphi(11) = 4 \cdot 10 = 40$

定理 2.3.5 设 n 有标准因数分解式为

$$n = p_1^{\alpha_1} \cdots p_k^{\alpha_k}$$

则

$$\varphi(n) = n\left(1 - \frac{1}{p_1}\right) \cdots \left(1 - \frac{1}{p_k}\right)$$

证 由推论 2.3.1 得 $\varphi(n) = \varphi(p_1^{\alpha_1}) \cdots \varphi(p_k^{\alpha_k})$。今证明 $\varphi(p^\alpha) = p^\alpha - p^{\alpha-1}$, 由 $\varphi(n)$ 的定义知, $\varphi(p^\alpha)$ 等于从 p^α 减去在 $1, \cdots, p^\alpha$ 中与 p 不互素的数的个数, 因为 p 是素数, 故 $\varphi(p^\alpha)$

等于从 p^α 减去在 $1,\cdots,p^\alpha$ 中被 p 整除的数的个数,而在 $1,\cdots,p,p+1,\cdots,2p,\cdots,p^{\alpha-1}\cdot p$ 中,易知 p 的倍数共有 $p^{\alpha-1}$ 个,即得 $\varphi(p^\alpha)=p^\alpha-p^{\alpha-1}$,证毕。

特别地,当 n 是不同素数 p,q 的乘积时,有

推论 2.3.2 设 p,q 是不同的素数,则
$$\varphi(pq)=pq-p-q+1$$

证 由定理 2.3.5,有
$$\varphi(pq)=\varphi(p)\varphi(q)=(p-1)(q-1)=pq-p-q+1$$

注 当 n 为合数,且不知道 n 的因数分解式时,通常很难求出 n 的欧拉函数值 $\varphi(n)$。

例 2.3.10 设正整数 n 是两个不同素数的乘积,如果知道 n 和欧拉函数值 $\varphi(n)$,则可求出 n 的因数分解式。

证 考虑未知数 p,q 的方程组:
$$\begin{cases} p+q=n+1-\varphi(n) \\ p\cdot q=n \end{cases}$$

根据多项式的根与系数之间的关系,可以从二次方程 $z^2-(n+1-\varphi(n))z+n=0$ 求出 n 的因数 pq。

下面进一步考虑欧拉函数的性质,该性质将用于有限域的构造。

定理 2.3.6 设 $n\geq 1$,则
$$\sum_{d\mid n}\varphi(d)=n$$

证 对数集 $C=\{1,\cdots,n\}$ 按照与 n 的最大公因数进行分类如下:
对于正整数 $d\mid n$,记
$$C_d=\{m\mid 1\leq m\leq n,(m,n)=d\}$$

因为 $(m,n)=d$ 的充要条件是 $\left(\dfrac{m}{d},\dfrac{n}{d}\right)=1$,所以 C_d 中元素 m 的形式为
$$C_d=\left\{m=dk\mid 1\leq k\leq\dfrac{n}{d},\left(k,\dfrac{n}{d}\right)=1\right\}$$

因此,C_d 中的元素个数为 $\varphi\left(\dfrac{n}{d}\right)$,因为整数 $1,\cdots,n$ 中的每个整数属于且仅属于一个类 C_d,若记 $\#(A)$ 表示有限集 A 的元素的个数,则
$$\#(C_d)=\varphi\left(\dfrac{n}{d}\right)\#(C)=\sum\#(C_d)$$

或
$$n=\sum_{d\mid n}\varphi\left(\dfrac{n}{d}\right)$$

又 d 遍历整数 n 的所有正因数时,$\dfrac{n}{d}$ 也遍历整数 n 的所有正因数,故
$$n=\sum_{d\mid n}\varphi\left(\dfrac{n}{d}\right)=\sum_{d\mid n}\varphi(d)$$

例 2.3.11 设整数 $n=50$，则 n 的正因数为 $d=1, 2, 5, 10, 25, 50$，这时，定理 2.3.6 的分类为

$C_1=\{1, 3, 7, 9, 11, 13, 17, 19, 21, 23, 27, 29, 31, 33, 37, 39, 41, 43, 47, 49\}$
$C_2=\{2, 4, 6, 8, 12, 14, 16, 18, 22, 24, 26, 28, 32, 34, 36, 38, 42, 44, 46, 48\}$
$C_5=\{5, 15, 35, 45\}$；$C_{10}=\{10, 20, 30, 40\}$；
$C_{25}=\{25\}$；$C_{50}=\{50\}$

这 6 类的元素个数分别为：

$$\#(C_1)=\varphi(50)=20, \#(C_2)=\varphi(25)=20$$
$$\#(C_5)=\varphi(10)=4, \#(C_{10})=\varphi(5)=4$$
$$\#(C_{25})=\varphi(2)=1, \#(C_{50})=\varphi(1)=1$$

验算，有

$$50=\varphi(50)+\varphi(25)+\varphi(10)+\varphi(5)+\varphi(2)+\varphi(1)=\sum_{d|50}\varphi(d)$$

上面讨论欧拉函数 $\varphi(n)$ 的一些性质，接下来应用缩系的性质证明数论中两个著名的定理——欧拉定理和费马定理。

定理 2.3.7（Euler） 设 m 是大于 1 的整数，如果 a 是满足 $(a, m)=1$ 的整数，则

$$a^{\varphi(m)}\equiv 1 \pmod{m}$$

证 设 $r_1, \cdots, r_{\varphi(m)}$ 是模 m 的简化剩余系，则由定理 2.3.2，$ar_1, ar_2, \cdots, ar_{\varphi(m)}$ 也是模 m 的简化剩余系，故 $(ar_1)\cdots(ar_{\varphi(m)})\equiv r_1\cdots r_{\varphi(m)} \pmod{m}$，即 $a^{\varphi(m)}(r_1r_2\cdots r_{\varphi(m)})\equiv r_1\cdots r_{\varphi(m)} \pmod{m}$，但 $(r_1, m)=(r_2, m)=\cdots=(r_{\varphi(m)}, m)=1$，故 $(r_1r_2\cdots r_{\varphi(m)}, m)=1$。从而，根据性质 2.1.2（1）得到 $a^{\varphi(m)}\equiv 1 \pmod{m}$，证毕。

例 2.3.12 设 $m=13, a=2$，则有 $(2, 13)=1$，$\varphi(13)=12$，故 $2^{12}\equiv 1 \pmod{13}$。

例 2.3.13 设 $m=19, 19\nmid a$，则有 $(a, 19)=1$，$\varphi(19)=18$，故 $a^{18}\equiv 1 \pmod{19}$。

推论 2.3.3（Fermat） 设 p 是素数，则

$$a^p\equiv a \pmod{p}$$

证 若 $(a, p)=1$，由定理 2.3.5 和定理 2.3.7 立得 $a^{p-1}\equiv 1 \pmod{p}$，从而

$$a^p\equiv a \pmod{p}$$

若 $(a, p)\neq 1$，则 $p|a$，故 $a^p\equiv a \pmod{p}$，证毕。

该推论称为费马小定理，我们将在 2.4 节中给出欧拉定理和费马定理在密码学中的重要应用。

定理 2.3.8（Wilson） 设 p 是一个素数，则

$$(p-1)!\equiv -1 \pmod{p}$$

证 若 $p=2$，结论显然成立。
若 $p\geqslant 3$，根据定理 2.3.3，对于每个整数 a，$1\leqslant a\leqslant p-1$，存在唯一的整数 a'，$1\leqslant a'\leqslant p-1$，使得

$$aa'\equiv 1 \pmod{p}$$

又 $a'=a$ 的充要条件是 a 满足

$$a^2 \equiv 1 \pmod{p}$$

这时，$a=1$ 或 $a=p-1$。

我们将 $2, 3, \cdots, p-2$ 中的 a 与 a' 配对，得到

$$1 \cdot 2 \cdots (p-2)(p-1) \equiv 1 \cdot (p-1) \prod_a aa'$$
$$\equiv 1 \cdot (p-1)$$
$$\equiv -1 \pmod{p}$$

因此，结论成立，证毕。

例 2.3.14 设 $p=17$，有

$$2 \cdot 9 = 18 \equiv 1, \ 3 \cdot 6 = 18 \equiv 1, \ 4 \cdot 13 = 52 \equiv 1$$
$$5 \cdot 7 = 35 \equiv 1, \ 8 \cdot 15 = 120 \equiv 1, \ 10 \cdot 12 = 120 \equiv 1$$
$$11 \cdot 14 = 154 \equiv 1, \ 1 \cdot 16 \equiv -1 \pmod{17}$$

因此，

$$1 \cdot 2 \cdot 3 \cdot 4 \cdot 5 \cdot 6 \cdot 7 \cdot 8 \cdot 9 \cdot 10 \cdot 11 \cdot 12 \cdot 13 \cdot 14 \cdot 15 \cdot 16$$
$$= (1 \cdot 16)(2 \cdot 9)(3 \cdot 6)(4 \cdot 13)(5 \cdot 7)(8 \cdot 15)(10 \cdot 12)(11 \cdot 14)$$
$$\equiv (-1) \cdot 1 \cdot 1 \cdot 1 \cdot 1 \cdot 1 \cdot 1 \cdot 1$$
$$\equiv -1 \pmod{17}$$

第四节 RSA 公钥密码算法

1978 年，美国麻省理工学院的 3 名密码学者 R.L.Rivest、A.Shamir、L.M.Adleman 提出了一种基于大合数因子分解困难性的公开密钥密码，简称 RSA 密码。由于 RSA 密码，既可用于加密，又可用于数字签名，安全、易懂，因此 RSA 密码已成为目前应用最广泛的公开密钥密码。许多国际标准化组织，如 ISO、ITU 和 SWIFT 等都已接受 RSA 作为标准，互联网的 E-mail 保密系统 PGP 以及国际 VISA 和 MASTER 组织的电子商务协议（SET 协议）中都将 RSA 密码作为传送会话密钥和数字签名的标准。

RSA 加解密算法：

（1）随机选择两个大素数 p 和 q，计算 $n=pq$。

（2）计算 $\varphi(n)=(p-1)(q-1)$，同时随机选取一个正整数 e，使其满足

$$1 < e < \varphi(n), \ (e, \varphi(n)) = 1$$

（3）根据 $ed \equiv 1 \bmod \varphi(n)$，求出 d；

（4）加密运算：

$$C = M^e \bmod n \tag{2-4-1}$$

（5）解密运算：

$$M = C^d \bmod n \tag{2-4-2}$$

在上述算法中，将 $k_e = \langle n, e \rangle$ 公布为其公开密钥，并将 d 保存为其秘密密钥，同时为了保障安全性，将 p、q 毁去不用。

为了便于理解，下面以两个小的素数来说明 RSA 密钥对的生成过程。

例 2.4.1 设 $p=7$, $q=11$，取 $e=13$，求 n、$\varphi(n)$ 及 d。

求解过程如下：

（1）$n=7\times 11=77$。

（2）$\varphi(n)=(7-1)\times(11-1)=60$。

因 $e=13$ 满足 $1<e<\varphi(n)$ 且 $(e, \varphi(n))=1$，所以，可以取加密密钥 $e=13$。

（3）已知 $e=13$，通过公式 $ed=1 \bmod 60$ 求出 d 的方法已由定理 2.3.3 给出，求得
$$d=37(\text{满足 } d\neq e \text{ 且 } 1<d<\varphi(n))$$

注 有时在给定的条件下，找到的 $d=e$，这样的密钥是不符合要求的，必须将 d 和 e 同时舍弃。例如，设 $p=3$，$q=7$，取 $e=5$，则 $n=3\times 7=21$，$\varphi(n)=(3-1)\times(7-1)=12$，满足条件 $de=1 \bmod \varphi(n)$ 的 d 只有 5，此时 $d=e$，所以这样的密钥对是不符合要求的。

现在利用第三节中的欧拉定理和费马定理对 RSA 算法的加解密可逆性进行证明。

RSA 的可逆性证明如下。

为证明加解密算法可逆性，根据式（2-4-1）和式（2-4-2），即需证明：
$$M = C^d = (M^e)^d = M^{ed} \pmod{n}$$

由于 $ed=1 \bmod \varphi(n)$，也就是说 $ed=t\varphi(n)+1$，其中 t 为某整数，因此
$$M^{ed} = M^{t\varphi(n)+1} \pmod{n}$$

故要证明 $M^{ed} = M \bmod n$，只需证明
$$M^{t\varphi(n)+1} = M \pmod{n}$$

当 $(M, n)=1$ 时，根据欧拉定理，有
$$M^{t\varphi(n)} = 1 \pmod{n}$$

于是有
$$M^{t\varphi(n)+1} = M \pmod{n}$$

当 $(M, n)\neq 1$ 时，分两种情况：

（1）$M=0$。直接验证可知此时命题成立。

（2）$M \in \{1,2,3,\cdots,n-1\}$。因为 $n=pq$，p 和 q 为素数，$M \in \{1,2,3,\cdots,n-1\}$ 且 $(M, n)\neq 1$。这说明 M 必含 p 或 q 之一为其因子，而且不能同时包含两者，否则将有 $M\geq n$，与 $M \in \{1,2,3,\cdots,n-1\}$ 矛盾。

不妨设 $M=ap$。因 q 为素数，且 M 不包含 q，故有 $(M, q)=1$，由欧拉定理，有
$$M^{\varphi(q)} = 1 \pmod{q}$$

进一步，有
$$M^{t(p-1)\varphi(q)} = 1 \pmod{q}$$

注意到 q 是素数，$\varphi(q)=(q-1)$，于是 $t(p-1)\varphi(q)=t\varphi(n)$，因此
$$M^{t\varphi(n)} = 1 \pmod{q}$$

也就是说，

$$M^{t\varphi(n)} = bq+1$$

其中 b 为某整数。两边同乘 M，得

$$M^{t\varphi(n)+1} = bqM + M$$

因为 $M=ap$，所以

$$M^{t\varphi(n)+1} = bqap + M = abn + M$$

即

$$M^{t\varphi(n)+1} \equiv M \pmod{n}$$

RSA 密码的安全性分析：

小合数的因子分解是相对容易的，然而当合数足够大时，进行因子分解是相当困难的。密码分析者攻击 RSA 密码的关键点就在于如何分解 n，若分解成功使 $n=pq$，则可以计算出 $\varphi(n)\equiv(p-1)(q-1)$，然后由公开的 e 通过 $ed\equiv 1(\mathrm{mod}\,\varphi(n))$ 解出秘密的 d。

由此可见，只要能对 n 进行因子分解，便可攻破 RSA 密码，因此破译 RSA 密码的困难性小于或等于对 n 进行因数分解，目前尚不能证明两者是否能确切相等。这是因为不能确知除了对 n 进行因子分解的方法外，是否还有别的更简捷的破译方法。

计算机硬件在近年来得到了迅猛的发展，这一因素对 RSA 的安全性是有利的，因为硬件计算能力的增强使得我们可以给 n 加大几十比特，但不至于放慢加解密的计算，但同样水平的硬件计算能力的增加给予因数分解计算的帮助相对不那么大。至于计算软件和算法的发展对 RSA 安全性的影响，情况比较复杂。整体来说，至今大合数的因数分解仍是极端困难的任务。

目前要应用 RSA 密码，应当采用足够大的整数 n。普遍认为，n 至少应取 1024bit，最好取 2048bit。

在上面算法的实现中，常常需要针对大整数模 m 和大整数 n 来计算 $b^n(\mathrm{mod}\,m)$。显然，可以利用递归的方法来处理

$$b^n \equiv (b^{n-1}(\mathrm{mod}\,m)) \cdot b(\mathrm{mod}\,m)$$

但这种计算较为费时，须作 $n-1$ 次乘法。下面介绍一种更为快速的方法，先将 n 写成二进制：

$$n=n_0+n_1 2+\cdots+n_{k-1}2^{k-1}$$

其中 $n_i \in \{0,1\}$，$i=0,1,\cdots,k-1$，则

$$b^n(\mathrm{mod}\,m)$$

的计算可归纳为 $b^n \equiv \underbrace{b^{n_0}(b^2)^{n_1}\cdots(b^{2^{k-2}})^{n_{k-2}}\cdot(b^{2^{k-1}})^{n_{k-1}}}\,(\mathrm{mod}\,m)$，我们最多作 $2[\log_2 n]$ 次乘法，

这个计算方法称为"模重复平方计算法"，具体算法可归纳如下：

（1）令 $a=1$，并将 n 写成二进制：

$$n=n_0+n_1 2+\cdots+n_{k-1}2^{k-1}$$

其中 $n_i \in \{0,1\}$，$i=0,1,\cdots,k-1$。

（2）如果 $n_0=1$，则计算 $a_0\equiv a\cdot b(\mathrm{mod}\,m)$，否则取 $a_0=a$，即计算 $a_0\equiv a\cdot b^{n_0}(\mathrm{mod}\,m)$，再

计算 $b_1 \equiv b^2 \pmod{m}$。

（3）如果 $n_1=1$，则计算 $a_1 \equiv a_0 \cdot b_1 \pmod{m}$，否则取 $a_1=a_0$，即计算 $a_1 \equiv a_0 \cdot b_1^{n_1} \pmod{m}$，再计算 $b_2 \equiv b_1^2 \pmod{m}$。

……

（k）如果 $n_{k-2}=1$，则计算 $a_{k-2} \equiv a_{k-3} \cdot b_{k-2} \pmod{m}$，否则取 $a_{k-2}=a_{k-3}$，即计算
$$a_{k-2} \equiv a_{k-3} \cdot b_{k-2}^{n_{k-2}} \pmod{m}$$

再计算 $b_{k-1} \equiv b_{k-2}^2 \pmod{m}$。

（k+1）如果 $n_{k-1}=1$，则计算 $a_{k-1} \equiv a_{k-2} \cdot b_{k-1} \pmod{m}$，否则取 $a_{k-1}=a_{k-2}$，即计算
$$a_{k-1} \equiv a_{k-2} \cdot b_{k-1}^{n_{k-1}} \pmod{m}$$

最后，a_{k-1} 就是 $b^n \pmod{m}$。

例 2.4.2 计算 $137^{113} \pmod{227}$。

解 设 $m=227$，$b=137$，令 $a=1$，将 113 写成二进制，即
$$113=1+2^4+2^5+2^6$$

我们依次计算如下：

（1）$n_0=1$，计算
$$a_0=a \cdot b^{n_0} \equiv 137, \ b_1 \equiv b^2 \equiv 155 \pmod{227}$$

（2）$n_1=0$，计算
$$a_1=a_0 \cdot b_1^{n_1} \equiv 137, \ b_2 \equiv b_1^2 \equiv 190 \pmod{227}$$

（3）$n_2=0$，计算
$$a_2= a_1 \cdot b_2^{n_2} \equiv 137, \ b_3 \equiv b_2^2 \equiv 7 \pmod{227}$$

（4）$n_3=0$，计算
$$a_3= a_2 \cdot b_3^{n_3} \equiv 137, \ b_4 \equiv b_3^2 \equiv 49 \pmod{227}$$

（5）$n_4=1$，计算
$$a_4= a_3 \cdot b_4^{n_4} \equiv 130, \ b_5 \equiv b_4^2 \equiv 131 \pmod{227}$$

（6）$n_5=1$，计算
$$a_5= a_4 \cdot b_5^{n_5} \equiv 5, \ b_6 \equiv b_5^2 \equiv 136 \pmod{227}$$

（7）$n_6=1$，计算
$$a_6= a_5 \cdot b_6^{n_6} \equiv 226 \equiv 1 \pmod{227}$$

第五节　一次同余式

前面几节讨论了同余的基本性质，以下几节内容着重介绍同余式的一些常规解法。解同余式是与解代数方程类似的问题，例如问当 x 是多少时能使 $x^5+x+1 \equiv 0 \pmod{7}$ 成立就是解同余式的问题。下面先考虑一次同余式、一次同余式组的情形，然后再分析高次同余式的求解。特别地，我们会重点介绍中国古代数学家在这方面的卓越成就——中国剩

余定理。

定义 2.5.1 设 m 是一个正整数，$f(x)$ 为多项式，即

$$f(x)=a_nx^n+\cdots+a_1x+a_0$$

其中 a_i 是整数，则

$$f(x)\equiv 0(\bmod m) \qquad (2\text{-}5\text{-}1)$$

称为模 m 同余式。若 $a_n\not\equiv 0(\bmod m)$，则 n 称为 $f(x)$ 的次数，记为 $\deg f$。此时，式（2-5-1）又称为模 m 的 n 次同余式。

如果整数 a 使得

$$f(a)\equiv 0(\bmod m)$$

成立，则 a 称为该同余式（2-5-1）的解，事实上，满足 $x\equiv a(\bmod m)$ 的所有整数都使得同余式（2-5-1）成立。因此，同余式（2-5-1）的解 a 通常写成

$$x\equiv a(\bmod m)$$

需要注意的是，此时不同的解是指互不同余的解，所有不同解的个数称为解数。因此对于同余式（2-5-1）的解，只要逐个把 $0,1,\cdots,m-1$ 代入式（2-5-1）中进行验算总可以找出，但当 m 大时，这一方法显然不可取。

例 2.5.1 $x^3+x+2\equiv 0(\bmod 5)$ 是首项系数为 1 的模 5 同余式。将 0,1,2,3,4 代入该同余式验算可知 $x\equiv 4(\bmod 5)$ 是该同余式的唯一解。事实上，我们有

$$4^3+4+2=70\equiv 0(\bmod 5)$$

关于一般高次同余式的求解，暂无一般性的方法。但对于一次同余式这一特殊情形，现已完全解决，其主要结论可归纳为下述 3 个定理：

定理 2.5.1 设 $(a,m)=1$，$m>0$，则同余式

$$ax\equiv b(\bmod m) \qquad (2\text{-}5\text{-}2)$$

有唯一解 $x\equiv ba^{\varphi(m)-1}(\bmod m)$。

证 利用欧拉定理可知 $x\equiv ba^{\varphi(m)-1}(\bmod m)$ 就是式（2-5-2）的一个解。下面我们来说明解的唯一性。因为 $1,2,\cdots,m$ 组成一组模数 m 的完全剩余系，$(a,m)=1$，故 $a,2a,\cdots,ma$ 也组成模数 m 的一组完全剩余系，故其中恰有一个数设为 aj，适合 $aj\equiv b(\bmod m)$，于是 $x\equiv j(\bmod m)$ 就是式（2-5-2）的唯一解。

定理 2.5.2 设 $(a,m)=d$，$m>0$，则同余式（2-5-2）有解的充分必要条件是 $d|b$。特别地，若同余式（2-5-2）有解，它恰有 d 个解。

证 如果式（2-5-2）有解，则由 $d|a$，$d|m$，推出 $d|b$。如果 $d|b$，则因 $\left(\dfrac{a}{d},\dfrac{m}{d}\right)=1$，故同余式

$$\dfrac{a}{d}x\equiv \dfrac{b}{a}\left(\bmod \dfrac{m}{d}\right) \qquad (2\text{-}5\text{-}3)$$

有一组解，即式（2-5-2）有一组解。

当式（2-5-2）有解时，不妨设 c 为其一个解，显然 c 也适合同余式（2-5-3）。反之，如 c 适合同余式（2-5-3），则 c 也适合同余式（2-5-2）。设 t 适合式（2-5-3），则式（2-5-3）

有唯一解
$$x \equiv t \left(\bmod \frac{m}{d}\right)$$

则全体整数
$$t+k\frac{m}{d} \quad (k=0, \pm1, \pm2, \cdots)$$

对模数 m 来说，恰可选出 d 个互不同余的整数
$$t, t+\frac{m}{d}, t+2\frac{m}{d}, \cdots, t+(d-1)\frac{m}{d} \tag{2-5-4}$$

这是因为对于 $t+k\frac{m}{d}$，设 $k=qd+r$，$0 \leqslant r<d$，有
$$t+k\cdot\frac{m}{d}=t+(qd+r)\frac{m}{d}=t+r\frac{m}{d}+qm\equiv t+r\frac{m}{d}(\bmod m)$$

又若 $0 \leqslant e<d$，$0 \leqslant f<d$，$t+e\frac{m}{d} \equiv t+f\frac{m}{d}(\bmod m)$，则推出 $f=e$，这就证明了式（2-5-3）的任一解恰与式（2-5-4）中的某一数模数 m 同余，而式（2-5-4）中的 d 个数又关于模数 m 两两互不同余，即知式（2-5-2）恰有 d 个解，证毕。

例 2.5.2 求解一次同余式
$$33x \equiv 22 (\bmod 77)$$

解 首先，计算最大公因数 $(33, 77)=11$，并且有 $(33, 77)=11|22$，所以原同余式有解。

其次，运用广义欧几里得除法，求出同余式
$$3x \equiv 1 (\bmod 7)$$
的一个特解 $x_0' \equiv 5 (\bmod 7)$。

接着，写出同余式
$$3x \equiv 2 (\bmod 7)$$
的一个特解 $x_0 \equiv 2 \cdot x_0' \equiv 2 \cdot 5 \equiv 3 (\bmod 7)$。

最后，写出原同余式的全部解
$$x \equiv 3+t\frac{77}{(33,77)} \equiv 3+7t (\bmod 77), t=0,1,\cdots,10$$

或者
$$x \equiv 3, 10, 17, 24, 31, 38, 45, 52, 59, 66, 73 (\bmod 77)$$

对于定理 2.5.2 中的同余式（2-5-2），当其有解时，为了给出其解的一般表达式，我们引入模 m 逆元的定义。

定义 2.5.2 设 m 是一个正整数，a 是一个整数，如果存在整数 a' 使得
$$aa' \equiv 1 (\bmod m)$$
成立，则 a 称为模 m 可逆元。

根据定理 2.5.1，当 $(a,m)=1$ 时，在模 m 的意义下，a' 是唯一存在的。这时 a' 称为 a 的模 m 逆元，记作 $a' \equiv a^{-1}(\bmod\ m)$。

有了定义 2.5.2，便可写出同余式（2-5-2）解的一般形式。

定理 2.5.3 设 $(a,m)=d$，$m>0$，$d|b$，则同余式

$$ax \equiv b(\bmod\ m)$$

的全部解为

$$x \equiv \frac{b}{d} \cdot \left(\left(\frac{a}{d}\right)^{-1} \bmod \left(\frac{m}{d}\right)\right) + t\frac{m}{d}(\bmod\ m)$$

$$(t=0, 1, \cdots, d-1)$$

基于上述结论，可给出模简化剩余的一个等价描述。

推论 2.5.1 设 m 是一个正整数，则整数 a 是模 m 简化剩余的充要条件是整数 a 是模 m 可逆元。

证 必要性，如果整数 a 是模 m 简化剩余，则 $(a,m)=1$，根据定理 2.5.1，存在整数 a' 使得

$$aa' \equiv 1(\bmod\ m)$$

因此，由定义 2.5.2，a 是模 m 的可逆元。

充分性，如果 a 是模 m 可逆元，则存在整数 a' 使得

$$aa' \equiv 1(\bmod\ m)$$

即同余式

$$ax \equiv 1(\bmod\ m)$$

有解 $x \equiv a'(\bmod\ m)$。根据定理 2.5.3，有 $(a,m)|1$，从而，$(a,m)=1$，因此，整数 a 是模 m 的简化剩余，证毕。

第六节 中国剩余定理

基于上一节有关一次同余式的结论，我们进一步来讨论如何求解同余式组

$$x \equiv b_1(\bmod\ m_1),\ x \equiv b_2(\bmod\ m_2),\ \cdots,\ x \equiv b_k(\bmod\ m_k)$$

此问题可追溯到我国古代《孙子算经》里的一个问题——"物不知其数"（也被称为"韩信点兵"问题），其具体描述为：

今有物不知其数，三三数之有二，五五数之有三，七七数之有二，问物有多少？

答案：二十三。

关于这一问题，《孙子算经》中给出了一个非常有效的巧妙解法：三三数之有二对应于一百四十，五五数之有三对应于六十三，七七数之有二对应于三十，将这些数相加得到二百三十三，再减去二百一十，即得物之数二十三。

《孙子算经》里面所用的方法可列表 2.6.1。

表 2.6.1

除数	余数	最小公倍数	衍数	乘率	各总	答数	最小答数
3	2		5×7	2	35×2×2	140+63+	233−2×105
5	3	3×5×7=105	7×3	1	21×1×3	30=233	=23
7	2		3×5	1	15×1×2		

上述方法虽然可以解决问题，但并不利于我们分析更一般的情形。下面我们从数学分析的角度介绍另一种方法。

"物不知其数"问题可用如下同余式组表示：

$$\begin{cases} x \equiv 2 \pmod 3 \\ x \equiv 3 \pmod 5 \\ x \equiv 2 \pmod 7 \end{cases}$$

令 $x=x_1+x_2+x_3$，其中 x_1, x_2, x_3 分别满足

$$\begin{cases} x_1 \equiv 2 \pmod 3 \\ x_1 \equiv 0 \pmod 5 \\ x_1 \equiv 0 \pmod 7 \end{cases} \quad \begin{cases} x_2 \equiv 0 \pmod 3 \\ x_2 \equiv 3 \pmod 5 \\ x_2 \equiv 0 \pmod 7 \end{cases} \quad \begin{cases} x_3 \equiv 0 \pmod 3 \\ x_3 \equiv 0 \pmod 5 \\ x_3 \equiv 2 \pmod 7 \end{cases}$$

不难验证 $x=x_1+x_2+x_3$ 是原同余式组的解。同时，也可观察到 x_1, x_2, x_3 的求解是类似的，因此下面以 x_1 为例继续进行分析。

观察 x_1 同余式组中的后两个同余式，可以看出 $x_1=35p_1$，其中 p_1 为整数，再将其代入到第一个同余式中可得

$$35p_1 \equiv 2 \pmod 3$$

类似地，有 $x_2=21p_2$、$x_3=15p_3$，其中 p_2, p_3 为整数，且

$$21p_2 \equiv 3 \pmod 5, \quad 15p_3 \equiv 2 \pmod 7$$

这样处理之后，我们便将无法直接求解的原同余式组转化为 3 个无关的一次同余式的求解。结合第六节的结论，可依次求解出 p_1, p_2, p_3，即

$$p_1 \equiv 1 \pmod 3, \quad p_2 \equiv 3 \pmod 5, \quad p_3 \equiv 2 \pmod 7$$

从而

$$x \equiv 35 \cdot 1 + 21 \cdot 3 + 15 \cdot 2 = 23 \pmod{105}$$

现在我们考虑"物不知数"问题的推广形式，即非常重要的中国剩余定理（也称为孙子定理）。

定理 2.6.1（中国剩余定理） 设 $m_1, \cdots, m_k$ 是 k 个两两互素的正整数，则对任意的整数 $b_1, \cdots, b_k$，同余式组

$$\begin{cases} x \equiv b_1 \pmod{m_1} \\ \vdots \\ x \equiv b_k \pmod{m_k} \end{cases} \tag{2-6-1}$$

有唯一解

$$x = M_1' M_1 b_1 + M_2' M_2 b_2 + \cdots + M_k' M_k b_k \pmod m \tag{2-6-2}$$

其中 $m=m_1 \cdots m_k, m=m_i M_i, M_i' M_i \equiv 1 \pmod{m_i} (i=1, \cdots, k)$。

证 方法一：由于$(m_i, m_j)=1, i\neq j$，即得$(M_i, m_i)=1$，由定理2.5.1知对每一M_i有一M_i'存在使得$M_i'M_i\equiv 1(\text{mod } m_i)$，另一方面，由$m=m_iM_i$，因此，$m_j|M_i, i\neq j$，故

$$\sum_{j=1}^{k} M_j'M_jb_j \equiv M_i'M_ib_i \equiv b_i(\text{mod } m_i) \quad (i=1,\cdots,k)$$

即式（2-6-2）为式（2-6-1）的解。

若x_1, x_2是适合式（2-6-1）的任意两个整数，则$x_1\equiv x_2(\text{mod } m_i)(i=1,\cdots,k)$，因为$(m_i, m_j)=1$，$i\neq j$，于是$x_1\equiv x_2(\text{mod } m)$，故式（2-6-1）仅有解式（2-6-2）。

方法二：类似于上面的方法，令$x=x_1+\cdots+x_k$，其中$x_1,\cdots,x_k$分别满足

$$\begin{cases} x_1 \equiv b_1(\text{mod } m_1) \\ x_1 \equiv 0(\text{mod } m_2) \\ \vdots \\ x_1 \equiv 0(\text{mod } m_k) \end{cases} \cdots \begin{cases} x_k \equiv 0(\text{mod } m_1) \\ \vdots \\ x_k \equiv 0(\text{mod } m_{k-1}) \\ x_k \equiv b_k(\text{mod } m_k) \end{cases}$$

先考虑关于x_1的同余式组，它等价于

$$\begin{cases} x_1 \equiv b_1 \ (\text{mod } m_1) \\ x_1 \equiv 0 \ (\text{mod } M_1) \end{cases} \tag{2-6-3}$$

由同余式组（2-6-3）中第二个同余式可以看出$x_1=M_1q_1$，其中q_1为整数，再将其代入到第一个同余式中可得

$$M_1q_1\equiv b_1 \ (\text{mod } m_1)$$

因为$m_1,\cdots,m_k$是k个两两互素的正整数，所以M_1与m_1是互素的。结合定理2.5.1可知q_1是唯一可解的，且$x_1\equiv M_1'M_1b_1(\text{mod } m)$是式（2-6-3）解，不难看出这其实是式（2-6-2）中解的表达式第一部分。剩余部分的证明很自然，留给读者自行完成。

例2.6.1 求解同余式组

$$\begin{cases} x \equiv 1(\text{mod } 5) \\ x \equiv 5(\text{mod } 6) \\ x \equiv 4(\text{mod } 7) \\ x \equiv 10(\text{mod } 11) \end{cases}$$

解 令$m=5\cdot 6\cdot 7\cdot 11=2310$

$$M_1=6\cdot 7\cdot 11=462, M_2=5\cdot 7\cdot 11=385,$$
$$M_3=5\cdot 6\cdot 11=330, M_4=5\cdot 6\cdot 7=210$$

分别求解同余式

$$M_i'M_i \equiv 1 \ (\text{mod } m_i) \quad (i=1,2,3,4)$$

得到

$$M_1'=3, M_2'=1, M_3'=1, M_4'=1, b_1=1, b_2=5, b_3=4, b_4=10$$

故同余式组的解为

$$x \equiv 3\cdot 462 + 385\cdot 5 + 330\cdot 4 + 210\cdot 10$$
$$\equiv 6731 \equiv 2111(\text{mod } 2310)$$

应用中国剩余定理，我们可以将一些复杂的运算转化为较简单的运算。

例 2.6.2 计算 $2^{1000000}(\bmod 77)$

解 方法一：利用欧拉定理及模重复平方计算法直接计算。

因为 $77=7\cdot 11$，$\varphi(77)=\varphi(7)\varphi(11)=60$，所以由 Euler 定理

$$2^{60}\equiv 1(\bmod 77)$$

又 $1000000=16666\cdot 60+40$，所以

$$2^{1000000}=(2^{60})^{16666}\cdot 2^{40}\equiv 2^{40}(\bmod 77)$$

设 $m=77$，$b=2$，令 $a=1$，将 40 写成二进制，$40=2^3+2^5$，运用模重复平方法，依次计算如下：

（1）$n_0=0$，计算

$$a_0=a\equiv 1, b_1\equiv b_2\equiv 4(\bmod 77)$$

（2）$n_1=0$，计算

$$a_1=a_0\equiv 1, b_2=b_1^2\equiv 16(\bmod 77)$$

（3）$n_2=0$，计算

$$a_2=a_1\equiv 1, b_3\equiv b_2^2\equiv 25(\bmod 77)$$

（4）$n_3=1$，计算

$$a_3=a_2\cdot b_3\equiv 25, b_4\equiv b_3^2\equiv 9(\bmod 77)$$

（5）$n_4=0$，计算

$$a_4=a_3\equiv 25, b_5\equiv b_4^2\equiv 4(\bmod 77)$$

（6）$n_5=1$，计算

$$a_5=a_4\cdot b_5\equiv 23(\bmod 77)$$

最后，计算出

$$2^{1000000}\equiv 23(\bmod 77)$$

方法二：令 $x=2^{1000000}$，因为 $77=7\cdot 11$，所以计算 $x(\bmod 77)$ 等价于求解同余式组

$$\begin{cases} x\equiv b_1\ (\bmod 7) \\ x\equiv b_2\ (\bmod 11) \end{cases}$$

因为 Euler 定理给出 $2^{\varphi(7)}\equiv 2^6\equiv 1(\bmod 7)$，以及 $1000000=166666\cdot 6+4$，所以 $b_1\equiv 2^{1000000}\equiv (2^6)^{166666}\cdot 2^4\equiv 2(\bmod 7)$。

类似地，因为 $2^{\varphi(11)}\equiv 2^{10}\equiv 1(\bmod 11)$，$1000000=100000\cdot 10$，所以 $b_2\equiv 2^{1000000}\equiv (2^{10})^{100000}\equiv 1(\bmod 11)$。

令 $m_1=7$，$m_2=11$，$m=m_1\cdot m_2=77$，

$$M_1=m_2=11, M_2=m_1=7$$

分别求解同余式

$$11M_1'\equiv 1(\bmod 7), 7M_2'\equiv 1(\bmod 11)$$

得到

$$M_1'=2, M_2'=8$$

故
$$x \equiv 2 \cdot 11 \cdot 2 + 8 \cdot 7 \cdot 1 \equiv 100 \equiv 23 (\bmod 77)$$

因此，$2^{1000000} \equiv 23 (\bmod 77)$。

现在我们推广定理 2.2.2。

定理 2.6.2 在定理 2.6.1 的条件下，若 $b_1, \cdots, b_k$ 分别遍历模 $m_1, \cdots, m_k$ 的完全剩余系，则
$$a \equiv M_1' M_1 b_1 + \cdots + M_k' M_k b_k (\bmod m)$$

遍历模 $m = m_1 \cdots m_k$ 的完全剩余系。

证 令
$$x_0 = M_1' M_1 b_1 + \cdots + M_k' M_k b_k (\bmod m)$$

则当 $b_1, \cdots, b_k$ 分别遍历模 $m_1, \cdots, m_k$ 的完全剩余系时，x_0 遍历 $m_1 \cdots m_k$ 个数，如果能够证明它们模 m 两两不同余，则定理成立。事实上，若
$$M_1' M_1 b_1 + \cdots + M_k' M_k b_k \equiv M_1' M_1 b_1' + \cdots + M_k' M_k b_k' (\bmod m)$$

则根据性质 2.1.2（4）
$$M_i' M_i b_i \equiv M_i' M_i b_i' (\bmod m_i) \quad (i = 1, \cdots, k)$$

因为 $M_i' M_i \equiv 1 (\bmod m_i), i = 1, \cdots, k$，所以，
$$b_i \equiv b_i' (\bmod m_i) \quad (i = 1, \cdots, k)$$

但 b_i, b_i' 是同一个完全剩余系中的两个数，故与
$$b_i \not\equiv b_i' (\bmod m_i) \quad (i = 1, \cdots, k)$$

矛盾。因此结论成立。

此外，中国剩余定理在文件加密及公开密钥密码中都有广泛应用，感兴趣的读者可参阅相关资料。

第七节 高次同余式的解法和解数

基于前二节的结果，本节初步讨论一下高次同余式的解数及解法。为此我们先引进一个重要的定理：

定理 2.7.1 设 $m_1, \cdots, m_k$ 是 k 个两两互素的正整数，$m = m_1 \cdots m_k$，则同余式
$$f(x) \equiv 0 (\bmod m) \tag{2-7-1}$$

与同余式组
$$\begin{cases} f(x) \equiv 0 \ (\bmod m_1) \\ \quad \vdots \\ f(x) \equiv 0 \ (\bmod m_k) \end{cases} \tag{2-7-2}$$

等价，如果用 T_i 表示同余式
$$f(x) \equiv 0 (\bmod m_i)$$

的解数，$i = 1, \cdots, k$，T 表示同余式（2-7-1）的解数，则

$$T=T_1\cdots T_k$$

证 设 x_0 是同余式（2-7-1）的解，则
$$f(x_0)\equiv 0(\bmod m)$$
根据性质 2.1.2（4），有
$$f(x_0)\equiv 0(\bmod m_i) \quad (i=1,\cdots,k)$$
即 x_0 是同余式组（2-7-2）的解。

反过来，设
$$f(x_0)\equiv 0(\bmod m_i) \quad (i=1,\cdots,k)$$
由性质 2.1.2（6）可得
$$f(x_0)\equiv 0(\bmod m)$$
即同余式组（2-7-2）的解 x_0 也是同余式（2-7-1）的解。

设同余式 $f(x)\equiv 0(\bmod m_i)$ 的解是 b_i，$i=1,\cdots,k$，则由中国剩余定理，可求得同余式组
$$\begin{cases} x\equiv b_1(\bmod m_1) \\ \quad\vdots \\ x\equiv b_k(\bmod m_k) \end{cases}$$
的解是
$$x\equiv M'_1 M_1 b_1 + \cdots + M'_k M_k b_k(\bmod m)$$
因为
$$f(x)\equiv f(b_i)\equiv 0(\bmod m_i) \quad (i=1,\cdots,k)$$
所以 x 也是
$$F(x)\equiv 0(\bmod m)$$
的解。这表明 b_i 遍历 $f(x)\equiv 0(\bmod m_i)$ 的所有解（$i=1,\cdots,k$）时，x 遍历 $f(x)\equiv 0(\bmod m)$ 的所有解，即
$$\begin{cases} f(x)\equiv 0 \ (\bmod m_1) \\ \quad\vdots \\ f(x)\equiv 0 \ (\bmod m_k) \end{cases}$$
的解数为
$$T=T_1\cdots T_k$$

有了上述定理，我们可先把合数模的同余式化成素数幂模的同余式组，然后讨论素数幂模同余式组的解法。

例 2.7.1 解同余式
$$f(x)=5x^7+x+3\equiv 0(\bmod 315)$$

解 由定理 2.7.1 知原同余式等价于同余式组
$$\begin{cases} f(x)\equiv 0 \ (\bmod 3^2) \\ f(x)\equiv 0 \ (\bmod 7) \\ f(x)\equiv 0 \ (\bmod 5) \end{cases}$$

直接验算，
$$f(x)\equiv 0(\bmod 3^2)\text{的解为 }x\equiv 1, 4, 6, 7(\bmod 3^2)$$
$$f(x)\equiv 0(\bmod 7)\text{的解为 }x\equiv 3(\bmod 7)$$
$$f(x)\equiv 0(\bmod 5)\text{的解为 }x\equiv 2(\bmod 5)$$

根据中国剩余定理，可求得同余式组
$$\begin{cases} x \equiv b_1(\bmod 3^2) \\ x \equiv b_2(\bmod 7) \\ x \equiv b_2(\bmod 5) \end{cases}$$

的解为
$$x\equiv 35\cdot 8\cdot b_1+45\cdot 5\cdot b_2+63\cdot 2\cdot b_3(\bmod 315)$$

故原同余式的解为
$$x\equiv 262, 157, 87, 52(\bmod 315)$$

共 $4\cdot 1\cdot 1=4$ 个。

注意到任一正整数 m 有标准分解式
$$m = p_1^{\alpha_1} p_2^{\alpha_2} \cdots p_k^{\alpha_k}$$

结合定理 2.7.1 知，要求解同余式
$$f(x)\equiv 0(\bmod m)$$

只需求解
$$f(x)\equiv 0(\bmod p_i^{\alpha_i}) \qquad (i=1, 2,\cdots, k)$$

因此，我们需重点关注 p 为素数时，同余式
$$f(x)\equiv 0(\bmod p^\alpha) \tag{2-7-3}$$

的解法。从性质 2.1.2（4）不难看出式（2-7-3）的每一个解都满足同余式
$$f(x)\equiv 0(\bmod p) \tag{2-7-4}$$

所以不妨从最简单的式（2-7-4）出发，来讨论原问题的求解。

定理 2.7.2 设
$$x\equiv x_1(\bmod p)$$

即
$$x=x_1+pt_1, t_1=0, \pm 1, \pm 2, \cdots \tag{2-7-5}$$

是式（2-7-4）的一解且 $p \nmid f'(x_1)$（$f'(x)$ 是 $f(x)$ 的导函数），则同余式（2-7-3）有解
$$x=x_\alpha+ p^\alpha t_\alpha, t_\alpha=0, \pm 1, \pm 2, \cdots$$

即 $x\equiv x_\alpha(\bmod p^\alpha)$，其中 x_α 由下面关系式递归得到：
$$x_i\equiv x_{i-1}+p^{i-1}t_{i-1}(\bmod p^i)$$
$$t_{i-1} \equiv \frac{-f(x_{i-1})}{p^{i-1}}(f'(x_1)^{-1}(\bmod p))(\bmod p) \quad (i=2,3,\cdots,\alpha)$$

这里 $(f'(x_1))^{-1}(\bmod p)$ 是 $f'(x_1)$ 的模 p 逆元。

证 我们用数学归纳法来证明：

（1）考虑同余式 $f(x)\equiv 0(\bmod p^2)$ 由式（2-7-5）所给出的解，即确定 $f(x_1+pt_1)\equiv 0(\bmod p^2)$ 中的参数 t_1，应用泰勒（Taylor）公式将此式左端展开即得

$$f(x_1)+pt_1f'(x_1)\equiv 0(\bmod p^2)$$

两边同除 p 后，上式可整理为

$$t_1\cdot f'(x_1)\equiv \frac{f(x_1)}{p}(\bmod p)$$

注意到 $f(x_1)\equiv 0(\bmod p)$，$p\nmid f'(x_1)$，故对模 p 来说恰有一解

$$t_1\equiv \frac{-f(x_1)}{p}(f'(x_1)^{-1}(\bmod p))(\bmod p)$$

记 $t_1'=\frac{-f(x_1)}{p}(f'(x_1)^{-1}(\bmod p))$，$t_1=t_1'+pt_2, t_2=0,\pm 1,\pm 2,\cdots$。将其代入式（2-7-5）中即得

$$x=x_1+p(t_1'+pt_2)\equiv x_2(\bmod p^2)$$

其中 $x_2\equiv x_1+pt_1'(\bmod p^2)$。于是 $x\equiv x_2(\bmod p^2)$ 是基于式（2-7-5）给出的关于 $f(x)\equiv 0(\bmod p^2)$ 的一解。

（2）假定定理对 $\alpha-1$ 的情形成立，即式（2-7-5）刚好给出

$$f(x)\equiv 0(\bmod p^{\alpha-1})$$

的一个解：$x=x_{\alpha-1}+p^{\alpha-1}t_{\alpha-1}, t_{\alpha-1}=0,\pm 1,\pm 2,\cdots, x_{\alpha-1}\equiv x_1(\bmod p^\alpha)$，把它代入式（2-7-3），并将左端应用泰勒公式展开即得

$$f(x_{\alpha-1})+p^{\alpha-1}t_{\alpha-1}f'(x_{\alpha-1})\equiv 0(\bmod p^\alpha)$$

但 $f(x_{\alpha-1})\equiv 0(\bmod p^{\alpha-1})$，因此

$$t_{\alpha-1}\cdot f'(x_{\alpha-1})\equiv \frac{-f(x_{\alpha-1})}{p^{\alpha-1}}(\bmod p)$$

由 $x_{\alpha-1}\equiv x_1(\bmod p)$ 即得 $f'(x_{\alpha-1})\equiv f'(x_1)(\bmod p)$，而 $p\nmid f'(x_1)$，于是 $p\nmid f'(x_{\alpha-1})$，故上式恰有一解

$$t_{\alpha-1}\equiv \frac{-f(x_{\alpha-1})}{p^{\alpha-1}}(f'(x_1)^{-1}(\bmod p))(\bmod p)$$

因此刚好给出式（2-7-3）的一解

$$x\equiv x_\alpha\equiv x_{\alpha-1}+p^{\alpha-1}t_{\alpha-1}(\bmod p^\alpha)$$

故定理对 α 的情形同样成立，由归纳法，定理获证。

定理 2.7.2 的证法同时提供了一个由式（2-7-4）的解求式（2-7-3）的解的方法，我们举一例来说明。

例 2.7.2 解同余式

$$f(x)\equiv 0(\bmod 27), f(x)=x^4+7x+4$$

解 $f(x)\equiv 0(\bmod 3)$ 有一解 $x\equiv 1(\bmod 3)$，并且 $f'(1)\not\equiv 0(\bmod 3)$，以 $x=1+3t_1$ 代入 $f(x)\equiv 0$

(mod 9)得
$$f(1)+3t_1f'(1)\equiv 0\pmod 9$$
但 $f(1)\equiv 3\pmod 9$，$f'(1)\equiv 2\pmod 9$，故
$$3+3t_1\cdot 2\equiv 0\pmod 9, \quad 即\ 2t_1+1\equiv 0\pmod 3$$
因此 $t_1=1+3t_2$，而
$$x=1+3(1+3t_2)=4+9t_2$$
是 $f(x)\equiv 0\pmod 9$ 的解。

将 $x=4+9t_2$ 代入 $f(x)\equiv 0\pmod{27}$ 立得
$$f(4)+9t_2f'(4)\equiv 0\pmod{27}, \quad 18+9t_2\cdot 20\equiv 0\pmod{27}$$
即
$$20t_2+2\equiv 0\pmod 3, \quad t_2\equiv 2\pmod 3, \quad 即\ t_2=2+3t_3$$
故
$$x=4+9(2+3t_3)=22+27t_3$$
为所求的解。

第八节　素数模的同余式

在第七节中，我们把解高次同余式的问题最终归结到求解素数模的高次同余式，但对于这一相对简洁的情形至今仍没有一般性的解法，本节只就素数模同余式的次数与解数的关系做一初步介绍。

首先考虑素数模 p 的同余式
$$f(x)=a_nx^n+\cdots+a_1x+a_0\equiv 0\pmod p \qquad (2\text{-}8\text{-}1)$$
其中 $a_n\not\equiv 0\pmod p$。

定理 2.8.1　同余式（2-8-1）与一个次数不超过 $p-1$ 的模 p 同余式等价。

证　由多项式的欧几里得除法，存在整系数多项式 $q(x)$，$r(x)$ 使得
$$f(x)=(x^p-x)q(x)+r(x)$$
其中 $r(x)$ 的次数小于或等于 $p-1$，由费马小定理，对任何整数 x，都有
$$x^p-x\equiv 0\pmod p$$
对任何整数 x 来说
$$f(x)\equiv r(x)\pmod p$$
因此式（2-8-1）与 $r(x)\equiv 0\pmod p$ 等价，证毕。

例 2.8.1　求与同余式
$$4x^{14}+3x^{13}+x^{11}+2x^9+x^6+x^3+2x^2+x\equiv 0\pmod 5$$
等价的次数小于 5 的同余式。

解　作多项式的欧几里得除法，有

$$4x^{14}+3x^{13}+x^{11}+2x^9+x^6+x^3+2x^2+x$$
$$=(x^5-x)(4x^9+3x^8+x^6+4x^5+5x^4+x^2+5x+5)+2x^3+7x^2+6x$$

所以原同余式等价于
$$2x^3+7x^2+6x\equiv 0(\bmod 5)$$

定理 2.8.2 设 $1\leq k\leq n$，如果
$$x\equiv a_i(\bmod p) \quad (i=1,\cdots,k)$$
是同余式(2-8-1)的 k 个不同解，则对于任何整数 x，都有
$$f(x)\equiv(x-a_1)\cdots(x-a_k)f_k(x)(\bmod p) \qquad (2\text{-}8\text{-}2)$$
式中：$f_k(x)$ 为 $n-k$ 次多项式，首项系数是 a_n。

证 由多项式的欧几里得除法，存在多项式 $f_1(x)$ 和 $r(x)$ 使得
$$f(x)=(x-a_1)f_1(x)+r$$
易知，$f_1(x)$ 的次数是 $n-1$，首项系数是 a_n，r 为常数，因为 $f(a_1)\equiv 0(\bmod p)$，所以 $r\equiv 0(\bmod p)$，即有
$$f(x)\equiv(x-a_1)f_1(x)(\bmod p)$$
再由 $f(a_i)\equiv 0(\bmod p)$ 及 $a_i\neq a_1(\bmod p)(i=2,\cdots,k)$ 得到
$$f_1(a_i)\equiv 0(\bmod p) \quad (i=2,\cdots,k)$$
类似地，对于多项式 $f_1(x)$ 可找到多项式 $f_2(x)$ 使得
$$\begin{cases} f_1(x)\equiv(x-a_2)f_2(x) \pmod p \\ f_2(a_i)\equiv 0 \pmod p, i=3,\cdots,k \end{cases}$$
$$f_{k-1}(x)\equiv(x-a_k)f_k(x)(\bmod p)$$
故
$$f(x)\equiv(x-a_1)\cdots(x-a_k)f_k(x)(\bmod p)$$
证毕。

例 2.8.2 我们有同余式
$$3x^{14}-4x^{13}+2x^{11}+x^9+x^6+x^3+12x^2+x$$
$$\equiv x(x-1)(x-2)(3x^{11}+3x^{10}+3x^9+4x^7+3x^6+x^5+2x^4+x^2+3x+3)(\bmod 5)$$

根据定理 2.8.2 及费马小定理，我们立即得到下述定理。

定理 2.8.3 设 p 是一个素数，则
（1）对任何整数 x，有
$$x^{p-1}-1\equiv(x-1)\cdots(x-(p-1))(\bmod p)$$
（2）(Wilson 定理) $(p-1)!+1\equiv 0(\bmod p)$

证明留给读者。

特别地，由 Wilson 定理，可得到整数是否为素数的判别条件：整数 n 为素数的充分必要条件是
$$(n-1)!+1\equiv 0(\bmod n)$$

由 Wilson 定理，知条件是必要的，下面证充分性。用反证法，若 n 不是素数，令 q 是 n 的真因数：$1<q<n$，于是 $q|(n-1)!$，即 $(n-1)!\equiv 0\pmod q$，从而 $(n-1)!+1\not\equiv 0\pmod q$。另一方面，由条件 $(n-1)!+1\equiv 0\pmod n$ 得 $(n-1)!+1\equiv 0\pmod q$，产生矛盾，故 n 是素数。

现在讨论模 p 同余式的解数。

首先给出同余式解数的上界估计。

定理 2.8.4　同余式（2-8-1）的解数不超过它的次数。

证　反证法，设式（2-8-1）的解数超过 n 个，则式（2-8-1）至少有 $n+1$ 个解，设它们为
$$x\equiv a_i\pmod p \quad (i=1,\cdots,n,n+1)$$
根据定理 2.8.2，对于 n 个解 $a_1,\cdots,a_n$，可得到
$$f(x)\equiv (x-a_1)\cdots(x-a_n)f_n(x)\pmod p$$
因为 $f(a_{n+1})\equiv 0\pmod p$，所以
$$(a_{n+1}-a_1)\cdots(a_{n+1}-a_n)f_n(a_{n+1})\equiv 0\pmod p$$
注意到 $a_{i+1}\not\equiv a_1\pmod p$，$i=2,\cdots,n$，且 p 是素数，因此 $f_n(a_{n+1})\equiv 0\pmod p$，但 $f_n(x)$ 是首项系数为 a_n，次数为 $n-n=0$ 的多项式，故 $p|a_n$，矛盾。

推论 2.8.1　次数小于素数 p 的整系数多项式对所有整数取值模 p 为零的充要条件是其所有系数被 p 整除。

现在给出同余式（2-8-1）的解数与次数相等的情况，我们来证明

定理 2.8.5　设 p 是一个素数，n 是一个正整数，$n<p$，那么同余式
$$f(x)=x^n+\cdots+a_1x+a_0\equiv 0\pmod p \tag{2-8-3}$$
有 n 个解的充分必要条件是 x^p-x 被 $f(x)$ 除所得余式的所有系数都是 p 的倍数。

证　因为 $f(x)$ 是首一多项式，由多项式的欧几里得除法，知存在整系数多项式 $q(x)$ 和 $r(x)$ 使得
$$x^p-x=f(x)q(x)+r(x) \tag{2-8-4}$$
其中 $r(x)$ 的次数小于 n，$q(x)$ 的次数是 $p-n$。

现在，若同余式（2-8-3）有 n 个解，则由费马小定理，这 n 个解都是
$$x^p-x\equiv 0\pmod p$$
的解，由式（2-8-4）知这 n 个解也是
$$r(x)\equiv 0\pmod p$$
的解，但 $r(x)$ 的次数小于 n，故由推论 2.8.1，$r(x)$ 的系数都是 p 的倍数。

反过来，若多项式 $r(x)$ 的系数都被 p 整除，则由推论 2.8.1，$r(x)$ 对所有整数 x 取值模 p 为零，根据费马小定理，对任何整数 x，又有
$$x^p-x\equiv 0\pmod p$$
因此，对任何整数 x，有
$$f(x)q(x)\equiv 0\pmod p \tag{2-8-5}$$
这就是说，式（2-8-5）有 p 个不同的解，

$$x \equiv 0, 1, \cdots, p-1 \pmod{p}$$

现在设 $f(x) \equiv 0 \pmod{p}$ 的解数 $k<n$，因为次数为 $p-n$ 的多项式 $q(x)$ 的同余式 $q(x) \equiv 0 \pmod{p}$ 的解数 $h \leq p-n$，所以式（2-8-5）的解数小于或等于 $k+h<p$，矛盾。

推论 2.8.2 设 p 是一个素数，d 是 $p-1$ 的正因数，那么多项式 x^d-1 模 p 有 d 个不同的根。

证 因为 $d|p-1$，所以存在整数 q 使得 $p-1=dq$。这样，有因式分解式：

$$x^{p-1}-1=(x^d-1)(x^{d(q-1)}+x^{d(q-2)}+\cdots+x^d+1)$$

根据定理 2.8.5，多项式 x^d-1 模 p 有 d 个不同的根。

例 2.8.3 判断同余式

$$4x^3+6x^2+5x+1 \equiv 0 \pmod{7}$$

是否有 3 个解。

解 为应用定理 2.8.5，需将多项式变成首一的。注意到 $4 \cdot 2 \equiv 1 \pmod{7}$，我们有

$$2(4x^3+6x^2+5x+1) \equiv x^3-2x^2+3x+2 \pmod{7}$$

此同余式与原同余式等价，作多项式的欧几里得除法，有

$$x^7-x=(x^3-2x^2+3x+2)(x^4+2x^3+x^2-6x-19)+(-22x^2+68x+38)$$

根据定理 2.8.5，原同余式的解数小于 3。

例 2.8.4 求解同余式

$$14x^{18}+2x^{15}-x^{10}+4x-3 \equiv 0 \pmod{7}$$

解 利用同余关系先去掉系数为 7 的倍数的项，得到

$$2x^{15}-x^{10}+4x-3 \equiv 0 \pmod{7}$$

其次，做多项式的欧几里得除法，有

$$2x^{15}-x^{10}+4x-3=(x^7-x)(2x^8-x^3+2x^2)+(-x^4+2x^3+4x-3)$$

原同余式等价于同余式

$$x^4-2x^3-4x+3 \equiv 0 \pmod{7}$$

直接验算 $x=0, \pm 1, \pm 2, \cdots, \pm 6$，知同余式无解。

习 题

1. 设 $n=75312289$，则 n 被 13 整除，但不被 7，11 整除。

2. $641|F_5=2^{2^5}+1$。

3. 当 n 是奇数时，$3|2^n+1$；当 n 是偶数时，$3 \nmid 2^n+1$。

4. 若 $ac \equiv bc \pmod{m}$，且若 $(m,c)=d$，则 $a \equiv b \left(\bmod \dfrac{m}{d}\right)$。

5. 2008 年 5 月 9 日是星期五，问第 $2^{20080509}$ 天是星期几？

6. 证明：若 $a_i \equiv b_i \pmod{m}$，$1 \leq i \leq k$，则

（1）$a_1+\cdots+a_k \equiv b_1+\cdots+b_k \pmod{m}$；

（2）$a_1 \cdots a_k \equiv b_1 \cdots b_k \pmod{m}$。

7．设 p 是素数，证明：如果 $a^2 \equiv b^2 \pmod{p}$，则 $p|a+b$ 或 $p|a-b$。

8．设 $n=pq$，其中 p，q 是素数，证明：如果 $a^2 \equiv b^2 \pmod{n}$，$n \nmid a-b, n \nmid a+b$，则 $(n, a-b)>1$，$(n, a+b)>1$。

9．设 n 是一个正整数，设 $Z/nZ=\{0, 1, 2, \cdots, n-1\}$，分别列出 $Z/6Z$ 和 $Z/11Z$ 中的模余运算加法表与乘法表。

10．证明：如果 $a^k \equiv b^k \pmod{m}$，$a^{k+1} \equiv b^{k+1} \pmod{m}$，这里 a, b, k, m 是整数，$k>0$，$m>0$，并且 $(a, m)=1$，那么 $a \equiv b \pmod{m}$，如果去掉 $(a, m)=1$ 这个条件，结果仍成立吗？

11．计算：$2^{32} \pmod{47}$，$2^{47} \pmod{47}$，$2^{567} \pmod{61}$。

12．下列哪些整数能被 3 整除，其中又有哪些能被 9 整除？

（1）1842681；

（2）184154076；

（3）8937752733；

（4）4153768913345。

13．设 $(k, m)=1$，而 $a_1, \cdots, a_m$ 是模数 m 的一组完全剩余系，则 $ka_1, \cdots, ka_m$ 是模数 m 的一组完全剩余系。

14．设 m 是正整数，a 是满足 $(a, m)=1$ 的整数，b 是任意整数，若 x 遍历模 m 的一个完全剩余系，则 $ax+b$ 也遍历模 m 的一个完全剩余系。

15．（1）写出模 11 的一个完全剩余系，它的每个数是奇数。

（2）写出模 9 的一个完全剩余系，它的每个数是偶数。

（3）（1）或（2）中的要求对模 10 的完全剩余系能实现吗？

16．证明：当 $m>2$ 时，$0^2, 1^2, \cdots, (m-1)^2$ 一定不是模 m 的完全剩余系。

17．证明：若 n 是素数，则 $1^3+2^3 \cdots +(n-1)^3 \equiv 0 \pmod{n}$。

18．（1）把剩余类 1(mod 5) 写成模 15 的剩余类之和。

（2）把剩余类 6(mod 10) 写成模 80 的剩余类之和。

19．证明定理 2.3.1。

20．证明：如果 $c_1, c_2, \cdots, c_{\varphi(m)}$ 是模 m 的简化剩余系，那么 $c_1+c_2+\cdots+c_{\varphi(m)} \equiv 0 \pmod{m}$。

21．运用 Wilson 定理，求 $8 \cdot 9 \cdot 10 \cdot 11 \cdot 12 \cdot 13 \pmod{7}$。

22．证明：如果 p 是奇素数，那么 $1^2 3^2 \cdots (p-4)^2(p-2)^2 \equiv (-1)^{(p+1)/2} \pmod{p}$。

23．证明：如果 p 是素数，并且 $p \equiv 3 \pmod{4}$，那么 $\{(p-1)/2\}! \equiv \pm 1 \pmod{p}$。

24．证明：如果 p 是素数，并且 $0<k<p$，那么 $(p-k)!(k-1)! \equiv (-1)^k \pmod{p}$。

25．证明：如果 p 是素数，a 是整数，那么 $p|(a^p+(p-1)!a)$。

26．证明：如果 a 是整数，且 $(a,3)=1$，那么 $a^7 \equiv a \pmod{63}$。

27．证明：如果 a 是与 32760 互素整数，那么 $a^{12} \equiv 1 \pmod{32760}$。

28．证明：如果 p 和 q 是不同的素数，则 $p^{q-1}+q^{p-1} \equiv 1 \pmod{pq}$。

29．证明：如果 m 和 n 是互素的整数，则 $m^{\varphi(n)}+n^{\varphi(m)} \equiv 1 \pmod{mn}$。

30．计算 $2^{20120118} \pmod{7}$。

31．计算乘法逆元素：

（1）$61^{-1} \bmod 1024$；

（2）$7^{-1} \bmod 327$；

（3）$79^{-1} \mod 2623$。

32．求出下列一次同余方程的所有解
（1）$3x \equiv 2 \pmod 7$；
（2）$8x \equiv 3 \pmod 9$；
（3）$7x \equiv 14 \pmod{21}$；
（4）$15x \equiv 9 \pmod{25}$。

33．求出下列一次同余方程的所有解
（1）$127x \equiv 833 \pmod{1012}$；
（2）$23x \equiv 742 \pmod{1155}$。

34．运用 Euler 定理求解下列一次同余方程
（1）$4x \equiv 7 \pmod{15}$；
（2）$5x \equiv 4 \pmod{11}$；
（3）$3x \equiv 5 \pmod{16}$。

35．已知 RSA 密码算法的公开钥为 $n=51$，$e=11$，试确定私钥，并对明文 2 进行加密。

36．证明：同余方程组
$$\begin{cases} x \equiv a_1 \pmod{m_1} \\ x \equiv a_2 \pmod{m_2} \\ \cdots \\ x \equiv a_k \pmod{m_k} \end{cases}$$
的解是
$$x \equiv a_1 M_1^{\varphi(m_1)} + a_2 M_2^{\varphi(m_2)} + \cdots + a_k M_k^{\varphi(m_k)} \pmod m$$
这里 m_j 两两互素，$m=m_1 m_2 \cdots m_k$，$M_j = m/m_j$，$j=1,2,\cdots,k$。

37．求解下列同余式组：
（1）$x \equiv 1 \pmod 7$，$x \equiv 3 \pmod 5$，$x \equiv 5 \pmod 9$；
（2）$3x \equiv 5 \pmod 4$，$5x \equiv 2 \pmod 7$；
（3）$4x \equiv 3 \pmod{25}$，$3x \equiv 8 \pmod{20}$；
（4）$x \equiv 8 \pmod{15}$，$x \equiv 5 \pmod 8$，$x \equiv 13 \pmod{25}$。

38．计算 $2^{1000000} \pmod{1309}$。

39．将同余式方程化为同余式组来求解
（1）$23x \equiv 1 \pmod{140}$；
（2）$17x \equiv 229 \pmod{1540}$。

40．设整数 $m_1, \cdots, m_k$ 两两互素，则同余方程组 $a_j x \equiv b_j \pmod{m_j}$，$1 \le j \le k$ 有解的充要条件是每一个同余方程 $a_j x \equiv b_j \pmod{m_j}$ 均可解，即 $(a_j, m_j) | b_j (1 \le j \le k)$。

41．解同余式 $6x^3 + 27x^2 + 17x + 20 \equiv 0 \pmod{30}$。

42．解同余式 $31x^4 + 57x^3 + 96x + 191 \equiv 0 \pmod{225}$。

43．求解同余式
$$3x^{14} + 4x^{13} + 2x^{11} + x^9 + x^6 + x^3 + 12x^2 + x \equiv 0 \pmod 7$$

44．设同余式
$$f(x)\equiv a_nx^n+\cdots+a_1x+a_0\equiv 0(\mathrm{mod}\ p)$$
的解的个数大于 n，这里 p 是素数，a_i 是整数 ($i=0,1,\cdots,n$)，则 $p|a_i$ ($i=0,1,\cdots,n$)。

45．证明：对于任给素数 p，多项式
$$f(x)=(x-1)(x-2)\cdots(x-p+1)-x^{p-1}+1$$
的所有系数被 p 整除。

46．证明：设素数 $p>3$，则有 $\sum_{k=1}^{p-1}\dfrac{(p-1)!}{k}\equiv 0(\mathrm{mod}\ p^2)$ （Wolstenholme 定理）。

第三章 二次同余式

二次同余式是研究高次同余式的基础，并且在密码学中应用很广泛。本章重点介绍二次剩余理论及其应用，具体讨论内容如下：首先把一般的二次同余式求解问题归结到讨论形如 $x^2 \equiv a(\mod m)$ 的同余式，从而引入二次剩余与二次非剩余的概念；再应用数论中常用的函数（勒让德符号及雅可比符号）去讨论 m 是单质数的情形，进而讨论一般的情形。

第一节 二 次 剩 余

二次同余式的一般形式为

$$ax^2 + bx + c \equiv 0 (\mod m), \ a \not\equiv 0 \ (\mod m) \qquad (3\text{-}1\text{-}1)$$

用 $4a$ 乘式（3-1-1）再加上 b^2，得

$$4a^2x^2 + 4abx + b^2 \equiv b^2 - 4ac \ (\mod 4am)$$

即

$$(2ax + b)^2 \equiv b^2 - 4ac \ (\mod 4am)$$

若令 $y = 2ax + b, D = b^2 - 4ac$ 则上式变为

$$y^2 \equiv D \ (\mod 4am) \qquad (3\text{-}1\text{-}2)$$

由同余式的性质可知，式（3-1-2）与式（3-1-1）同时有解或无解，故式（3-1-1）的求解可以转化为讨论式（3-1-2）是否有解的问题。

定义 3.1.1 设 m 是正整数，若 $(a, m)=1$，且同余式

$$x^2 \equiv a \ (\mod m) \qquad (3\text{-}1\text{-}3)$$

有解，则 a 称为模 m 的二次剩余（或平方剩余）；否则，a 称为模 m 的二次非剩余（或平方非剩余）。

例 3.1.1 1 是模 3 二次剩余，-1 是模 3 二次非剩余。

例 3.1.2 1, 3, 4, 5, 9 是模 11 二次剩余，-1, 2, 6, 7, 8 是模 11 二次非剩余。

因为 $1^2 \equiv (-1)^2 \equiv 1$，$2^2 \equiv (-2)^2 \equiv 4$，$3^2 \equiv (-3)^2 \equiv 9$，$4^2 \equiv (-4)^2 \equiv 5$，$5^2 \equiv (-5)^2 \equiv 3 (\mod 11)$。

例 3.1.3 -1, 1, 2, 4, 8, 9, 13, 15 是模 17 二次剩余；3, 5, 6, 7, 10, 11, 12, 14 是模 17 二次非剩余。

因为 $1^2 \equiv 16^2 \equiv 1$, $2^2 \equiv 15^2 \equiv 4$, $3^2 \equiv 14^2 \equiv 9$, $4^2 \equiv 13^2 \equiv 16 \equiv -1$, $5^2 \equiv 12^2 \equiv 8$, $6^2 \equiv 11^2 \equiv 2$, $7^2 \equiv 10^2 \equiv 15$, $8^2 \equiv 9^2 \equiv 13 (\mod 17)$。

例 3.1.4 求满足方程 $E: y^2 \equiv x^3 + x + 1 (\mod 7)$ 的所有点。

解 易知模 7 的二次剩余是 1, 2, 4，二次非剩余是-1, 3, 5。

对 $x=0, 1, 2, 3, 4, 5, 6$，分别求出 y。

$x=0$，$y^2 \equiv 1 (\text{mod } 7)$，$y=1, 6 (\text{mod } 7)$

$x=1$，$y^2 \equiv 3 (\text{mod } 7)$，无解

$x=2$，$y^2 \equiv 4 (\text{mod } 7)$，$y=2, 5 (\text{mod } 7)$

$x=3$，$y^2 \equiv 3 (\text{mod } 7)$，无解

$x=4$，$y^2 \equiv 6 (\text{mod } 7)$，无解

$x=5$，$y^2 \equiv 5 (\text{mod } 7)$，无解

$x=6$，$y^2 \equiv 6 (\text{mod } 7)$，无解

在本章的余下内容中，我们主要关注同余式（3-1-3）的求解，具体来说有以下两个方面：

（1）同余式（3-1-3）何时有解（解的存在性）？

（2）当同余式（3-1-3）有解时，如何进行求解？

此外，读者可结合下述内容的介绍，自行思考正整数 a 模 m 的二次剩余与实数中的平方根 $\sqrt{a}$ 有什么区别？

结合算术基本定理和定理 2.7.1，关于同余式（3-1-3），我们不妨从模为奇素数 p 的二次同余式入手，即

$$x^2 \equiv a(\text{mod } p), \quad (a, p)=1 \tag{3-1-4}$$

定理 3.1.1（欧拉判别条件） 设 p 是奇素数，$(a, p)=1$，则

（1）a 是模 p 的二次剩余的充分必要条件是

$$a^{\frac{p-1}{2}} \equiv 1(\text{mod } p) \tag{3-1-5}$$

（2）a 是模 p 的二次非剩余的充分必要条件是

$$a^{\frac{p-1}{2}} \equiv -1(\text{mod } p) \tag{3-1-6}$$

并且当 a 是模 p 的二次剩余时，式（3-1-4）恰有两解。

证 （1）因为 x^2-a 能整除 $x^{p-1}-a^{\frac{p-1}{2}}$，即有一整系数多项式 $q(x)$ 使得

$$x^{p-1}-a^{\frac{p-1}{2}} = (x^2-a)q(x)$$

所以可对 x^p-x 做如下分解：

$$x^p - x = x\left((x^2)^{\frac{p-1}{2}} - a^{\frac{p-1}{2}}\right) + \left(a^{\frac{p-1}{2}} - 1\right)x$$

$$= (x^2-a)xq(x) + \left(a^{\frac{p-1}{2}} - 1\right)x$$

若 a 是模 p 的二次剩余，即

$$x^2 \equiv a(\text{mod } p)$$

有两个解 x，根据定理 2.8.5，余式的系数被 p 整除，即

$$p \mid a^{\frac{p-1}{2}} - 1$$

所以式（3-1-5）成立。

反过来，若式（3-1-5）成立，则同样由定理 2.8.5 可知同余式
$$x^2 \equiv a \pmod{p}$$
有解，即 a 是模 p 二次剩余。

（2）因为 p 是奇素数，$(a,p)=1$，根据 Euler 定理
$$\left(a^{\frac{p-1}{2}}+1\right)\left(a^{\frac{p-1}{2}}-1\right) = a^{p-1}-1 \equiv 0 \pmod{p}$$

再由定理 1.4.2，有
$$p \mid a^{\frac{p-1}{2}}-1 \text{ 或 } p \mid a^{\frac{p-1}{2}}+1$$

因此，结论（1）告诉我们：a 是模 p 的二次非剩余的充分必要条件是
$$a^{\frac{p-1}{2}} \equiv -1 \pmod{p}$$

例 3.1.5 判断 137 是否为模 227 的二次剩余。

解 根据定理 3.1.1，我们需计算
$$137^{\frac{227-1}{2}} = 137^{113} \pmod{227}$$

运用模重复平方方法可计算出 $137^{113} \equiv -1 \pmod{227}$，因此，137 为模 227 的二次非剩余。

推论 3.1.1 设 p 是奇素数，$(a_1,p)=1$，$(a_2,p)=1$，则

（1）a_1, a_2 都是模 p 的二次剩余，则 $a_1 a_2$ 是模 p 的二次剩余。

（2）如果 a_1, a_2 都是模 p 的二次非剩余，则 $a_1 a_2$ 是模 p 的二次剩余。

（3）如果 a_1 是模 p 的二次剩余，而 a_2 是模 p 的二次非剩余，则 $a_1 a_2$ 是模 p 的二次非剩余。

证 因为
$$(a_1 a_2)^{\frac{p-1}{2}} = a_1^{\frac{p-1}{2}} a_2^{\frac{p-1}{2}}$$

结合定理 3.1.1 立得结论。

定理 3.1.2 设 p 是奇素数，则模 p 的简化剩余系中二次剩余与二次非剩余的个数各为 $(p-1)/2$，且 $(p-1)/2$ 个二次剩余与序列

$$1^2, 2^2, \cdots, \left(\frac{p-1}{2}\right)^2 \tag{3-1-7}$$

中的一个数同余，且仅与一个数同余。

证 由定理 3.1.1，二次剩余的个数等于同余式
$$x^{\frac{p-1}{2}} \equiv 1 \pmod{p}$$
的解数，但
$$x^{\frac{p-1}{2}} - 1 \mid x^{p-1} - 1$$

由定理 2.8.5，此同余式的解数是 $\dfrac{p-1}{2}$，故二次剩余的个数是 $\dfrac{p-1}{2}$，而二次非剩余个数

是 $p-1-\dfrac{p-1}{2}=\dfrac{p-1}{2}$。

再证明定理的第二部分：

显然式（3-1-7）中的数都是二次剩余，且互不同余。若 $k^2 \equiv l^2 \pmod{p}$，$1 \leqslant k < l \leqslant \dfrac{p-1}{2}$，则 $x^2 \equiv l^2 \pmod{p}$ 有 4 解，即 $x \equiv \pm k, \pm l \pmod{p}$，这与定理 3.1.1 矛盾，再由定理的前一部分即知第二部分成立。

第二节　勒让德符号

虽然上一节得出了二次剩余与二次非剩余的欧拉判别条件，但是这个判别条件当 a 和 p 比较大时，很难实际运用，本节在引入勒让德符号以后，后续可给出一个比较便于实际计算的判别方法。

定义 3.2.1　设 p 是奇素数，定义勒让德（Legendre）符号如下：

$$\left(\dfrac{a}{p}\right) = \begin{cases} 1 & (a\text{ 是模 }p\text{ 的平方剩余}) \\ -1 & (a\text{ 是模 }p\text{ 的平方非剩余}) \\ 0 & (p \mid a) \end{cases}$$

其中 $\dfrac{a}{p}$ 读作 a 对 p 的勒让德符号。

例 3.2.1　根据例 3.1.2，我们有

$$\left(\dfrac{1}{11}\right) = \left(\dfrac{3}{11}\right) = \left(\dfrac{4}{11}\right) = \left(\dfrac{5}{11}\right) = \left(\dfrac{9}{11}\right) = 1$$

$$\left(\dfrac{2}{11}\right) = \left(\dfrac{6}{11}\right) = \left(\dfrac{7}{11}\right) = \left(\dfrac{8}{11}\right) = \left(\dfrac{10}{11}\right) = -1$$

由勒让德符号的定义可以看出，其值的结果直接关系到同余式 $x^2 \equiv a \pmod{p}$ 是否有解。下面就勒让德符号的计算作一些介绍。

首先，利用勒让德符号和欧拉判别条件，有

定理 3.2.1（欧拉判别法则）设 p 是奇素数，则对于任意整数 a，

$$\left(\dfrac{a}{p}\right) \equiv a^{\frac{p-1}{2}} \pmod{p}$$

根据欧拉判别法则，并注意到 $a=1$ 时，$a^{\frac{p-1}{2}}=1$ 以及 $a=-1$ 时，$a^{\frac{p-1}{2}}=(-1)^{\frac{p-1}{2}}$，我们有以下推论。

推论 3.2.1　设 p 是奇素数，则

(1) $\left(\dfrac{1}{p}\right) = 1$；

(2) $\left(\dfrac{-1}{p}\right) = (-1)^{\frac{p-1}{2}}$；

（3） $\left(\dfrac{-1}{p}\right)=\begin{cases}1, & p\equiv 1(\bmod\ 4)\\ -1, & p\equiv 3(\bmod\ 4)\end{cases}$

证 根据欧拉判别法则，有

$$\left(\dfrac{1}{p}\right)=1,\ \left(\dfrac{-1}{p}\right)=(-1)^{\frac{p-1}{2}}$$

若 $p\equiv 1(\bmod\ 4)$，则存在正整数 k 使得 $p=4k+1$，从而

$$\left(\dfrac{-1}{p}\right)=(-1)^{\frac{p-1}{2}}=(-1)^{2k}=1$$

若 $p\equiv 3(\bmod\ 4)$，则存在正整数 k 使得 $p=4k+3$，从而

$$\left(\dfrac{-1}{p}\right)=(-1)^{\frac{p-1}{2}}=(-1)^{2k+1}=-1$$

性质 3.2.1 设 p 是奇素数，则

（1）若 $a\equiv a_1(\bmod\ p)$，则 $\left(\dfrac{a}{p}\right)=\left(\dfrac{a_1}{p}\right)$；

（2）$\left(\dfrac{a_1 a_2\cdots a_n}{p}\right)=\left(\dfrac{a_1}{p}\right)\left(\dfrac{a_2}{p}\right)\cdots\left(\dfrac{a_n}{p}\right)$；

（3）$\left(\dfrac{ab^2}{p}\right)=\left(\dfrac{a}{p}\right)$，$p\nmid b$。

证 （1）由定义即得。

（2）$\left(\dfrac{a_1 a_2\cdots a_n}{p}\right)\equiv (a_1 a_2\cdots a_n)^{\frac{p-1}{2}}$

$$\equiv a_1^{\frac{p-1}{2}}a_2^{\frac{p-1}{2}}\cdots a_n^{\frac{p-1}{2}}$$

$$\equiv \left(\dfrac{a_1}{p}\right)\left(\dfrac{a_2}{p}\right)\cdots\left(\dfrac{a_n}{p}\right)(\bmod\ p)$$

由定义，$\left|\left(\dfrac{a_1 a_2\cdots a_n}{p}\right)-\left(\dfrac{a_1}{p}\right)\left(\dfrac{a_2}{p}\right)\cdots\left(\dfrac{a_n}{p}\right)\right|\leqslant 2$。

又 $p>2$，故得

$$\left(\dfrac{a_1 a_2\cdots a_n}{p}\right)=\left(\dfrac{a_1}{p}\right)\left(\dfrac{a_2}{p}\right)\cdots\left(\dfrac{a_n}{p}\right)$$

特别地，我们得到了（3）中结论：

$$\left(\dfrac{ab^2}{p}\right)=\left(\dfrac{a}{p}\right),\ p\nmid a$$

性质 3.2.1（1）说明要计算 a 对 p 的勒让德符号之值可以用 $a_1\equiv a(\bmod\ p)$，$0\leqslant a_1<p$ 去代替 a；（2）说明若 a 是合数那么可把 a 对 p 的勒让德符号表成 a 的因数对 p 的勒让德符号的乘积；而（3）说明在计算过程中可以去掉符号上方不被 p 整除的任何平方因数。

接着针对与 p 互素的整数 a，介绍另一判别法则，来判断 a 是否为模 p 的二次剩余。

定理 3.2.2（高斯引理） 设 p 是奇素数，a 是整数，$(a,p)=1$，记整数 $a\cdot 1, a\cdot 2, \cdots, a\cdot\left(\dfrac{p-1}{2}\right)$ 中模 p 的最小正剩余是 r_k，若大于 $\dfrac{p}{2}$ 的 r_k 的个数是 m，则

$$\left(\frac{a}{p}\right)=(-1)^m$$

证 设 $a_1,\cdots,a_t$ 是小于 $\dfrac{p}{2}$ 的 r_k，$b_1,\cdots b_m$ 是大于 $\dfrac{p}{2}$ 的 r_k，由 $(a,p)=1$，知 $(ak,p)=1$，$(k=1,2,\cdots,\dfrac{p-1}{2})$，因此当 $i\neq j$ 时，$a_i\neq a_j$，$b_i\neq b_j$。即 $a\cdot 1, a\cdot 2,\cdots, a\cdot\left(\dfrac{p-1}{2}\right)$ 的模 p 最小正剩余 $a_1,\cdots,a_t,b_1,\cdots,b_m$ 是 $\dfrac{p-1}{2}$ 个两两互异的正数，$t+m=\dfrac{p-1}{2}$，而

$$a^{\frac{p-1}{2}}\left(\frac{p-1}{2}\right)!=\prod_{k=1}^{\frac{p-1}{2}} a\cdot k \qquad (3\text{-}2\text{-}1)$$

$$\equiv \prod_{i=1}^{t}a_i\prod_{j=1}^{m}b_i \pmod{p}$$

由于 $\dfrac{p}{2}<b_j<p$，故 $1\leq p-b_j<\dfrac{p}{2}$，且有 $p-b_i\neq a_j$，否则即有一组 i,j 使 $a_i+b_j=p$，亦即有 k_1 及 k_2 使，$ak_1\equiv a_i\pmod{p}$，$ak_2\equiv b_j\pmod{p}$，$(1\leq k_1, k_2\leq\dfrac{p-1}{2})$，从而 $ak_1+ak_2\equiv 0\pmod{p}$，因而 $k_1+k_2\equiv 0\pmod{p}$，但 $2\leq k_1+k_2\leq p-1$，而此为不可能的，于是 $a_1,\cdots,a_t,p-b_1,\cdots,p-b_m$ 是 $1,2,\cdots,\dfrac{p-1}{2}$ 的一个排列，从而得

$$a^{\frac{p-1}{2}}\left(\frac{p-1}{2}\right)!\equiv(-1)^m\prod_{i=1}^{t}a_i\prod_{j=1}^{m}(p-b_j)=(-1)^m\left(\frac{p-1}{2}\right)!\pmod{p}$$

因此

$$\left(\frac{a}{p}\right)\equiv a^{\frac{p-1}{2}}\equiv(-1)^m\pmod{p}$$

证毕。

性质 3.2.2 设 p 是奇素数，则

（1） $\left(\dfrac{2}{p}\right)=(-1)^{\frac{p^2-1}{8}}$。

（2） 若 $(a,2p)=1$，则 $\left(\dfrac{a}{p}\right)=(-1)^s$，其中 $s=\sum\limits_{k=1}^{\frac{p-1}{2}}\left[\dfrac{ak}{p}\right]$。

证 r_k, a_i, b_j, m 及 t 的意义如高斯引理所规定。因为 $ak=p\left[\dfrac{ak}{p}\right]+r_k$，$0<r_k<p$，$k=1,\cdots,\dfrac{p-1}{2}$。对 $k=1,\cdots,\dfrac{p-1}{2}$ 求和，有

$$a\frac{p^2-1}{8} = p\sum_{k=1}^{\frac{p-1}{2}}\left[\frac{ak}{p}\right] + \sum_{i=1}^{t}a_i + \sum_{j=1}^{m}b_j$$

$$= p\sum_{k=1}^{\frac{p-1}{2}}\left[\frac{ak}{p}\right] + \sum_{i=1}^{t}a_i + \sum_{j=1}^{m}(p-b_j) + 2\sum_{j=1}^{m}b_j - mp$$

$$= p\sum_{k=1}^{\frac{p-1}{2}}\left[\frac{ak}{p}\right] + \frac{p^2-1}{8} - mp + 2\sum_{j=1}^{m}b_j$$

因此，

$$(a-1)\frac{p^2-1}{8} \equiv \sum_{k=1}^{\frac{p-1}{2}}\left[\frac{ak}{p}\right] + m \pmod{2}$$

若 $a=2$，则 $0 \leq \left[\frac{ak}{p}\right] \leq \left[\frac{p-1}{p}\right] = 0$，因而

$$m \equiv \frac{p^2-1}{8} \pmod{2}$$

若 a 为奇数，则

$$m \equiv \sum_{k=1}^{\frac{p-1}{2}}\left[\frac{ak}{p}\right] \pmod{2}$$

故由高斯引理知结论成立。

推论 3.2.2 设 p 是奇素数，那么

$$\left(\frac{2}{p}\right) = \begin{cases} 1, & \text{若 } p \equiv \pm 1 \pmod{8} \\ -1, & \text{若 } p \equiv \pm 3 \pmod{8} \end{cases}$$

证 根据性质 3.2.2（1），有

$$\left(\frac{2}{p}\right) = (-1)^{\frac{p^2-1}{8}}$$

若 $p \equiv \pm 1 \pmod{8}$，则存在正整数 k 使得 $p = 8k \pm 1$，从而

$$\left(\frac{2}{p}\right) = (-1)^{\frac{p^2-1}{8}} = (-1)^{2(4k^2 \pm k)} = 1$$

若 $p \equiv \pm 3 \pmod{8}$，则存在正整数 k 使得 $p = 8k \pm 3$，从而

$$\left(\frac{2}{p}\right) = (-1)^{\frac{p^2-1}{8}} = (-1)^{2(4k^2 \pm 3k)+1} = -1$$

第三节 二次互反律

在第二节中基于勒让德符号的性质已经推算出 $\left(\frac{1}{p}\right)$ 和 $\left(\frac{2}{p}\right)$ 的值，其中 p 为奇素数。

那么对于更一般情形 $\left(\dfrac{q}{p}\right)$（$p$、$q$ 是不同的奇素数），又该如何处理呢？本节将引入数论中一个深刻的结果，它可帮助我们计算一般情形下的勒让德符号。

定理 3.3.1（二次互反律） 若 p、q 是不同的奇素数，则

$$\left(\frac{q}{p}\right) = (-1)^{\frac{p-1}{2}\frac{q-1}{2}}\left(\frac{p}{q}\right)$$

证 为证明定理结论，只需说明

$$\left(\frac{q}{p}\right)\left(\frac{p}{q}\right) = (-1)^{\frac{p-1}{2}\frac{q-1}{2}}$$

注意到 $(2,pq)=1$，利用性质 3.2.2（2），有

$$\left(\frac{q}{p}\right) = (-1)^{S_1},\ S_1 = \sum_{h=1}^{\frac{p-1}{2}}\left[\frac{qh}{p}\right],\ \left(\frac{p}{q}\right) = (-1)^{S_2},\ S_2 = \sum_{k=1}^{\frac{q-1}{2}}\left[\frac{pk}{q}\right]$$

这表明定理的证明可转化为验证

$$S_1 + S_2 = \sum_{h=1}^{\frac{p-1}{2}}\left[\frac{qh}{p}\right] + \sum_{k=1}^{\frac{q-1}{2}}\left[\frac{pk}{q}\right] = \frac{p-1}{2}\frac{q-1}{2}$$

为说明上述等式，不妨考察长为 $\dfrac{p}{2}$，宽为 $\dfrac{q}{2}$ 的长方形内的整点个数：

如图 3.3.1 所示，在垂直直线 ST 上，整点个数为 $\left[\dfrac{qh}{p}\right]$，因此，下三角形内的整点个数为 $\sum\limits_{h=1}^{\frac{p-1}{2}}\left[\dfrac{qh}{p}\right]$；在水平直线 NM 上，整点个数为 $\left[\dfrac{pk}{q}\right]$，因此，上三角形内的整点个数为 $\sum\limits_{k=1}^{\frac{q-1}{2}}\left[\dfrac{pk}{q}\right]$，由于对角线上无整点，所以长方形内整点个数为

$$\sum_{h=1}^{\frac{p-1}{2}}\left[\frac{qh}{p}\right] + \sum_{k=1}^{\frac{q-1}{2}}\left[\frac{pk}{q}\right] = \frac{p-1}{2}\frac{q-1}{2}$$

证毕。

上述定理是由欧拉提出，高斯首先证明的，到目前为止，已经有了 150 多个不同的证明。由二次互反律引申出来的工作，促进了代数数论的发展和类域论的形成。

有了定理 3.3.1 的结论后，勒让德符号 $\left(\dfrac{a}{p}\right)$ 的计算可以归纳为如下步骤：

（1）判断 p 是否为素数，如果是素数，进行第（2）步，否则终止。

（2）$a \bmod p$ 是否为 0，若为 0，输出结果为 $\left(\dfrac{a}{p}\right)=0$，否则，$a \bmod p$ 是否为 1，若为 1，输出结果为 $\left(\dfrac{a}{p}\right)=1$，否则，$a \bmod p$ 是否为 2，输出结果为 $\left(\dfrac{a}{p}\right)=(-1)^{\frac{a^2-1}{8}}$，否则，$a \bmod p$

是否为-1，输出结果为 $\left(\dfrac{a}{p}\right)=(-1)^{\frac{p-1}{2}}$，否则，进行第（3）步。

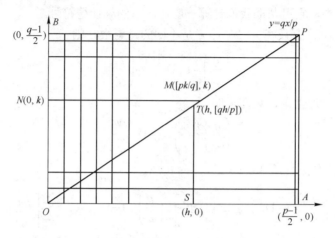

图 3.3.1

（3）按照算术基本定理对 a 进行因数分解 $a = p_1^{k_1} p_1^{k_2} \cdots p_r^{k_r}$，其中 $k_1, k_2, \cdots, k_i$ 为奇数，$k_{i+1}, k_{i+2}, \cdots, k_r$ 为偶数，则

$$\left(\frac{a}{p}\right) = \left(\frac{p_1}{p}\right)\left(\frac{p_2}{p}\right) \cdots \left(\frac{p_i}{p}\right) = (-1)^{\frac{p-1}{2}\left(\frac{p_1-1}{2}+\frac{p_2-1}{2}+\cdots+\frac{p_i-1}{2}\right)} \left(\frac{p}{p_1}\right)\left(\frac{p}{p_2}\right) \cdots \left(\frac{p}{p_i}\right)$$

（4）对每一个 $\left(\dfrac{p}{p_i}\right)$，回到第（2）步。

例 3.3.1 求所有奇素数 p，它以 3 为其二次剩余。

解 即要求所有奇素数 p，使得

$$\left(\frac{3}{p}\right) = 1$$

易知，p 是大于 3 的奇素数，根据二次互反律，

$$\left(\frac{3}{p}\right) = (-1)^{(p-1)/2} \left(\frac{p}{3}\right)$$

因为

$$(-1)^{(p-1)/2} = \begin{cases} 1, & \text{若 } p \equiv 1 \pmod{4} \\ -1, & \text{若 } p \equiv -1 \pmod{4} \end{cases}$$

以及

$$\left(\frac{p}{3}\right) = \begin{cases} \left(\dfrac{1}{3}\right) = 1, & \text{若 } p \equiv 1 \pmod{3} \\ \left(\dfrac{-1}{3}\right) = -1, & \text{若 } p \equiv -1 \pmod{3} \end{cases}$$

所以 $\left(\dfrac{3}{p}\right)=1$ 的充分必要条件是

$$\begin{cases} p \equiv 1(\bmod 4) \\ p \equiv 1(\bmod 3) \end{cases} \text{或} \begin{cases} p \equiv -1(\bmod 4) \\ p \equiv -1(\bmod 3) \end{cases}$$

这分别等价于

$$p \equiv 1(\bmod 12) \text{或} p \equiv -1(\bmod 12)$$

因此，3 是模 p 二次剩余的充分必要条件是

$$p \equiv \pm 1(\bmod 12)$$

例 3.3.2 计算勒让德符号 $\left(\dfrac{2}{17}\right)$，$\left(\dfrac{3}{17}\right)$ 的值。

解 根据性质 3.2.2（1），有

$$\left(\dfrac{2}{17}\right)=(-1)^{\frac{17^2-1}{8}}=(-1)^{2\cdot 18}=1$$

根据二次互反律

$$\left(\dfrac{3}{17}\right)=(-1)^{\frac{3-1}{2}\cdot\frac{17-1}{2}}\left(\dfrac{17}{3}\right)$$

又由推论 3.2.1（2）和性质 3.2.1（1），得

$$\left(\dfrac{17}{3}\right)=\left(\dfrac{-1}{3}\right)=(-1)^{\frac{3-1}{2}}=-1$$

因此，

$$\left(\dfrac{3}{17}\right)=-1$$

例 3.3.3 判断同余式 $x^2 \equiv 90(\bmod 137)$ 是否有解。

解 因为 137 是素数，利用性质 3.2.1 有

$$\left(\dfrac{90}{137}\right)=\left(\dfrac{2\times 3^2 \times 5}{137}\right)=\left(\dfrac{2}{137}\right)\left(\dfrac{5}{137}\right)$$

接着计算上式右端两项。根据性质 3.2.2（1），得

$$\left(\dfrac{2}{137}\right)=(-1)^{\frac{137^2-1}{8}}=1$$

$$\left(\dfrac{5}{137}\right)=(-1)^{\frac{5-1}{2}\cdot\frac{137-1}{2}}\left(\dfrac{137}{5}\right)=\left(\dfrac{2}{5}\right)=(-1)^{\frac{25-1}{8}}=-1$$

因此

$$\left(\dfrac{90}{137}\right)=-1$$

即同余式 $x^2 \equiv 90(\bmod 137)$ 无解。

例 3.3.4 判断同余式

$$x^2 \equiv -1 \pmod{365}$$

是否有解，有解时，求出其解数。

解 $365 = 5 \cdot 73$ 不是素数，原同余式等价于：

$$\begin{cases} x^2 \equiv -1 \pmod 5 \\ x^2 \equiv -1 \pmod{73} \end{cases}$$

因为

$$\left(\frac{-1}{5}\right) = \left(\frac{-1}{73}\right) = 1$$

故同余式组有解，原同余式有解，解数为 4。

例 3.3.5 证明：形为 $4k+1$ 的素数有无穷多个。

证 用反证法进行证明，如果形为 $4k+1$ 的素数只有有限多个，设这些素数为 $p_1, \cdots, p_s$，考虑整数

$$P = (2p_1 \cdots p_s)^2 + 1$$

因为 P 形为 $4k+1$，$P > p_i$，$i = 1, \cdots, s$，所以 P 为合数，其素因数 p 为奇数。因为

$$\left(\frac{-1}{p}\right) = \left(\frac{-1+P}{p}\right) = \left(\frac{(2p_1 \cdots p_s)^2}{p}\right) = 1$$

所以 -1 为模 p 二次剩余，从而 p 是形为 $4k+1$ 的素数。但显然有 $p \neq p_i (i=1,\cdots,s)$，矛盾。

第四节 雅可比符号

勒让德符号能够应用于实际计算，但是首先它要求符号下方的数是奇素数，其次在计算过程中当需要用二次互反律时，就必须将符号上方的数分解成标准分解式。我们知道合数分解是没有什么一般性方法的，因此这个方法对于实际计算来说，还有一定程度的缺点。针对这些缺陷，我们在本节介绍雅可比符号。

定义 3.4.1 对于给定的大于 1 的奇数 m，雅可比符号是一个定义在整数 a 上的函数，它的函数值是

$$\left(\frac{a}{m}\right) = \left(\frac{a}{p_1}\right)\left(\frac{a}{p_2}\right) \cdots \left(\frac{a}{p_r}\right)$$

其中 $m = p_1 \cdots p_r$，p_i 是素数，$\left(\frac{a}{p_i}\right)$ 是 a 对 p_i 的勒让德符号。

值得注意的是，雅可比符号一方面可看作勒让德符号的推广，另一方面它与勒让德符号有一点很重要的不同，就是根据勒让德符号的值可以判断同余式是否有解，但雅可比符号的值一般来说没有这个功用，例如根据定义

$$\left(\frac{2}{9}\right) = \left(\frac{2}{3}\right)\left(\frac{2}{3}\right) = 1$$

但同余式 $x^2 \equiv 2 \pmod 9$ 无解，这一点读者应该注意。

类似勒让德符号的讨论，下面也给出雅可比符号的一些性质。

性质 3.4.1 设 m 是正奇数，则

（1） $\left(\dfrac{a+m}{m}\right) = \left(\dfrac{a}{m}\right)$。

（2） $\left(\dfrac{ab}{m}\right) = \left(\dfrac{a}{m}\right)\left(\dfrac{b}{m}\right)$。

（3）设 $(a,m)=1$，则 $\left(\dfrac{a^2}{m}\right) = 1$。

证 设 $m = p_1 \cdots p_r$，其中 p_i 为奇素数。根据雅可比符号的定义以及性质 3.2.1，有

（1） $\left(\dfrac{a+m}{m}\right) = \left(\dfrac{a+m}{p_1}\right)\cdots\left(\dfrac{a+m}{p_r}\right) = \left(\dfrac{a}{p_1}\right)\cdots\left(\dfrac{a}{p_r}\right) = \left(\dfrac{a}{m}\right)$

（2） $\left(\dfrac{ab}{m}\right) = \left(\dfrac{ab}{p_1}\right)\cdots\left(\dfrac{ab}{p_r}\right)$

$= \left(\dfrac{a}{p_1}\right)\left(\dfrac{b}{p_1}\right)\left(\dfrac{a}{p_2}\right)\left(\dfrac{b}{p_2}\right)\cdots\left(\dfrac{a}{p_r}\right)\left(\dfrac{b}{p_r}\right)$

$= \left(\dfrac{a}{p_1}\right)\cdots\left(\dfrac{a}{p_r}\right)\left(\dfrac{b}{p_1}\right)\cdots\left(\dfrac{b}{p_r}\right)$

$= \left(\dfrac{a}{m}\right)\left(\dfrac{b}{m}\right)$

（3） $\left(\dfrac{a^2}{m}\right) = \left(\dfrac{a^2}{p_1}\right)\cdots\left(\dfrac{a^2}{p_r}\right) = 1$

引理 3.4.1 设 $m = p_1 \cdots p_r$ 是奇数，则

$$\frac{m-1}{2} \equiv \frac{p_1-1}{2} + \cdots + \frac{p_r-1}{2} \pmod 2$$

$$\frac{m^2-1}{8} \equiv \frac{p_1^2-1}{8} + \cdots + \frac{p_r^2-1}{8} \pmod 2$$

证 因为我们有表达式

$$m \equiv \left(1 + 2\cdot\frac{p_1-1}{2}\right)\cdots\left(1 + 2\cdot\frac{p_r-1}{2}\right) \equiv 1 + 2\cdot\left(\frac{p_1-1}{2} + \cdots + \frac{p_r-1}{2}\right) \pmod 4$$

$$m^2 \equiv \left(1 + 8\cdot\frac{p_1^2-1}{8}\right)\cdots\left(1 + 8\cdot\frac{p_r^2-1}{8}\right) \equiv 1 + 8\cdot\left(\frac{p_1^2-1}{8} + \cdots + \frac{p_r^2-1}{8}\right) \pmod{16}$$

所以引理成立，证毕。

性质 3.4.2 设 m 是奇数，则

（1） $\left(\dfrac{1}{m}\right) = 1$；

（2） $\left(\dfrac{-1}{m}\right) = (-1)^{\frac{m-1}{2}}$；

（3）$\left(\dfrac{2}{m}\right) = (-1)^{\frac{m^2-1}{8}}$。

证 因为 $m = p_1 \cdots p_r$ 是奇数，其中 p_i 是奇素数。根据雅可比符号的定义和推论 3.2.1，有

（1）$\left(\dfrac{1}{m}\right) = \left(\dfrac{1}{p_1}\right) \cdots \left(\dfrac{1}{p_r}\right) = 1$。

（2）$\left(\dfrac{-1}{m}\right) = \left(\dfrac{-1}{p_1}\right) \cdots \left(\dfrac{-1}{p_r}\right) = (-1)^{\frac{p_1-1}{2} + \cdots + \frac{p_r-1}{2}} = (-1)^{\frac{m-1}{2}}$。

再根据雅可比符号的定义和定理 3.2.2 和性质 3.2.2，有

（3）$\left(\dfrac{2}{m}\right) = \left(\dfrac{2}{p_1}\right) \cdots \left(\dfrac{2}{p_r}\right) = (-1)^{\frac{p_1^2-1}{8} + \cdots + \frac{p_r^2-1}{8}} = (-1)^{\frac{m^2-1}{8}}$。

此外，基于二次互反律，我们也有如下定理。

定理 3.4.1 设 m, n 都是奇数，则

$$\left(\dfrac{n}{m}\right) = (-1)^{\frac{m-1}{2} \cdot \frac{n-1}{2}} \left(\dfrac{m}{n}\right)$$

证 设 $m = p_1 \cdots p_r$, $n = q_1 \cdots q_s$。如果 $(m, n) > 1$，则根据雅可比符号的定义和勒让德符号的定义，有

$$\left(\dfrac{n}{m}\right) = \left(\dfrac{m}{n}\right) = 0$$

结论成立。因此，可设 $(m, n) = 1$。根据雅可比符号的定义和二次互反律，我们有

$$\left(\dfrac{n}{m}\right)\left(\dfrac{m}{n}\right) = \prod_{i=1}^{r}\left(\dfrac{n}{p_i}\right)\prod_{j=1}^{s}\left(\dfrac{m}{q_j}\right) = \prod_{i=1}^{r}\prod_{j=1}^{s}\left(\dfrac{q_j}{p_i}\right)\left(\dfrac{p_i}{q_j}\right) = (-1)^{\sum_{i=1}^{r}\sum_{j=1}^{s}\frac{p_i-1}{2}\frac{q_j-1}{2}}$$

又

$$\sum_{i=1}^{r}\sum_{j=1}^{s}\dfrac{p_i-1}{2}\dfrac{q_j-1}{2} \equiv \sum_{i=1}^{r}\dfrac{p_i-1}{2}\sum_{j=1}^{s}\dfrac{q_j-1}{2} \equiv \dfrac{m-1}{2} \cdot \dfrac{n-1}{2} \pmod{2}$$

因此，结论成立，证毕。

雅可比符号 $\left(\dfrac{a}{m}\right)$ 的好处就是它一方面具有勒让德符号一样的性质，而在 $r=1$ 时，它的值与勒让德符号的值相等。另一方面它并没有 m 必须是素数的限制，因此要想计算勒让德符号的值，只需把它看成是雅可比符号来计算。而在计算雅可比符号的值时，由于不必考虑 m 是不是素数，所以在实际计算上就非常方便，并且利用雅可比符号最终一定能把勒让德符号的值算出来。当 $\left(\dfrac{a}{m}\right)$（雅可比符号）为 -1 时，可断定 a 是模 m 二次非剩余，但当 $\left(\dfrac{a}{m}\right) = 1$ 时，判别失效。

例 3.4.1 计算雅可比符号 $\left(\dfrac{191}{397}\right)$。

解 不用考虑 397 是否为素数，直接计算雅可比符号，因为

$$\left(\frac{191}{397}\right)=(-1)^{\frac{190}{2}\cdot\frac{396}{2}}\left(\frac{397}{191}\right)=(-1)^{95\cdot198}\left(\frac{15}{191}\right)=\left(\frac{3}{191}\right)\left(\frac{5}{191}\right)$$

$$=(-1)^{\frac{2}{2}\cdot\frac{190}{2}}\left(\frac{191}{3}\right)(-1)^{\frac{4}{2}\cdot\frac{190}{2}}\left(\frac{191}{5}\right)=(-1)\left(\frac{2}{3}\right)\left(\frac{1}{5}\right)=1$$

例 3.4.2 求出同余式 $y^2 \equiv x^3+x+1 \pmod{17}$ 的所有解及解数。

解 令 $f(x)=x^3+x+1$，根据例 3.1.3，有

$f(0)\equiv 1$, $y=1$, $y=16$; $\quad f(1)\equiv 3$，无解

$f(2)\equiv 11$ 无解; $\quad f(3)\equiv 14$，无解

$f(4)\equiv 1$ $y=1$, $y=16$; $\quad f(5)\equiv 12$，无解

$f(6)\equiv 2$ $y=6$, $y=11$; $\quad f(7)\equiv 11$，无解

$f(8)\equiv 11$ 无解; $\quad f(9)\equiv 8$, $y=5$, $y=12$

$f(10)\equiv 8$ $y=5$, $y=12$; $\quad f(11)\equiv 0$, $y=0$

$f(12)\equiv 7$ 无解; $\quad f(13)\equiv 1$, $y=1$, $y=16$

$f(14)\equiv 5$ 无解; $\quad f(15)\equiv 8$, $y=5$, $y=12$

$f(16)\equiv -1$, $y=4$, $y=13$

因此，原同余式的解为

(0, 1), (0, 16), (4, 1), (4, 16), (6, 6), (6, 11), (9, 5), (9, 12), (10, 5),
(10, 12), (11, 0), (13, 1), (13, 16), (15, 5), (15, 12), (16, 4), (16, 13)

第五节 二次同余式的解法和解数

本节将讨论在二次同余式

$$x^2 \equiv a \pmod{m}, \quad (a, m)=1 \tag{3-5-1}$$

有解的情况下，如何对其进行求解以及确定解的个数。

首先考虑奇素数模 p 的情形，由前面三节讨论知当 a 满足

$$a^{\frac{p-1}{2}} \equiv \left(\frac{a}{p}\right) \equiv 1 \pmod{p}$$

时，同余式

$$x^2 \equiv a \pmod{p}$$

有解。此时求解的过程可按照下面的算法进行。

将 $p-1$ 写成形式 $p-1=2^t \cdot s$, $t \geq 1$，其中 s 是奇数。

（1）任意选取一个模 p 二次非剩余 n。即整数 n 使得 $\left(\frac{n}{p}\right)=-1$，再令 $b:=n^s \pmod{p}$。

结合欧拉判别条件，可直接验证

$$b^{2^t} \equiv 1 \pmod{p},\ b^{2^{t-1}} \equiv -1 \pmod{p}$$

即 b 是模 p 的 2^t 次单位根，但非模 p 的 2^{t-1} 次单位根。

（2）计算
$$x_{t-1} := a^{\frac{s+1}{2}} \pmod{p}$$
我们有 $a^{-1}x_{t-1}^2$ 满足同余式
$$y^{2^{t-1}} \equiv 1 \pmod{p}$$
即 $a^{-1}x_{t-1}^2$ 是模 p 的 2^{t-1} 次单位根，事实上，
$$(a^{-1}x_{t-1}^2)^{2^{t-1}} \equiv a^{2^{t-1}s} \equiv a^{\frac{p-1}{2}} \equiv \left(\frac{a}{p}\right) \equiv 1 \pmod{p}$$

（3）如果 $t=1$，则 $x = x_{t-1} = x_0 = \pm a^{\frac{s+1}{2}} \pmod{p}$ 满足同余式
$$x^2 \equiv a \pmod{p}$$
如果 $t \geq 2$，我们要寻找整数 x_{t-2} 使得 $a^{-1}x_{t-2}^2$ 满足同余式
$$y^{2^{t-2}} \equiv 1 \pmod{p}$$
即 $a^{-1}x_{t-2}^2$ 是模 p 的 2^{t-2} 次单位根。

（a）如果
$$(a^{-1}x_{t-1}^2)^{2^{t-2}} \equiv 1 \pmod{p}$$
我们令 $j_0 := 0, x_{t-2} := x_{t-1} = x_{t-1}b^{j_0} \pmod{p}$，$x_{t-2}$ 即为所求；

（b）如果
$$(a^{-1}x_{t-1}^2)^{2^{t-2}} \equiv -1 \equiv (b^{-2})^{2^{t-2}} \pmod{p}$$
令 $j_0 := 1$，$x_{t-2} := x_{t-1}b = x_{t-1}b^{j_0} \pmod{p}$，$x_{t-2}$ 即为所求。

如此继续下去，假设找到整数 x_{t-k} 使得 $a^{-1}x_{t-k}^2$ 满足同余式
$$y^{2^{t-k}} \equiv 1 \pmod{p}$$
即 $a^{-1}x_{t-k}^2$ 是模 p 的 2^{t-k} 次单位根：
$$(a^{-1}x_{t-k}^2)^{2^{t-k}} \equiv 1 \pmod{p}$$
如果 $t=k$，则 $x = x_{t-k} \pmod{p}$ 满足同余式
$$x^2 \equiv a \pmod{p}$$
如果 $t \geq k+1$，我们要寻找整数 x_{t-k-1} 使得 $a^{-1}x_{t-k-1}^2$ 满足同余式
$$y^{2^{t-k-1}} \equiv 1 \pmod{p}$$
即 $a^{-1}x_{t-k-1}^2$ 是模 p 的 2^{t-k-1} 次单位根。

（a）如果
$$(a^{-1}x_{t-k}^2)^{2^{t-k-1}} \equiv 1 \pmod{p}$$
我们令 $j_{k-1} := 0$，$x_{t-k-1} := x_{t-k} = x_{t-k}b^{j_{k-1}2^{k-1}} \pmod{p}$，则 x_{t-k-1} 即为所求；

（b）如果
$$(a^{-1}x_{t-k}^2)^{2^{t-k-1}} \equiv -1 \equiv (b^{-2^k})2^{t-k-1} \pmod{p}$$

我们令 $j_{k-1} := 1$，$x_{t-k-1} := x_{t-k}b^{2^{k-1}} = x_{t-k}b^{j_{k-1}2^{k-1}} \pmod{p}$，则 x_{t-k-1} 即为所求。

特别地，对于 $k=t-1$，有

$$\begin{aligned}
x &= x_0 \\
&\equiv x_1 b^{j_{t-2}2^{t-2}} \\
&\vdots \\
&\equiv x_{t-1} b^{j_0+j_1 2+\cdots+j_{t-2}2^{t-2}} \\
&\equiv \pm a^{\frac{s+1}{2}} b^{j_0+j_1 2+\cdots+j_{t-2}2^{t-2}} \pmod{p}
\end{aligned}$$

满足同余式

$$x^2 \equiv a \pmod{p}$$

例 3.5.1 应用上述算法求解同余式

$$x^2 \equiv 186 \pmod{401}$$

解 因为 $a=186=2 \cdot 3 \cdot 31$，计算勒让德符号

$$\left(\frac{2}{401}\right) = (-1)^{(401^2-1)/8} = 1,\ \left(\frac{3}{401}\right) = (-1)^{\frac{3-1}{2}\frac{401-1}{2}}\left(\frac{401}{3}\right) = \left(\frac{-1}{3}\right) = -1$$

$$\left(\frac{31}{401}\right) = (-1)^{\frac{31-1}{2}\frac{401-1}{2}}\left(\frac{401}{31}\right) = \left(\frac{-2}{31}\right) = \left(\frac{-1}{31}\right)\left(\frac{2}{31}\right) = (-1)^{\frac{31-1}{2}}(-1)^{\frac{31^2-1}{8}} = -1$$

所以

$$\left(\frac{186}{401}\right) = \left(\frac{2}{401}\right)\left(\frac{3}{401}\right)\left(\frac{31}{401}\right) = 1 \cdot (-1) \cdot (-1) = 1$$

故原同余式有解。对于奇素数 $p=401$，将 $p-1$ 写成形式 $p-1=400=2^4 \cdot 25$，其中 $t=4$，$s=25$ 是奇数。

（1）任意选取一个模 401 二次非剩余 $n=3$，即整数 $n=3$ 使得 $\left(\frac{3}{403}\right) = -1$，再令 $b := 3^{25} \equiv 268 \pmod{401}$。

（2）计算

$$x_3 := 186^{\frac{25+1}{2}} \equiv 103 \pmod{401}$$

以及 $a^{-1} \equiv 235 \pmod{401}$。

（3）因为

$$(a^{-1} x_3^2)^{2^2} \equiv 98^4 \equiv -1 \pmod{401}$$

令 $j_0 := 1$，$x_2 = x_3 b^{j_0} = 103 \cdot 268 \equiv 336 \pmod{401}$。

（4）因为

$$(a^{-1} x_2^2)^2 \equiv (-1)^2 \equiv 1 \pmod{401}$$

令 $j_1 := 0$，$x_1 := x_2 b^{j_1 2} = 336 \pmod{401}$。

（5）因为

$$a^{-1}x_1^2 \equiv -1 (\bmod\ 401)$$

令 $j_2:=1$,$x_0:=x_1 b^{j_2 2^2}=336 \cdot 268^4 \equiv 304(\bmod\ 401)$,则 $x \equiv x_0 \equiv 304(\bmod\ p)$ 满足同余式

$$x^2 \equiv 186 (\bmod\ 401)$$

上述算法是针对一般情形的素数 p,而在素数 p 为某一特殊形式时同余式 $x^2 \equiv a(\bmod\ p)$ 的解法可得到简化。

例 3.5.2 设 p 是形为 $4k+3$ 的素数,如果同余式

$$x^2 \equiv a(\bmod\ p)$$

有解,则其解是

$$x \equiv \pm a^{(p+1)/4}(\bmod\ p)$$

解 由于 p 是形为 $4k+3$ 的素数,故存在奇数 p 使得 $p-1=2q$,现在同余式

$$x^2 \equiv a(\bmod\ p)$$

有解,可知

$$a^{\frac{p-1}{2}} \equiv 1(\bmod\ p)$$

或有

$$a^q \equiv 1(\bmod\ p)$$

两端同乘以 a,得

$$a^{q+1} \equiv a(\bmod\ p)$$

因此,同余式的解为

$$x \equiv \pm a^{\frac{q+1}{2}} \equiv \pm a^{\frac{p+1}{4}}(\bmod\ p)$$

例 3.5.3 设 p, q 是形为 $4k+3$ 的不同素数,$n=pq$,如果整数 a 满足

$$\left(\frac{a}{p}\right)=\left(\frac{a}{q}\right)=1$$

求解同余式

$$x^2 \equiv a(\bmod\ n)$$

解 求解同余式

$$x^2 \equiv a(\bmod\ n)$$

等价于解同余式组

$$\begin{cases} x^2 \equiv a(\bmod\ p) \\ x^2 \equiv a(\bmod\ q) \end{cases}$$

同余式 $x^2 \equiv a(\bmod\ p)$ 的解为

$$x \equiv \pm a^{(p+1)/4}(\bmod\ p)$$

同余式 $x^2 \equiv a(\bmod\ q)$ 的解为

$$x \equiv \pm a^{(q+1)/4}(\bmod\ q)$$

根据中国剩余定理,原同余式的解为

$$x \equiv \pm\left(a^{\frac{p+1}{4}} \pmod p\right)uq \pm \left(a^{\frac{q+1}{4}} \pmod q\right)vp \pmod{pq}$$

其中,u、v 由 $uq \equiv 1 \pmod p$,$vp \equiv 1 \pmod q$ 确定。

例 3.5.3 即为 Rabin 公钥密码的解密过程,我们简要介绍一下 Rabin 公钥密码算法:

（1）密钥的产生

选取两个相异的形为 $4k+3$ 的大素数 p 和 q,计算 $n=pq$。以 n 为公钥,p、q 为私钥。

（2）加密算法

$$c \equiv m^2 \pmod n$$

其中,m 是明文,c 是密文。

（3）解密算法,求解同余式 $x^2 \equiv c \pmod n$ （方法如例 3.5.3 所示）。

可以看出该算法的加密函数不是一一映射,解密结果有 4 种可能,实际应用中用户不能确切地知道哪一个解是原始的明文。解决这一问题的方法是在待加密的明文消息中插入一些附加信息,比如用户的身份、日期或者加解密双方事先约定的某个数值等,则可以帮助接收者辨别出解密后的真实明文消息。

上面介绍了奇素数模时同余式（3-5-1）的解法,接着我们继续讨论合数模的同余式

$$x^2 \equiv a \pmod m, \quad (a,m)=1 \tag{3-5-2}$$

由算术基本定理可把 m 写成标准分解式:$m = 2^\delta p_1^{\alpha_1} p_2^{\alpha_2} \cdots p_k^{\alpha_k}$,式（3-5-2）有解的充分必要条件是同余式组

$$\begin{cases} x^2 \equiv a \pmod{2^\delta} \\ x^2 \equiv a \pmod{p_1^{\alpha_1}} \\ \quad \vdots \\ x^2 \equiv a \pmod{p_k^{\alpha_k}} \end{cases} \tag{3-5-3}$$

有解,并且在有解的情况下,式（3-5-2）的解数是式（3-5-3）中各式解数的乘积,因此我们可从同余式

$$x^2 \equiv a \pmod{p^\alpha}, \quad \alpha>0, \quad (a,p)=1 \tag{3-5-4}$$

开始分析。

定理 3.5.1 设 p 是奇素数,则同余式（3-5-4）有解的充分必要条件是 $\left(\dfrac{a}{p}\right)=1$,且有解时,式（3-5-4）的解数是 2。

证 若 $\left(\dfrac{a}{p}\right)=-1$,则同余式 $x^2 \equiv a \pmod p$ 无解。由性质 2.1.2（4）可知式（3-5-4）也无解,故条件的必要性获证。

若 $\left(\dfrac{a}{p}\right)=1$,则由欧拉判别条件,同余式 $x^2 \equiv a \pmod p$ 恰有两个解,设 $x \equiv x_1 \pmod p$ 是它的一个解,那么由 $(a,p)=1$ 即得 $(x_1,p)=1$,又因为 $2\nmid p$,故 $(2x_1,p)=1$,若令 $f(x)=x^2-a$,则 $p \nmid f'(x_1)$,由定理 2.7.2 知,从 $x \equiv x_1 \pmod p$ 可得出式（3-5-4）的唯一解。因此由 $x^2 \equiv a \pmod p$

75

的两解可给出式（3-5-4）的两个解，并且仅有两个，故结论获证，证毕。

接着我们讨论同余式

$$x^2 \equiv a \pmod{2^\alpha}, \quad \alpha > 0, \quad (2, a) = 1 \tag{3-5-5}$$

的解，不难看出，当 $\alpha=1$ 时，式（3-5-5）恒有解，并且解数是 1，因此以下只讨论 $\alpha>1$ 的情形。

定理 3.5.2 设 $\alpha>1$，则同余式（3-5-5）有解的必要条件是

（1）当 $\alpha=2$ 时，$a \equiv 1 \pmod 4$；

（2）当 $\alpha \geq 3$ 时，$a \equiv 1 \pmod 8$。

若上述条件成立，则式（3-5-5）有解，进一步，当 $\alpha=2$ 时，解数是 2；当 $\alpha \geq 3$ 时，解数是 4。

证 若同余式（3-5-5）有解，则存在整数 x_1，使得

$$x_1^2 \equiv a \pmod{2^\alpha}$$

根据 $(a, 2)=1$，有 $(x_1, 2)=1$，记 $x_1=1+2t$，上式可写成

$$a \equiv 1+4t(t+1) \pmod{2^\alpha}$$

注意到 $2 \mid t(t+1)$，有

（1）当 $\alpha=2$ 时，$a \equiv 1 \pmod 4$；

（2）当 $\alpha \geq 3$ 时，$a \equiv 1 \pmod 8$；

因此，必要性成立。

现在，若必要条件满足，则

（1）当 $\alpha=2$ 时，$a \equiv 1 \pmod 4$，这时

$$x \equiv 1, 3 \pmod{2^\alpha}$$

是同余式（5）仅有的二解。

（2）当 $\alpha \geq 3$ 时，$a \equiv 1 \pmod 8$，这时，

对 $\alpha=3$，易验证：

$$x = \pm 1, \pm 5 \pmod{2^3}$$

是同余式（3-5-5）仅有的 4 个解，它们可表示为

$$\pm(1+2^2 t_3), \quad t_3=0, \pm 1, \cdots$$

或者

$$\pm(x_3+2^2 t_3), \quad t_3=0, \pm 1, \cdots$$

对 $\alpha=4$，由

$$(x_3+2^2 t_3)^2 \equiv a \pmod{2^4}$$

且

$$2x_3(2^2 t_3) \equiv 2^3 t_3 \pmod{2^4}$$

或

$$t_3 \equiv \frac{a-x_3^2}{2^3} \pmod 2$$

故同余式
$$x^2 \equiv a \pmod{2^4}$$
的解可表示为
$$x = \pm(1 + 4 \cdot \frac{a - x_3^2}{2^3} + 2^3 t_4), \quad t_4 = 0, \pm 1, \cdots$$
或者
$$x = \pm(x_4 + 2^3 t_4), \quad t_4 = 0, \pm 1, \cdots$$

类似地，对于 $\alpha \geq 4$，如果满足同余式
$$x^2 \equiv a \pmod{2^{\alpha-1}}$$
的解为
$$x = \pm(x_{\alpha-1} + 2^{\alpha-2} t_{\alpha-1}), \quad t_{\alpha-1} = 0, \pm 1, \cdots$$
则由
$$(x_{\alpha-1} + 2^{\alpha-2} t_{\alpha-1})^2 \equiv a \pmod{2^\alpha}$$
并注意到
$$2x_{\alpha-1}(2^{\alpha-2} t_{\alpha-1}) \equiv 2^{\alpha-1} t_{\alpha-1} \pmod{2^\alpha}$$
有
$$x_{\alpha-1}^2 + 2^{\alpha-2} t_{\alpha-1} \equiv a \pmod{2^\alpha}$$
或
$$t_{\alpha-1} \equiv \frac{a - x_{\alpha-1}^2}{2^{\alpha-1}} \pmod 2$$
故同余式
$$x^2 \equiv a \pmod{2^\alpha}$$
的解可表示为
$$x = \pm(x_{\alpha-1} + 2^{\alpha-2} \frac{a - x_{\alpha-1}^2}{2^{\alpha-1}} + 2^{\alpha-1} t_\alpha) \quad (t_\alpha = 0, \pm 1)$$
或
$$x = \pm(x_\alpha + 2^{\alpha-1} t_\alpha) \quad (t_\alpha = 0, \pm 1, \cdots)$$

它们对模 2^α 的 4 个解：
$$x_\alpha, \ x_\alpha + 2^{\alpha-1}, \ -x_\alpha, \ -x_\alpha - 2^{\alpha-1}$$

例 3.5.4 求解同余式
$$x^2 \equiv 57 \pmod{64}, \quad 64 = 2^6$$

解 因为 $57 \equiv 1 \pmod 8$，所以同余式有 4 个解。

$\alpha = 3$ 时，解为
$$\pm(1 + 4t_3), \quad t_3 = 0, \pm 1, \cdots$$

$\alpha=4$ 时，由于
$$(1+4t_3)^2 \equiv 57 \pmod{2^4}$$
或
$$t_3 \equiv \frac{57-1^2}{8} \equiv 1 \pmod 2$$
故同余式
$$x^2 \equiv a \pmod{2^4}$$
的解为
$$\pm(1+4\cdot1+8t_4)=\pm(5+8t_4),\ t_4=0,\pm1,\cdots$$

$\alpha=5$ 时，由于
$$(5+8t_4)^2 \equiv 57 \pmod{2^5}$$
或
$$t_4 \equiv \frac{57-5^2}{16} \equiv 0 \pmod 2$$
故同余式
$$x^2 \equiv a \pmod{2^5}$$
的解为
$$\pm(5+8\cdot0+16t_5)=\pm(5+16t_5),\ t_5=0,\pm1,\cdots$$

$\alpha=6$ 时，由于
$$(5+16t_5)^2 \equiv 57 \pmod{2^5}$$
或
$$t_5 \equiv \frac{57-5^2}{32} \equiv 1 \pmod 2$$
故同余式 $x^2 \equiv a \pmod{2^6}$ 的解为
$$x=\pm(5+16\cdot1+32t_6)=\pm(21+32t_6),\ t_6=0,\pm1,\cdots$$
因此，同余式模 $64=2^6$ 的解为
$$21,\ 53,\ -21\equiv43,\ -53\equiv11 \pmod{64}$$

习　　题

1. 求模 $p=13, 23, 31, 37, 47$ 的二次剩余和二次非剩余。
2. 求满足方程 $E: y^2=x^3-3x+1 \pmod 7$ 的所有点。
3. 求满足方程 $E: y^2=x^3+3x+2 \pmod 7$ 的所有点。
4. 求满足方程 $E: y^2=x^3+x+1 \pmod{17}$ 的所有点。
5. 求满足方程 $E: y^2=x^3+5x+1 \pmod 7$ 的所有点。

6．设 p 是素数，a 是整数，$(a,p)=1$，证明：存在整数 u，v，使得 $u^2+av^2\equiv 0(\bmod p)$ 的充要条件是 $-a$ 是模 p 的二次剩余。

7．计算下列勒让德符号

（1）$\left(\dfrac{17}{37}\right)$；

（2）$\left(\dfrac{151}{373}\right)$；

（3）$\left(\dfrac{171}{397}\right)$；

（4）$\left(\dfrac{901}{2003}\right)$；

（5）$\left(\dfrac{47}{200723}\right)$；

（6）$\left(\dfrac{13}{20040803}\right)$。

8．求下列同余方程的解数：

（1）$x^2\equiv -2(\bmod 47)$；

（2）$x^2\equiv 2(\bmod 67)$；

（3）$x^2\equiv -2(\bmod 37)$；

（4）$x^2\equiv 2(\bmod 47)$。

9．设 p 是奇素数，证明：

（1）模 p 的所有二次剩余的乘积对模 p 的剩余是 $(-1)^{(p+1)/2}$；

（2）模 p 的所有二次非剩余的乘积对模 p 的剩余是 $(-1)^{(p-1)/2}$。

10．若 $\left(\dfrac{r}{p}\right)=1$，$\left(\dfrac{n}{p}\right)=-1$，则 $r\cdot 1^2,\cdots,r\cdot\left(\dfrac{p-1}{2}\right)^2, n\cdot 1^2,\cdots,n\cdot\left(\dfrac{p-1}{2}\right)^2$ 为模 p 的一个简化剩余系。

11．判断下列同余式是否有解

（1）$x^2\equiv 429(\bmod 563)$；

（2）$x^2\equiv 680(\bmod 769)$；

（3）$x^2\equiv 503(\bmod 1013)$。

（其中 503，563，769，1013 都是素数）

12．求出 $m-2$ 为二次剩余的素数的一般表达式；$m-2$ 为二次非剩余时的素数的一般表达式。

13．证明：下列形式的素数均有无穷多个：$8k-1$，$8k+3$，$8k-3$。

14．设 n 是正整数，$4n+3$ 及 $8n+7$ 都是素数，说明：$2^{4n+3}\equiv 1(\bmod 8n+7)$，由此证明 $23|(2^{11}-1)$，$47|(2^{23}-1)$，$503|(2^{251}-1)$。

15．求出下列同余式的解数：

（1）$x^2\equiv 3766(\bmod 5987)$，（2）$x^2\equiv 3149(\bmod 5987)$，其中 5987 是一个素数。

16.（1）在有解的情况下，求同余式 $x^2 \equiv a \pmod{p}$，$p=4m+3$ 的解。

（2）在有解的情况下，求同余式 $x^2 \equiv a \pmod{p}$，$p=8m+5$ 的解。

17. 解同余式 $x^2 \equiv 59 \pmod{125}$，$x^2 \equiv 41 \pmod{64}$。

18. 设整数 n 能表成两个平方和 $n=x^2+y^2$，如果 $(x,y)=1$，则称 n 能本原地表成两个平方和。证明：设 p 是 m 的一个奇素因子，p 能表成两个平方和，m 能本原地表示成两个平方和，则 $\dfrac{m}{p}$ 也能本原地表示成两个平方和。

19. n^2+1 的每个素因子都能表成两个平方和。

第四章 原 根

在第三章，学习了同余式 $x^2 \equiv a(\mod m)$，$(a, m)=1$ 是否有解的判断方法，很自然地，我们会想到如何去判断同余式

$$x^n \equiv a(\mod m) \quad ((a,m) = 1, n > 2)$$

解的存在情况。为此引进原根与指标这两个概念，本章通过对原根与指标的研究，最后把上式对某些特殊的 m 有解的条件利用指标表达出来。

第一节 指 数

由欧拉定理知道：若 $(a, m)=1$，$m>1$ 则 $a^{\varphi(m)} \equiv 1(\mod m)$，这就是说，若 $(a, m)=1$，$m>1$，则必存在一个正整数 γ 使得 $a^\gamma \equiv 1(\mod m)$。现在我们感兴趣的是 $\varphi(m)$ 是否为上述同余式成立的最小正整数，如果是，它会具有怎样的特殊性质？对高次同余式的求解会有哪些帮助？为此我们给出如下定义。

定义 4.1.1 设 $m>1$ 是整数，a 是与 m 互素的正整数，则使得

$$a^e \equiv 1(\mod m)$$

成立的最小正整数 e 称为 a 对模 m 的指数，记作 $\text{ord}_m(a)$。

例 4.1.1 设整数 $m=7$，这时 $\varphi(7)=6$。通过计算可得

$$1^1 \equiv 1, \qquad 2^3 = 8 \equiv 1, \qquad 3^3 = 27 \equiv -1$$
$$4^3 \equiv (-3)^3 \equiv 1,\ 5^3 \equiv (-2)^3 \equiv -1,\ 6^2 \equiv (-1)^2 \equiv 1(\mod 7)$$

列成表 4.1.1。

表 4.1.1

a	1	2	3	4	5	6
$\text{ord}_m(a)$	1	3	6	3	6	2

例 4.1.2 设整数 $m=10=2 \cdot 5$，这时 $\varphi(10)=4$，有

$$1^1 \equiv 1,\ 3^4 = 81 \equiv 1,\ 7^4 \equiv (-1)^2 \equiv 1,\ 9^2 \equiv (-1)^2 \equiv 1(\mod 10)$$

列成表 4.1.2。

表 4.1.2

a	1	3	7	9
$\text{ord}_m(a)$	1	4	4	2

例 4.1.3 设整数 $m=15=3 \cdot 5$，这时 $\varphi(15)=8$，有

$$1^1\equiv1,\ 2^4=16\equiv1,\ 4^2=16\equiv1,$$
$$7^2=49\equiv4,\ 7^4\equiv16\equiv1,\ 8^4\equiv(-7)^4\equiv1,$$
$$11^2\equiv(-4)^2\equiv1,\ 13^4\equiv(-2)^4\equiv1,\ 14^2\equiv(-1)^2\equiv1(\mathrm{mod}\ 15)$$

列成表 4.1.3。

表 4.1.3

a	1	2	4	7	8	11	13	14
$\mathrm{ord}_m(a)$	1	4	2	4	4	2	4	2

下面给出指数的一些基本性质。

定理 4.1.1 设 $m>1$ 是整数，a 是与 m 互素的整数，则整数 d 使得

$$a^d\equiv1(\mathrm{mod}\ m)$$

的充分必要条件是

$$\mathrm{ord}_m(a)|d$$

证 充分性，设 $\mathrm{ord}_m(a)|d$，那么存在整数 k 使得 $d=k\ \mathrm{ord}_m(a)$。因此，有

$$a^d=(a^{\mathrm{ord}_m(a)})^k\equiv1(\mathrm{mod}\ m)$$

必要性，如果 $\mathrm{ord}_m(a)|d$ 不成立，则由欧几里得除法，存在整数 q,r 使得

$$d=\mathrm{ord}_m(a)q+r,\ 0<r<\mathrm{ord}_m(a)$$

从而，

$$a^r\equiv a^r(a^{\mathrm{ord}_m(a)})^q=a^d\equiv1(\mathrm{mod}\ m)$$

这与 $\mathrm{ord}_m(a)$ 的最小性矛盾。故 $\mathrm{ord}_m(a)|d$，证毕。

推论 4.1.1 设 $m>1$ 是整数，a 是与 m 互素的整数，则 $\mathrm{ord}_m(a)|\varphi(m)$。

证 根据欧拉定理，有

$$a^{\varphi(m)}\equiv1(\mathrm{mod}\ m)$$

再由定理 4.1.1 可知 $\mathrm{ord}_m(a)|\varphi(m)$，证毕。

根据推论 4.1.1，整数 a 对模 m 的指数 $\mathrm{ord}_m(a)$ 是 $\varphi(m)$ 的因数，所以可以在 $\varphi(m)$ 的因数中寻找 $\mathrm{ord}_m(a)$。

例 4.1.4 求整数 5 模 17 的指数 $\mathrm{ord}_{17}(5)$。

解 因为 $\varphi(17)=16$。所以只需对 16 的因数 $d=1,2,4,8,16$，计算 $a^d(\mathrm{mod}\ m)$。因为

$$5^1=5,\ 5^2=25\equiv8,\ 5^4\equiv64\equiv13\equiv-4,\ 5^8\equiv(-4)^2\equiv16\equiv-1,\ 5^{16}\equiv(-1)^2\equiv1(\mathrm{mod}\ 17)$$

所以 $\mathrm{ord}_{17}(5)=16$。

推论 4.1.2 设 p 是奇素数，且 $\dfrac{p-1}{2}$ 也是素数，如果 a 是一个不被 p 整除的整数，且 $a^2\not\equiv1(\mathrm{mod}\ p)$，则

$$\mathrm{ord}_p(a)=\frac{p-1}{2}\ \text{或}\ p-1$$

证 根据欧拉定理，有
$$a^{\varphi(p)}\equiv 1(\bmod p)$$

根据推论 4.1.1，整数 a 模 p 的指数 $\mathrm{ord}_p(a)$ 是 $\varphi(p)=p-1=2\cdot\dfrac{p-1}{2}$ 的因数，但 $\mathrm{ord}_p(a)\neq 2$。所以
$$\mathrm{ord}_p(a)=\dfrac{p-1}{2} \text{ 或 } p-1$$

基于上述结论，也可归纳出下述性质。

性质 4.1.1 设 $m>1$ 是整数，a 是与 m 互素的整数
（1）若 $b\equiv a(\bmod m)$，则 $\mathrm{ord}_m(b)=\mathrm{ord}_m(a)$。
（2）若 a^{-1} 使得 $a^{-1}a\equiv 1(\bmod m)$，则 $\mathrm{ord}_m(a^{-1})=\mathrm{ord}_m(a)$。
（3）数列
$$1=a^0, a, \cdots, a^{\mathrm{ord}_m(a)-1}$$

对模 m 两两不同余；
（4）同余式
$$a^d\equiv a^k(\bmod m)$$

成立的充分必要条件是
$$d\equiv k(\bmod \mathrm{ord}_m(a))$$

（5）设 $\lambda>0$，a^λ 对模数 m 的指数为 l_1，则
$$l_1=\dfrac{\mathrm{ord}_m(a)}{(\lambda, \mathrm{ord}_m(a))}$$

证 （1）若 $b\equiv a(\bmod m)$，则
$$b^{\mathrm{ord}_m(a)}\equiv a^{\mathrm{ord}_m(a)}\equiv 1(\bmod m)$$

因此，有 $\mathrm{ord}_m(b)|\mathrm{ord}_m(a)$。同理有 $\mathrm{ord}_m(a)|\mathrm{ord}_m(b)$，因此 $\mathrm{ord}_m(b)=\mathrm{ord}_m(a)$。
（2）因为
$$(a^{-1})^{\mathrm{ord}_m(a)}\equiv (a^{\mathrm{ord}_m(a)})^{-1}\equiv 1(\bmod m)$$

因此，有 $\mathrm{ord}_m(a^{-1})|\mathrm{ord}_m(a)$。同理，$\mathrm{ord}_m(a)|\mathrm{ord}_m(a^{-1})$，故 $\mathrm{ord}_m(a^{-1})=\mathrm{ord}_m(a)$。
（3）反证法，若存在整数 $0\leqslant k, l<\mathrm{ord}(a)$ 使得
$$a^k\equiv a^l(\bmod m)$$

不妨取 $k>l$，则由 $(a, m)=1$ 和性质 2.1.2（1），得
$$a^{k-l}\equiv 1(\bmod m)$$

但 $0<k-l<\mathrm{ord}_m(a)$，这与 $\mathrm{ord}_m(a)$ 的最小性矛盾。因此，结论成立。
（4）根据欧几里得除法，存在整数 q, r 和 q', r' 使得
$$d=\mathrm{ord}_m(a)q+r,\ 0\leqslant r<\mathrm{ord}_m(a)$$
$$k=\mathrm{ord}_m(a)q'+r',\ 0\leqslant r'<\mathrm{ord}_m(a)$$

又 $a^{\mathrm{ord}_m(a)}\equiv 1(\bmod m)$，故

$$a^d \equiv (a^{\text{ord}_m(a)})^q a^r \equiv a^r (\bmod\ m),\ a^k \equiv a^{r'} (\bmod\ m)$$

必要性：若 $a^d \equiv a^k$，则

$$a^r \equiv a^{r'} (\bmod\ m)$$

由性质 4.1.1（3），得到 $r=r'$，故 $d \equiv k(\bmod\ \text{ord}_m(a))$。

充分性：若 $d \equiv k(\bmod\ \text{ord}_m(a))$，则

$$r = r',\ a^d \equiv a^k (\bmod\ m)$$

证毕。

（5）由 $a^{\lambda l_1} \equiv 1(\bmod\ m)$ 可知 $\text{ord}_m(a) | \lambda l_1$，即得

$$\frac{\text{ord}_m(a)}{(\lambda, \text{ord}_m(a))} \Big| \frac{\lambda}{(\lambda, \text{ord}_m(a))} \cdot l_1$$

又 $\left(\dfrac{\text{ord}_m(a)}{(\lambda, \text{ord}_m(a))}, \dfrac{\lambda}{(\lambda, \text{ord}_m(a))}\right)=1$，从而有

$$\frac{\text{ord}_m(a)}{(\lambda, \text{ord}_m(a))} | l_1 \tag{4-1-1}$$

另一方面，因为 $(a^\lambda)^{\frac{\text{ord}_m(a)}{(\lambda, \text{ord}_m(a))}} = (a^{\text{ord}_m(a)})^{\frac{\lambda}{(\lambda, \text{ord}_m(a))}} \equiv 1(\bmod\ m)$，所以

$$l_1 \Big| \frac{\text{ord}_m(a)}{(\lambda, \text{ord}_m(a))} \tag{4-1-2}$$

结合式（4-1-1）和式（4-1-2）可知 $l_1 = \dfrac{\text{ord}_m(a)}{(\lambda, \text{ord}_m(a))}$，证毕。

例 4.1.5 整数 56 模 17 的指数为 $\text{ord}_{17}(56)=\text{ord}_{17}(5)=16$，从而整数 7 模 17 的指数为 16，这是因为 $5^{-1} \equiv 7(\bmod\ 17)$。

例 4.1.6 $2^{2000000} \equiv 2^{10} \equiv 100(\bmod\ 231)$，因为整数 2 模 231 的指数为 $\text{ord}_{231}(2)=30$，$2000000 \equiv 10(\bmod\ 30)$。

例 4.1.7 $2^{2002} \equiv 2^1 \equiv 2(\bmod\ 7)$，因为整数 2 模 7 的指数为 $\text{ord}_7(2)=3$，$2002 \equiv 1(\bmod\ 3)$。

例 4.1.8 整数 $5^2 \equiv 8(\bmod\ 17)$，模 17 的指数为 $\text{ord}_{17}(5^2)=\dfrac{\text{ord}_{17}(5)}{(2, \text{ord}_{17}(5))}=8$。

性质 4.1.2 设 m，n 都是大于 1 的整数，a 是与 m 互素的整数，则

（1）若 $n|m$，则 $\text{ord}_n(a)|\text{ord}_m(a)$。

（2）若 $(m,n)=1$，则 $\text{ord}_{mn}(a)=[\text{ord}_m(a), \text{ord}_n(a)]$。

证

（1）根据 $\text{ord}_m(a)$ 的定义，有

$$a^{\text{ord}_m(a)} \equiv 1(\bmod\ m)$$

因此，当 $n|m$ 时，可推出

$$a^{\text{ord}_m(a)} \equiv 1(\bmod\ n)$$

于是根据定理 4.1.1 可得

$$\text{ord}_n(a)|\text{ord}_m(a)$$

（2）由（1）可知
$$\text{ord}_m(a)|\text{ord}_{mn}(a),\ \text{ord}_n(a)|\text{ord}_{mn}(a)$$

因此，$[\text{ord}_m(a), \text{ord}_n(a)]|\text{ord}_{mn}(a)$。又由
$$a^{[\text{ord}_m(a),\text{ord}_n(a)]} \equiv 1(\bmod\ m), a^{[\text{ord}_m(a),\text{ord}_n(a)]} \equiv 1(\bmod\ n)$$

及性质 2.1.2(6)可推出
$$a^{[\text{ord}_m(a),\text{ord}_n(a)]} \equiv 1(\bmod\ mn)$$

从而 $\text{ord}_{mn}(a)|[\text{ord}_m(a), \text{ord}_n(a)]$，故
$$\text{ord}_{mn}(a)=[\text{ord}_m(a), \text{ord}_n(a)]$$

推论 4.1.3 设 p，q 是两个不同的奇素数，a 是与 pq 互素整数，则
$$\text{ord}_{pq}(a)=[\text{ord}_p(a), \text{ord}_q(a)]$$

推论 4.1.4 设 m 是大于 1 的整数，a 是与 m 互素的整数，则当 m 的标准分解式为 $m=2^n p_1^{\alpha_1}\cdots p_k^{\alpha_k}$ 时，有
$$\text{ord}_m(a)=[\text{ord}_{2^n}(a), \text{ord}_{p_1^{\alpha_1}}(a),\cdots,\text{ord}_{p_k^{\alpha_k}}(a)]$$

性质 4.1.3 设 m, n 都是大于 1 的整数，且$(m, n)=1$，则对于与 mn 互素的任意整数 a_1、a_2，存在整数 a 使得
$$\text{ord}_{mn}(a)=[\text{ord}_m(a_1),\ \text{ord}_n(a_2)]$$

证 考虑同余式组
$$x\equiv a_1(\bmod\ m)$$
$$x\equiv a_2(\bmod\ n)$$

根据中国剩余定理，这个同余式组有唯一解
$$x\equiv a(\bmod\ mn)$$

由性质 4.1.1（1），有
$$\text{ord}_m(a)=\text{ord}_m(a_1), \text{ord}_n(a)=\text{ord}_n(a_2)$$

因此，从性质 4.1.2 得到
$$\text{ord}_{mn}(a)=[\text{ord}_m(a), \text{ord}_n(a)]=[\text{ord}_m(a_1), \text{ord}_n(a_2)]$$

需要注意的是，对于模 m，不一定有
$$\text{ord}_m(ab)=[\text{ord}_m(a), \text{ord}_m(b)]$$

成立，例如，由例 4.1.2 有
$$\text{ord}_{10}(3\cdot 3)=\text{ord}_{10}(9)=2\neq[\text{ord}_{10}(3), \text{ord}_{10}(3)]=[4, 4]=4$$

性质 4.1.4 设 $m>1$ 是整数

（1）若 a，b 都是与 m 互素的整数，且$(\text{ord}_m(a), \text{ord}_m(b))=1$，则
$$\text{ord}_m(ab)=\text{ord}_m(a)\text{ord}_m(b)$$

（2）对于与 m 互素的任意整数 a，b，必存在整数 c 使得
$$\text{ord}_m(c)=[\text{ord}_m(a), \text{ord}_m(b)]$$

证 （1）由指数的定义可直接验证；

（2）根据例 1.4.5，对于整数 $\mathrm{ord}_m(a)$ 和 $\mathrm{ord}_m(b)$，存在整数 u，v 满足：
$$u \mid \mathrm{ord}_m(a), v \mid \mathrm{ord}_m(b), (u,v)=1$$
使得

$$[\mathrm{ord}_m(a), \mathrm{ord}_m(b)] = uv$$

现在令

$$s = \frac{\mathrm{ord}_m(a)}{u}, t = \frac{\mathrm{ord}_m(b)}{v}$$

根据性质 4.1.1（5），有

$$\mathrm{ord}_m(a^s) = \frac{\mathrm{ord}_m(a)}{(s,\mathrm{ord}_m(a))} = u, \mathrm{ord}_m(b^t) = v$$

再由上述（1）中结论可知

$$\mathrm{ord}_m(a^s b^t) = \mathrm{ord}_m(a^s)\mathrm{ord}_m(b^t) = uv = [\mathrm{ord}_m(a), \mathrm{ord}_m(b)]$$

因此，取 $c \equiv a^s b^t (\mathrm{mod}\, m)$，即为所求，证毕。

第二节 原 根

在第一节讨论的基础上，本节继续考虑 $(a,m)=1$，$m>1$ 时，$a^\gamma \equiv 1(\mathrm{mod}\, m)$ 成立的最小正整数为 $\varphi(m)$ 这一特殊情形。

定义 4.2.1 设 $m>1$ 是整数，a 是与 m 互素的正整数，如果 a 对模 m 的指数是 $\varphi(m)$，则 a 称为模 m 的原根。

例如，例 4.1.1 中，3，5 是模 7 的原根，但 2，4，6 不是模 7 的原根，例 4.1.2 中 3，7 是模 10 的原根，但 9 不是模 14 的原根。例 4.1.3 中则不存在模 15 的原根。

定理 4.2.1 设 $m>1$ 是整数，$(a,m)=1$，且 a 是模 m 的原根，即 $\mathrm{ord}_m(a)=\varphi(m)$，则 $1=a^0, a, a^2, \cdots, a^{\varphi(m)-1}$ 这 $\varphi(m)$ 个数组成模 m 的简化剩余系。

证 $\mathrm{ord}_m(a)=\varphi(m)$，则由性质 4.1.1(3)，$\varphi(m)$ 个数

$$1=a^0, a, a^2, \cdots, a^{\varphi(m)-1} \qquad (4\text{-}2\text{-}1)$$

模 m 两两不同余，于是这 $\varphi(m)$ 个数组成模 m 的简化剩余系。证毕。

定理 4.2.1 说明了原根的重要性，如果 a 是 m 的原根，则模 m 的一组缩系可由形为式（4-2-1）的几何级数来表示，这在处理某些问题时，非常有用。

例 4.2.1 整数 $\{5^k \mid k=0, \cdots, 15\}$ 组成模 17 的简化剩余系。

解 由例 4.1.4 知 5 是模 17 的原根，由定理 4.1.1，$\{5^k \mid k=0, 1, 2, \cdots, 15\}$ 是模 17 的简化剩余系。我们作计算如下：

$5^0 \equiv 1$，$5^1 \equiv 5$，$5^2 \equiv 25 \equiv 8$

$5^3 \equiv 8 \cdot 5 \equiv 6$，$5^4 \equiv 8^2 \equiv 13$，$5^5 \equiv 13 \cdot 5 \equiv 14$

$5^6 \equiv 62 \equiv 2$，$5^7 \equiv 2 \cdot 5 \equiv 10$，$5^8 \equiv 10 \cdot 5 \equiv 40 \equiv -1$

$5^9 \equiv (-1)\cdot 5 \equiv 12$, $5^{10} \equiv (-1)\cdot 8 \equiv 9$, $5^{11} \equiv (-1)\cdot 6 \equiv 11$
$5^{12} \equiv (-1)\cdot 13 \equiv 4$, $5^{13} \equiv (-1)\cdot 14 \equiv 3$, $5^{14} \equiv (-1)\cdot 2 \equiv 15$
$5^{15} \equiv (-1)\cdot 10 \equiv 7$, (mod 17)

列成表 4.2.1。

表 4.2.1

5^0	5^1	5^2	5^3	5^4	5^5	5^6	5^7	5^8	5^9	5^{10}	5^{11}	5^{12}	5^{13}	5^{14}	5^{15}
1	5	8	6	13	14	2	10	-1	12	9	11	4	3	15	7

性质 4.2.1 设 $m>1$ 是整数
(1) 如果 g 是模 m 的原根，$d \geq 0$ 为整数，则 g^d 是模 m 的原根当且仅当 $(d, \varphi(m))=1$；
(2) 如果模 m 存在一个原根 g，则模 m 有 $\varphi(\varphi(m))$ 个不同的原根。

证 (1) 根据性质 4.1.1(5)，有

$$\mathrm{ord}_m(g^d) = \frac{\mathrm{ord}_m(g)}{(\mathrm{ord}_m(g), d)} = \frac{\varphi(m)}{(\varphi(m), d)}$$

因此，g^d 是模 m 的原根，即 $\mathrm{ord}_m(g^d) = \varphi(m)$ 当且仅当 $(d, \varphi(m))=1$；

(2) 设 g 是模 m 的一个原根，根据定理 4.2.1，$\varphi(m)$ 个整数 $g, g^2, \cdots, g^{\varphi(m)}$ 构成模 m 的一个缩系。又根据性质 4.2.1（1），g^d 是模 m 的原根当且仅当 $(d, \varphi(m))=1$。因为这样的 d 共有 $\varphi(\varphi(m))$ 个，所以模 m 有 $\varphi(\varphi(m))$ 个不同的原根，证毕。

推论 4.2.1 设 $m>1$ 是整数，且模 m 存在一个原根。设

$$\varphi(m) = p_1^{\alpha_1} \cdots p_s^{\alpha_s} \quad (\alpha_i > 0, i=1, \cdots, s)$$

则整数 a，$(a, m)=1$ 是模 m 的原根的概率是

$$\prod_{i=1}^{s}\left(1 - \frac{1}{p_i}\right)$$

证 根据性质 4.2.1（2），整数 a，$(a, m)=1$ 是模 m 原根的概率是

$$\frac{\varphi(\varphi(m))}{\varphi(m)}$$

又根据欧拉函数 $\varphi(m)$ 的性质以及 $\varphi(m)$ 的素因数分解表达式，有

$$\frac{\varphi(\varphi(m))}{\varphi(m)} = \prod_{i=1}^{s}\left(1 - \frac{1}{p_i}\right)$$

因此，结论成立，证毕。

例 4.2.2 求出模 17 的所有原根。

解 由例 4.1.4 知 5 是模 17 的原根，再由性质 4.2.1（2）有 $\varphi(\varphi(17))=\varphi(16)=8$，因此 5，$5^3 \equiv 6$，$5^5 \equiv 14$，$5^7 \equiv 10$，$5^9 \equiv 12$，$5^{11} \equiv 11$，$5^{13} \equiv 3$，$5^{15} \equiv 7 \pmod{17}$ 是模 17 的全部原根。

任给一模 m，原根不一定是存在的，实际上，只有在 m 是 $2, 4, p^\alpha, 2p^\alpha$（$p$ 是奇素数）四者之一时原根才存在。为此，我们先给出几个引理。

引理 4.2.1 设 p 是奇素数，则模 p 的原根存在。

引理 4.2.2 设 g 是模 p 的一个原根，则 g 或者 $g+p$ 是模 p^2 的原根。

引理 4.2.3　设 p 是一个奇素数，则对任意正整数 α，模 p^α 的原根存在。更确切地说，如果 g 是模 p^2 的一个原根，则对任意正整数 α，g 是模 p^α 的原根。

引理 4.2.4　设 $\alpha \geqslant 1$，g 是模 p^α 的一个原根，则 g 与 $g+p^\alpha$ 中的奇数是模 $2p^\alpha$ 的一个原根。

引理 4.2.1～引理 4.2.4 的证明读者可自行尝试完成，也可查阅相关书籍。

引理 4.2.5　设 a 是一个奇数，则对任意整数 $\alpha \geqslant 3$，有

$$a^{\varphi(2^\alpha)/2} \equiv a^{2^{\alpha-2}} \equiv 1 (\bmod\ 2^\alpha) \tag{4-2-2}$$

证　用数学归纳法来证明这个结论，将奇数 a 写成 $a=2b+1$，有

$$a^2 = 4b(b+1) + 1 \equiv 1 (\bmod\ 2^3)$$

因此，结论对于 $\alpha=3$ 成立。

假设对于 $\alpha-1$，结论也成立，即

$$a^{2^{(\alpha-1)-2}} \equiv 1 (\bmod\ 2^{\alpha-1})$$

或存在整数 $t_{\alpha-3}$ 使得

$$a^{2^{(\alpha-1)-2}} \equiv 1 + t_{\alpha-3} 2^{\alpha-1}$$

两端平方，得

$$a^{2^{\alpha-2}} = (1 + 2^{\alpha-1} t_{\alpha-3})^2 = 1 + (t_{\alpha-3} + 2^{\alpha-2} t_{\alpha-3}^2) 2^\alpha \equiv 1 (\bmod\ 2^\alpha)$$

这就是说，结论对 α 成立，根据数学归纳法原理，同余式（4-2-2）对所有的整数 $\alpha \geqslant 3$ 成立，证毕。

定理 4.2.2　模 m 的原根存在的充分必要条件是 $m=2, 4, p^\alpha, 2p^\alpha$，其中 p 是奇素数。

证　必要性：设 m 的标准分解式为

$$m = 2^\alpha p_1^{\alpha_1} \cdots p_k^{\alpha_k}$$

若 $(a, m)=1$，则

$$(a, 2^\alpha) = 1 \quad ((a, p_i^{\alpha_i}) = 1, i = 1, \cdots, k)$$

根据欧拉定理及引理 4.2.5，有

$$\begin{cases} a^\tau \equiv 1 (\bmod\ 2^\alpha) \\ a^{\varphi(p_1^{\alpha_1})} \equiv 1 (\bmod\ p_1^{\alpha_1}) \\ \quad\quad \vdots \\ a^{\varphi(p_k^{\alpha_k})} \equiv 1 (\bmod\ p_k^{\alpha_k}) \end{cases}$$

其中

$$\tau = \begin{cases} \varphi(2^\alpha), & \alpha \leqslant 2 \\ \dfrac{1}{2}\varphi(2^\alpha), & \alpha \geqslant 3 \end{cases}$$

令

$$h = [\tau, \varphi(p_1^{\alpha_1}), \cdots, \varphi(p_k^{\alpha_k})]$$

根据推论 4.1.3 和推论 4.1.4，对所有整数 $a, (a, m)=1$，有

$$a^h \equiv 1 \pmod{m}$$

因此，若 $h<\varphi(m)$，则模 m 的原根不存在。

现在讨论何时

$$h = \varphi(m) = \varphi(2^\alpha)\varphi(p_1^{\alpha_1})\cdots\varphi(p_k^{\alpha_k})$$

当 $\alpha \geq 3$ 时，$\tau = \dfrac{\varphi(2^\alpha)}{2}$，因此，

$$h \leq \varphi(m)/2 < \varphi(m)$$

当 $k \geq 2$ 时，$2|\varphi(p_1^{\alpha_1})$，$2|\varphi(p_2^{\alpha_2})$，进而

$$[\varphi(p_1^{\alpha_1}), \varphi(p_2^{\alpha_2})] \leq \frac{1}{2}\varphi(p_1^{\alpha_1})\varphi(p_2^{\alpha_2}) < \varphi(p_1^{\alpha_1}p_2^{\alpha_2})$$

此时，$h<\varphi(m)$。

当 $\alpha=2$，$k=1$ 时，

$$\varphi(2^\alpha)=2, \ 2|\varphi(p_1^{\alpha_1})$$

因此，

$$h = \varphi(p_1^{\alpha_1}) < \varphi(2^\alpha)\varphi(p_1^{\alpha_1}) = \varphi(m)$$

故只有在 (α, k) 是

$$(1, 0), (2, 0), (0, 1), (1, 1)$$

4 种情形之一，即只有在 m 是

$$2, 4, p^\alpha, 2p^\alpha$$

4 数之一时，才有可能 $h=\varphi(m)$，因此必要性成立。

充分性：当 $m=2$ 时，$\varphi(2)=1$，整数 1 是模 2 的原根；
当 $m=4$ 时，$\varphi(4)=2$，整数 3 是模 4 的原根；
当 $m=p^\alpha$ 时，根据引理 4.2.3，模 m 的原根存在；
当 $m=2p^\alpha$ 时，根据引理 4.2.4，模 m 的原根存在。
因此，条件的充分性是成立的，证毕。

上述定理不仅解决了原根的存在性问题，而且在其证明过程中也给出了模 2 及模 4 的一个原根。下面继续介绍如何计算模 p^α 及模 $2p^\alpha$ 的原根。

定理 4.2.3 设 $m>1$，$\varphi(m)$ 的所有不同素因数是 $q_1,\cdots,q_k$，则 g 是模 m 的一个原根的充分必要条件是

$$g^{\varphi(m)/q_i} \not\equiv 1 \pmod{m} \quad (i=1,\cdots,k)$$

证 设 g 是 m 的一个原根，则 g 对模 m 的指数是 $\varphi(m)$，但

$$0<\varphi(m)/q_i<\varphi(m) \quad (i=1,\cdots,k)$$

根据性质 4.1.1（3），有

$$g^{\varphi(m)/q_i} \not\equiv 1 \pmod{m} \quad (i=1,\cdots,k) \tag{4-2-3}$$

反过来，若 g 对模 m 的指数 $e<\varphi(m)$，则根据定理 4.1.1，有 $e|\varphi(m)$，因而存在一个素数 q 使得 $q|\dfrac{\varphi(m)}{e}$，即

$$\frac{\varphi(m)}{e}=qu, \text{ 或 } \frac{\varphi(m)}{q}=ue$$

进而

$$g^{\varphi(m)/q}=(g^e)^u \equiv 1(\bmod m)$$

与假设矛盾，证毕。

由定理 4.2.3 我们知道要想找出模 $m=p^\alpha$ 的原根，可先求出 $\varphi(p^\alpha)$ 一切不同的质因数，然后找出一个与 m 互质并且满足式（4-2-3）的 g 来，那么 g 便是所要求的，下面以几个例子来具体说明。

例 4.2.3 求模 41 的所有原根。

解 因为 $\varphi(m)=\varphi(41)=40=2^3\cdot 5$，所以 $\varphi(m)$ 的素因数为 $q_1=2$，$q_2=5$，进而，

$$\varphi(m)/q_1=20, \quad \varphi(m)/q_2=8$$

这样，只需验证：g^{20}，g^8 模 m 是否同余于 1，对 2, 3, …，逐个验算：

$$2^8\equiv 10, \ 2^{20}\equiv 1, \ 3^8\equiv 1, \ 4^8\equiv 18, \ 4^{20}\equiv 1$$

$$5^8\equiv 18, \ 5^{20}\equiv 1, \ 6^8\equiv 10, \ 6^{20}\equiv 40(\bmod 41)$$

故 6 是模 41 的原根。

根据性质 4.2.1（1），6^d 是原根，当且仅当 $(d,\varphi(m))=1$，又由定理 4.2.2，模 41 共有 $\varphi(\varphi(41))=16$ 个原根，因此当 d 遍历模 $\varphi(m)=40$ 的简化剩余系：

$$1, 3, 7, 9, 11, 13, 17, 19, 21, 23, 27, 29, 31, 33, 37, 39$$

共 $\varphi(\varphi(m))=16$ 个数时，6^d 遍历模 41 的所有原根：

$$6^1\equiv 6, \ 6^3\equiv 11, \ 6^7\equiv 29, \ 6^9\equiv 19, \ 6^{11}\equiv 28, \ 6^{13}\equiv 24$$

$$6^{17}\equiv 26, \ 6^{19}\equiv 34, \ 6^{21}\equiv 35, \ 6^{23}\equiv 30, \ 6^{27}\equiv 12, \ 6^{29}\equiv 22$$

$$6^{31}\equiv 13, \ 6^{33}\equiv 17, \ 6^{37}\equiv 15, \ 6^{39}\equiv 7(\bmod 41)$$

例 4.2.4 求模 43 的原根。

解 设 $m=43$，则

$$\varphi(m)=\varphi(43)=2\cdot 3\cdot 7, \ q_1=2, \ q_2=3, \ q_3=7$$

因此，

$$\varphi(m)/q_1=21, \ \varphi(m)/q_2=14, \ \varphi(m)/q_3=6$$

这样，只需验证：g^{21}，g^{14}，g^6 模 m 是否同余于 1，对 2, 3, … 逐个验算：

$$2^2\equiv 4, \ 2^4\equiv 16, \ 2^6\equiv 64\equiv 21, \ 2^7\equiv 21\cdot 2\equiv -1$$

$$2^{14}\equiv 1, \ 3^2\equiv 9, \ 3^4\equiv 81\equiv -5, \ 3^6\equiv 9\cdot(-5)\equiv -2$$

$$3^7\equiv -6, \ 3^{14}\equiv (-6)^2\equiv 36, \ 3^{21}\equiv (-6)\cdot 36\equiv -1(\bmod 43)$$

因此，3 是模 43 的原根。

当 d 遍历模 $\varphi(m)=42$ 的简化剩余系：

$$1, 5, 11, 13, 17, 19, 23, 25, 29, 31, 37, 41$$

共 $\varphi(\varphi(42))=12$ 个数时，3^d 遍历模 43 的所有原根：

$$3^1\equiv 3, \ 3^5\equiv 28, \ 3^{11}\equiv 30, \ 3^{13}\equiv 12, \ 3^{17}\equiv 26, \ 3^{19}\equiv 19, \ 3^{23}\equiv 34$$

3^{25}≡5, 3^{29}≡18, 3^{31}≡33, 3^{37}≡20, 3^{41}≡29(mod 43)

读者应该注意，定理 4.2.3 所提供寻找原根的方法并不适用于做实际计算，原因在于 $\varphi(m)$ 的一切不同素因数没有一般性的寻找方法，其次还应该注意，即使 $\varphi(m)$ 的一切不同素因数可以求出时，式（4-2-3）的验算也常常是非常繁杂的，因此这个方法本身存在许多缺点。

第三节 指标及 n 次剩余

对于一般高次方程 $x^n=a$ 的求解问题，可以这样处理：

$$n\ln x=\ln a$$
$$\ln x=(1/n)\ln a$$
$$x=e^{(1/n)\ln a}$$

即可以通过查对数表和反对数表的方式求解高次方程。对于高次同余式，我们也试图使用相同的方法处理。

根据定理 4.2.1 我们知道：当 r 遍历模 $\varphi(m)$ 的最小正完全剩余系时，原根 g 的幂次 g^r 遍历模 m 的一个简化剩余系。因此，对任意的整数 a，$(a,m)=1$，存在唯一的整数 r，$1\leqslant r\leqslant\varphi(m)$，使得

$$g^r\equiv a(\bmod m)$$

这一性质使得我们可引入下述指标的概念。

定义 4.3.1   设 m 是大于 1 的整数，g 是模 m 的一个原根，a 是一个与 m 互素的整数，则存在唯一的整数 r 使得

$$g^r\equiv a(\bmod m),\quad 1\leqslant r\leqslant\varphi(m)$$

成立，这个整数 r 称为以 g 为底的 a 对模 m 的一个指标，记作 $r=\mathrm{ind}_g a$（或 $r=\mathrm{ind}\, a$）。

由上述定义可以看出，a 的指标不仅与模有关，而且与原根也有关，例如，2、3 都是模 5 的原根，1 是以 3 为底的 3 对模 5 的一个指标，3 是以 2 为底的 3 对模 5 的一个指标。定理 4.2.1 告诉我们任一与模 m 互质的整数 a，对于模 m 的任一原根 g 来说，a 的指标是存在的，若 $(a,m)\neq 1$，则对模 m 的任一原根 g 来说，a 的指标是不存在的。

例 4.3.1   整数 5 是模 17 的原根，并且我们有表 4.3.1。

表 4.3.1

5^1	5^2	5^3	5^4	5^5	5^6	5^7	5^8	5^9	5^{10}	5^{11}	5^{12}	5^{13}	5^{14}	5^{15}	5^{16}
5	8	6	13	14	2	10	16	12	9	11	4	3	15	7	1

因此

$$\mathrm{ind}_5 1=16,\ \mathrm{ind}_5 2=6,\ \mathrm{ind}_5 3=13,\ \mathrm{ind}_5 4=12,\ \mathrm{ind}_5 5=1,\ \mathrm{ind}_5 6=3,$$
$$\mathrm{ind}_5 7=15,\ \mathrm{ind}_5 8=2,\ \mathrm{ind}_5 9=10,\ \mathrm{ind}_5 10=7,\ \mathrm{ind}_5 11=11,\ \mathrm{ind}_5 12=9,$$
$$\mathrm{ind}_5 13=4,\ \mathrm{ind}_5 14=5,\ \mathrm{ind}_5 15=14,\ \mathrm{ind}_5 16=8$$

定理 4.3.1   设 m 是大于 1 的整数，g 是模 m 的一个原根，a 是一个与 m 互素的整数，

如果整数 r 使得同余式
$$g^r \equiv a \pmod{m}$$
成立，则这个整数 r 满足
$$r \equiv \text{ind}_g a \pmod{\varphi(m)}$$

证 因为 $(a, m)=1$，所以有
$$g^r \equiv a \equiv g^{\text{ind}_g a} \pmod{m}$$
从而
$$g^{r-\text{ind}_g a} \equiv 1 \pmod{m}$$
又因为 g 模 m 的指数是 $\varphi(m)$，根据定理 4.1.1，有
$$\varphi(m) | r - \text{ind}_g a$$
因此
$$r \equiv \text{ind}_g a \pmod{\varphi(m)}$$

推论 4.3.1 设 m 是大于 1 的整数，g 是模 m 的一个原根，a 是一个与 m 互素的整数，则
$$\text{ind}_g 1 \equiv 0 \pmod{\varphi(m)}$$

证 因为
$$g^0 \equiv 1 \pmod{m}$$
根据定理 4.3.1，有
$$\text{ind}_g 1 \equiv 0 \pmod{\varphi(m)}$$

定理 4.3.2 设 m 是大于 1 的整数，g 是模 m 的一个原根，r 是一个整数，满足 $1 \leq r \leq \varphi(m)$，则以 g 为底的对模 m 有相同指标 r 的所有整数全体是模 m 的一个简化剩余类。

证 显然，我们有
$$\text{ind}_g g^r \equiv r, \quad (g^r, m)=1$$
根据指标的定义，整数 a 的指标 $\text{ind}_g a = r$ 的充分必要条件是
$$a \equiv g^r \pmod{m}$$
故以 g 为底对模 m 有同一指标 r 的所有整数都属于 g^r 所在模 m 的一个简化剩余类。

下面证明一个与对数完全相像的指标的性质。

性质 4.3.1 设 m 是大于 1 的整数，g 是模 m 的一个原根，若 $a_1, \cdots, a_n$ 是与 m 互素的 n 个整数，则
$$\text{ind}_g(a_1 \cdots a_n) \equiv \text{ind}_g(a_1) + \cdots + \text{ind}_g(a_n) \pmod{\varphi(m)}, \quad \text{特别地}$$
$$\text{ind}_g(a^n) \equiv n\,\text{ind}_g(a) \pmod{\varphi(m)}$$

证 令 $r_i = \text{ind}_g(a_i)$ $(i=1, \cdots, n)$，根据指标的定义，有
$$a_i \equiv g^{r_i} \pmod{m}, \quad i=1, \cdots, n$$
从而
$$a_1 \cdots a_n \equiv g^{r_1 + \cdots + r_n} \pmod{m}$$

根据定理 4.3.1，得
$$\text{ind}_g(a_1\cdots a_n)\equiv\text{ind}_g(a_1)+\cdots+\text{ind}_g(a_n)(\text{mod }\varphi(m))$$
特别地，对于 $a_1=\cdots=a_n=a$，有
$$\text{ind}_g(a^n)\equiv n\text{ind}_g(a)(\text{mod }\varphi(m))$$

由于指标具有与对数类似的性质，故也可把指标称为离散对数。类似于对数表，可以对模 m 造出以某一原根为底的指标表。

例 4.3.2 作模 41 的指标表。

解 已知 6 是模 41 的原根，直接计算 $g^r(\text{mod }m)$：

$6^{40}\equiv1, 6^1\equiv6, 6^2\equiv36, 6^3\equiv11, 6^4\equiv25, 6^5\equiv27,$
$6^6\equiv39, 6^7\equiv29, 6^8\equiv10, 6^9\equiv19, 6^{10}\equiv32, 6^{11}\equiv28,$
$6^{12}\equiv4, 6^{13}\equiv24, 6^{14}\equiv21, 6^{15}\equiv3, 6^{16}\equiv18, 6^{17}\equiv26,$
$6^{18}\equiv33, 6^{19}\equiv34, 6^{20}\equiv40, 6^{21}\equiv35, 6^{22}\equiv5, 6^{23}\equiv30,$
$6^{24}\equiv16, 6^{25}\equiv14, 6^{26}\equiv2, 6^{27}\equiv12, 6^{28}\equiv31, 6^{29}\equiv22,$
$6^{30}\equiv9, 6^{31}\equiv13, 6^{32}\equiv37, 6^{33}\equiv17, 6^{34}\equiv20, 6^{35}\equiv38,$
$6^{36}\equiv23, 6^{37}\equiv15, 6^{38}\equiv8, 6^{39}\equiv7(\text{mod }41)$

数的指标：第一列表示十位数，第一行表示个位数，交叉位置表示指标所对应的数，见表 4.3.2。

表 4.3.2

	0	1	2	3	4	5	6	7	8	9
0		40	26	15	12	22	1	39	38	30
1	8	3	27	31	25	37	24	33	16	9
2	34	14	29	36	13	4	17	5	11	7
3	23	28	10	18	19	21	2	32	35	6
4	20									

例 4.3.3 分别求整数 $a=28$，18 以 6 为底模 41 的指标。

解 根据模 41 的以原根 $g=6$ 的指标表，我们查找十位数 2 所在的行，个位数 8 所在的列，交叉位置的数 11 就是 $\text{ind}_6 28=11$。而查找十位数 1 所在的行，个位数 8 所在的列，交叉位置的数 16 就是 $\text{ind}_6 18=16$。

下面我们利用指标来考虑同余式
$$x^n\equiv a(\text{mod }m), (a,m)=1 \qquad (4\text{-}3\text{-}1)$$
的求解。首先引进 n 次剩余与 n 次非剩余的概念。

定义 4.3.2 设 m 是大于 1 的整数，$(a,m)=1$，若同余式（4-3-1）有解，则 a 称为对模 m 的一个 n 次剩余，若式（4-3-1）无解，则 a 称为对模 m 的 n 次非剩余。

由指标和一次同余式的性质，很容易得到关于 n 次同余式的如下判定定理：

定理 4.3.3 设 m 是大于 1 的整数，g 是模 m 的一个原根，a 是一个与 m 互素的整数，则同余式
$$x^n\equiv a(\text{mod }m) \qquad (4\text{-}3\text{-}2)$$

有解的充分必要条件是

$$(n, \varphi(m)) | \text{ind } a$$

且在有解的情况下，解数为$(n, \varphi(m))$。

推论 4.3.2 在定理 4.3.3 的假设条件下，a 是模 m 的 n 次剩余的充要条件是

$$a^{\varphi(m)/d} \equiv 1 (\text{mod } m), \quad d=(n, \varphi(m))$$

例 4.3.4 判定同余式

$$x^8 \equiv 23 (\text{mod } 41)$$

是否有解。

解 因为

$$d=(n, \varphi(m))=(8, \varphi(41))=(8, 40)=8$$
$$\text{ind} 23=36$$

又 36 不能被 8 整除，所以同余式无解。

例 4.3.5 判定同余式

$$x^{12} \equiv 37 (\text{mod } 41)$$

是否有解。

解 因为

$$d=(n, \varphi(m))=(12, \varphi(41))=(12, 40)=4$$
$$\text{ind} 37=32$$

又 $4|32$，所以同余式有解。

利用指标表和上述性质，得到如下求解高次剩余的方法：

例 4.3.6 求解同余式

$$x^{12} \equiv 37 (\text{mod } 41)。$$

解 通过查以 6 为底的模 41 的指标表可得 $\text{ind} 37=32$，即 $6^{32} \equiv 37 (\text{mod } 41)$，所以

$$x^{12} \equiv 37 \equiv 6^{32} (\text{mod } 41)$$

令

$$x \equiv 6^y (\text{mod } 41)$$

则有

$$6^{12y} \equiv 6^{32} (\text{mod } 41)$$

根据定理 4.3.1，有

$$12y \equiv 32 (\text{mod } 40)$$

解此一次同余式，得

$$y \equiv 6, 16, 26, 36 (\text{mod } 40)$$

查指标表得原同余式解

$$x \equiv 39, 18, 2, 23 (\text{mod } 41)$$

例 4.3.7 求 5 次同余式 $x^5 \equiv 9 (\text{mod } 41)$ 的解。

解 通过查以 6 为底的模 41 的指标表可得 ind 9=30。令 $x=6^y \pmod{41}$，原同余式就变为

$$6^{5y} \equiv 6^{30} \pmod{41}$$

根据定理 4.3.1 有

$$5y \equiv 30 \pmod{40} \text{ 或 } y \equiv 6 \pmod 8$$

解得

$$y \equiv 6, 14, 22, 30, 38 \pmod{40}$$

因此，原同余式的解为

$$x \equiv 6^6 \equiv 39, \ x \equiv 6^{14} \equiv 21, \ x \equiv 6^{22} \equiv 5$$
$$x \equiv 6^{30} \equiv 9, \ x \equiv 6^{38} \equiv 8 \pmod{41}$$

在本节的最后，我们给出下述定理来揭示指标与指数间的相互联系。

定理 4.3.4 设 m 是大于 1 的整数，g 是模 m 的一个原根，$(a, m)=1$，则 a 对模 m 的指数是

$$e = \frac{\varphi(m)}{(\text{ind } a, \varphi(m))}$$

特别地，a 是模 m 的原根当且仅当

$$(\text{ind } a, \varphi(m))=1$$

证 因为模 m 有原根 g，所以有

$$a = g^{\text{ind } a} \pmod m$$

根据性质 4.1.1（5）可得，a 的指数为

$$\text{ord}_m(a) = \text{ord}(g^{\text{ind } a}) = \frac{\text{ord}_m(g)}{(\text{ord}_m(g), \text{ind } a)} = \frac{\varphi(m)}{(\text{ind } a, \varphi(m))}$$

若 a 是模 m 的原根，则 $\text{ord}_m(a)=\varphi(m)$，故 $(\text{ind } a, \varphi(m))=1$，反之若 $(\text{ind } a, \varphi(m))=1$，则 $\text{ord}_m(a)=\varphi(m)$，即 a 是模 m 的原根。

需要指出的是不论以模 m 的哪个原根为底，定理 4.3.4 的结论都是一样的。

第四节　ELGamal 密码

本节介绍基于离散对数的公钥密码体制——ELGamal 密码。ELGamal 是除了 RSA 密码之外最有代表性的公开密钥密码。RSA 密码建立在大整数因子分解的困难性之上，而 ELGamal 密码建立在求解离散对数的困难性之上。

首先介绍离散对数问题。设 p 为素数，a 为模 p 的原根。a 的模幂运算为

$$y = a^x \bmod p, \ 1 \leqslant x \leqslant p-1$$

则称 x 为以 a 为底的模 p 的离散对数（指标），求解离散对数 x 的运算为

$$x = \text{ind}_a y, \ 1 \leqslant x \leqslant p-1$$

从 x 计算 y 是容易的，至多需要 $2 \times \log_2 p$ 次乘法运算，可是从 y 计算 x 就困难很多，

利用目前最好的算法，对于小心选择的 p 将至少需用 $p^{1/2}$ 次以上的运算，只要 p 足够大，求解离散对数问题是相当困难的，这便是著名的离散对数问题。可见，离散对数问题具有较好的单向性。

由于离散对数问题具有较好的单向性，所以离散对数问题在公钥密码学中得到广泛应用，除了 ELGamal 密码外，Diffie-Hellman 密钥分配协议和美国数字签名标准算法 DSA 等也是建立在离散对数问题之上的。下面介绍 ELGamal 加解密算法。

ELGamal 改进了 Diffie 和 Hellman 的基于离散对数的密钥分配协议，提出了基于离散对数的公开密钥密码。

随机地选择一个大素数 p，且要求 $p-1$ 有大素数因子。再选择一个模 p 的原根 a，将 p 和 a 公开。

（1）密钥生成。用户随机地选择一个整数 d 作为自己的秘密的解密钥，$1 \leq d \leq p-2$，计算 $y \equiv a^d \pmod{p}$，取 y 为自己的公开的加密钥。

由公开密钥计算秘密钥 d，必须求解离散对数，而这是极困难的。

（2）加密。将明文消息 $m(0 \leq m \leq p-1)$ 加密成密文的过程如下：

① 随机地选取一个整数 k，$1 \leq k \leq p-2$。

② 计算

$$c_1 = a^k \pmod{p}, \quad c_2 = my^k \pmod{p}$$

③ 取 (c_1, c_2) 作为密文。

（3）解密。将密文 (c_1, c_2) 解密的过程如下：

计算

$$m = c_2 (c_1^d)^{-1} \pmod{p}$$

读者可自己验证加解密算法的可逆性。

例 4.4.1 设 $p=2579$，取 $a=2$，秘密钥 $d=765$，计算公开钥 $y=2^{765} \bmod 2579=949$。再取明文 $m=1299$，随机数 $k=853$，则 $c_1=2^{853} \pmod{2579}=435$，$c_2=1299 \times 949^{853} \pmod{2579}=2369$。所以密文为 $(c_1, c_2)=(435, 2396)$。解密时计算 $m=2396 \times (435^{765})^{-1} \pmod{2579}=1299$，从而还原出明文。

由于 ELGamal 密码安全性建立在有限域 GF(p) 中求解离散对数的困难之上，而目前尚无求解 GF(p) 中离散对数的有效算法，所以在 p 足够大时 ELGamal 密码是安全的，为了安全，p 应为 150 位以上的十进制数，$p-1$ 应有大素因子。

由于 ELGamal 密码的安全性得到世界公认，所以得到广泛的应用。著名的美国数字签名标准 DSS，就采用了 ELGamal 密码的一种变形。

习　题

1. 计算 2,5,10 模 13 的指数。
2. 计算 3,7,10 模 19 的指数。
3. 设 $m>1$ 是整数，a 是与 m 互素的整数，假如 $\mathrm{ord}_m(a)=st$，则 $\mathrm{ord}_m(a^s)=t$。
4. 证明：若 $\mathrm{ord}_m(a)=\delta$，则 $\delta | \varphi(m)$。

5．设 p 是一个素数，若存在整数 a，它对模数 p 的指数是 l，证明：恰有 $\varphi(l)$ 个对模数 p 两两不同余的整数，它们对模 p 的指数都为 l。

6．求模 81 的原根。

7．问模 47 的原根有多少个？求出模 47 的所有原根。

8．问模 59 的原根有多少个？求出模 59 的所有原根。

9．求模 113 的原根。

10．设 g 是 m 的原根，如果 $(a,m)=1$。证明

（1）$\mathrm{ind}_g g \equiv 1 (\mathrm{mod}\ \varphi(m))$；

（2）$\mathrm{ind}(-1) \equiv \dfrac{\varphi(m)}{2} (\mathrm{mod}\ \varphi(m))$；

（3）设 g_1 也是 m 的一个原根，则 $\mathrm{ind}_g a = \mathrm{ind}_{g_1} a \cdot \mathrm{ind}_g g_1 (\mathrm{mod}\ \varphi(m))$。

11．如果 $(n, \varphi(m))=d$，$(a,m)=1$，证明：在模 m 的一个简化剩余系中，n 次剩余的个数是 $\dfrac{\varphi(m)}{d}$。

12．设 p 是一个奇素数，$\alpha>0$，则有 $\varphi(p^{\alpha})/(\varphi(p^{\alpha}),n)$ 个模数 p^{α} 的 n 次剩余。

13．设 p 是个奇素数，$p \nmid n$，则对所有的 α，当 a 是模数 p 的 n 次剩余时，同余式 $x^n \equiv a(\mathrm{mod}\ p^{\alpha})$ 恰有 $(p-1,n)$ 个解；a 是模数 p 的 n 次非剩余时，该同余式无解。

14．设 p 是一个奇素数，$(k, \varphi(p^{\alpha}))=d$，则 a 是 p^{α} 的 k 次剩余的充分必要条件是 a 是 p^{α} 的 d 次剩余。

15．求解同余式
$$x^{22} \equiv 5 (\mathrm{mod}\ 41)$$

16．求解同余式
$$x^{22} \equiv 29 (\mathrm{mod}\ 41)$$

第五章 素 性 检 验

在诸多密码学算法中，为了保证算法的安全性都需要足够大的素数，例如，在椭圆曲线密码体制 ECC 中一般需要 48 位以上的素数；在 RSA 公钥密码系统中需要 160 位以上的素数；在 ELGamal 公钥密码系统中需要 300 位以上的素数，因此如何快速找出足够大的素数是一个很重要和关键的问题。

目前，寻找素数主要通过素性检验算法来实现。素性检验算法分为确定性检验算法和概率性检验算法两种。前者可以肯定地判断被检验数是否为素数，如第一章的厄拉多塞筛法以及第一节所介绍的两种算法；后者是指判定正确的概率非常大，即如果一个数判断为素数，则它是合数的概率小于一个提前给定的小数。在实际应用中广泛使用的是概率性检验算法，它也是本章介绍的重点。

第一节　AKS 素性检验和莱梅判别法

由于本节介绍的两种确定性检验算法使用频率不高，同时它们的证明对于非数学工作者而言有些困难，故本书从略，有兴趣的读者可参考相关书籍。

定理 5.1.1（Manindra Agrawal，Neeraj Kaval，Nitin Saxena） 设 n 是一个正整数，q 和 r 是素数，S 是有限整数集合，假设

（1）q 整除 $r-1$。

（2）$n^{(r-1)/q} (\bmod r) \notin \{0,1\}$。

（3）$(n, b-b')=1$ 对所有不同的 $b, b' \in S$。

（4）$\binom{q+\#S-1}{\#S} \geqslant n^{[\sqrt{r}]}$，其中 # 表示 S 中元素的个数。

（5）在环 $Z/nZ[x]$ 中，对所有的 $b \in S$，都有
$$(x+b)^n \equiv x^n + b (\bmod x^r - 1)$$

则 n 是一个素数的幂。

定理 5.1.2 莱梅判别法：

设正奇数 $p>1$，$p-1=\prod_{i=1}^{s} p_i^{\alpha_i}$，$2=p_1<p_2<\cdots<p_s$，$p_i$ 为素数。如果对每个 p_i，都有 a_i，满足 $a_i^{\frac{p-1}{p_i}} \not\equiv 1 (\bmod p)$ 和 $a_i^{p-1} \equiv 1 (\bmod p)$（$i=1, \cdots, s$），则 p 为素数。

例 5.1.1 用莱梅判别法证明 37 是素数。

$p-1=36=2^2 \times 3^2$，取 $a_1=2$，$a_1^{(37-1)} \equiv 1 (\bmod 37)$，$a_1^{(37-1)/2} \equiv -1 \not\equiv 1 (\bmod 37)$，

取 $a_2=3$，$a_2^{(37-1)} \equiv 1 (\bmod 37)$，$a_2^{(37-1)/3} \equiv -1 \not\equiv 1 (\bmod 37)$，由莱梅判别法可知 37 是素数。

从上述结论的描述不难看出，虽然确定性检验算法可准确地判断一个数是否为素数，

但它不适用于处理足够大的素数，因此本章后续介绍的概率性检验算法在实际应用中有着不可替代的地位。

第二节 Fermat 素性检验

Fermat 素性检验算法是基于费马小定理提出的。16 世纪，费马证明了：如果 n 是一个素数，则对任意整数 b，有

$$b^{n-1} \equiv 1 (\bmod n)$$

由此立得，如果有一个整数 $b,(b,n)=1$ 使得

$$b^{n-1} \not\equiv 1 (\bmod n)$$

则 n 是一个合数。

上述说法的否定说法是不正确的，例如取 $b=2$，虽然 $2^{340} \equiv 1 (\bmod 341)$，但 $341=11 \cdot 13$。事实上，这样的反例有很多，如 $3^{90} \equiv 1 (\bmod 91)$，但 $91=7 \cdot 13$，$4^{14} \equiv 1 (\bmod 15)$，但 $15=3 \cdot 5$ 等等。尽管存在着反例，但对于一整数 b，当 $(b,n)=1$ 且满足 $b^{n-1} \equiv 1 (\bmod n)$ 时，n 更可能是一个素数（可由下述性质 5.2.1（4）得出），这是 Fermat 素性检验算法的核心思想。

定义 5.2.1 设 n 是一个奇合数，如果整数 $b,(b,n)=1$ 使得同余式

$$b^{n-1} \equiv 1 (\bmod n) \tag{5-2-1}$$

成立，则 n 称为对于基 b 的拟素数。

由上述定义可知，对于一整数 b，当 $(b,n)=1$ 且满足 $b^{n-1} \equiv 1 (\bmod n)$ 时，则 n 是素数或者是对于基 b 的拟素数，此时我们说明 n 为素数等价于说明 n 不是拟素数。此外需要指出的是，对每一个整数 $b>1$，均有无限多个对于基 b 的拟素数。

例 5.2.1 整数 63 是对于基 $b=8$ 的拟素数。

例 5.2.2 整数 $341=11 \cdot 31$，$561=3 \cdot 11 \cdot 17$，$645=3 \cdot 5 \cdot 43$ 都是对于基 $b=2$ 的拟素数，因为

$$2^{341} \equiv 1 (\bmod 341), \quad 2^{560} \equiv 1 (\bmod 561), \quad 2^{644} \equiv 1 (\bmod 645)$$

接下来给出有关拟素数的一些性质。

性质 5.2.1 设 n 是一个奇合数，则

（1）n 是对于基 $b,((b,n)=1)$ 的拟素数当且仅当 b 模 n 的指数能整除 $n-1$。

（2）如果 n 是对于基 $b_1((b_1,n)=1)$ 和基 $b_2((b_2,n)=1)$ 的拟素数，则 n 是对于基 b_1b_2 的拟素数。

（3）如果 n 是对于基 $b((b,n)=1)$ 的拟素数，则 n 是对于基 b^{-1} 的拟素数。

（4）如果有一个整数 $b,(b,n)=1$，使得同余式（5-2-1）不成立，则模 n 的简化剩余系中至少有一半的数使得同余式（5-2-1）不成立。

证 （1）如果 n 是对于基 b 的拟素数，则有

$$b^{n-1} \equiv 1 (\bmod n)$$

根据定理 4.1.1，有 $\text{ord}_n(b)|n-1$。反过来，如果 $\text{ord}_n(b)|n-1$，则存在整数 q 使得 $n-1=\text{ord}_n(b)q$。因此，有

$$b^{n-1} \equiv (b^{\text{ord}_n(b)})^q \equiv 1 \pmod{n}$$

(2)因为 n 是对于基 b_1 和基 b_2 的拟素数，所以有
$$b_1^{n-1} \equiv 1, \quad b_2^{n-1} \equiv 1 \pmod{n}$$

从而，
$$(b_1 b_2)^{n-1} \equiv b_1^{n-1} b_2^{n-1} \equiv 1 \pmod{n}$$

故 n 是对于基 $b_1 b_2$ 的拟素数。

(3)因为 n 是对于基 b 的拟素数，所以有
$$b^{n-1} \equiv 1 \pmod{n}$$

从而，
$$(b^{-1})^{n-1} \equiv (b^{n-1})^{-1} \equiv 1 \pmod{n}$$

故 n 是对于基 $b-1$ 的拟素数。

(4)设 $b_1, \cdots, b_s, b_{s+1}, \cdots, b_{\varphi(n)}$ 是模 n 的简化剩余系，其中前 s 个数使得同余式（5-2-1）成立，后 $\varphi(n)-s$ 个数使得同余式（5-2-1）不成立。根据假设条件，存在一个整数 $b, (b,n)=1$，使得同余式（5-2-1）不成立，就有 s 个模 n 不同简化剩余 $bb_1, \cdots, bb_s$ 使得同余式（5-2-1）不成立，因此，$s \leqslant \varphi(n)-s$，或者 $\varphi(n)-s \geqslant \varphi(n)/2$，这就是说，模 n 的简化剩余系中至少有一半的数使得同余式（5-2-1）不成立，证毕。

性质 5.2.1（4）表明：对于随机选取的整数 $b, (b,n)=1$，若 n 是一个合数，则通过判断相应的同余式（5-2-1）是否成立，每次均有 50%以上的机会来得出正确的判断。也就是说，对于随机选取的整数 $b, (b,n)=1$，当同余式（5-2-1）成立时，n 是合数的可能性小于或等于 50%。

假设一个盒子内有 N 个大小相同的球，球分红绿两色且绿球的个数不多于红球的个数，则每次从盒子中随机取到绿球的概率小于或等于 $1/2$，连续 k 次取到绿球的概率小于或等于 $1/2^k$。基于这样的思路，下面给出判断一个大奇整数 n 为素数的方法：

(1)随机选取整数 $b_1, 0<b_1<n$，利用广义欧几里得除法计算 b_1 和 n 的最大公因数 $d_1=(b_1,n)$。

(2)如果 $d_1>1$，则 n 不是素数；如果 $d_1=1$，则计算 $b_1^{n-1} \pmod{n}$，看看同余式（5-2-1）是否成立：如果不成立，则 n 不是素数；如果成立，则 n 是合数的可能性小于 $1/2$，或者说 n 是素数的可能性大于 $1-\dfrac{1}{2}$。

再重复上述步骤：

(1)随机选取整数 $b_2, 0<b_2<n$，利用广义欧几里得除法计算 b_2 和 n 的最大公因数 $d_2=(b_2,n)$。

(2)如果 $d_2>1$，则 n 不是素数；如果 $d_2=1$，则计算 $b_2^{n-1} \pmod{n}$，看看同余式（5-2-1）是否成立：如果不成立，则 n 不是素数；如果成立，则 n 是合数的可能性小于 $\dfrac{1}{2^2}$，或者说 n 是素数的可能性大于 $1-\dfrac{1}{2^2}$。

类似地，继续重复上述步骤，$\cdots$，直至设定的第 t 步。上述过程也可简单归纳为 Fermat 素性检验。

给定奇整数 $n \geq 3$ 和安全参数 t：

（1）随机选取整数 b，$2 \leq b \leq n-2$。
（2）计算 $g=(b, n)$，如果 $g \neq 1$，则 n 为合数。
（3）计算 $r=b^{(n-1)/2}(\mod n)$。
（4）如果 $r \neq 1$，则 n 是合数。
（5）如果不是上述情况，则 n 可能为素数。
（6）上述过程重复 t 次。如果每次都得到 n 可能为素数，则 n 为素数的概率大于 $1-\dfrac{1}{2^t}$。

在判别过程当中，人们发现存在使得 Fermat 素性检验算法无效的整数，即存在合数 n，对任意的正整数 b，若 $(b,n)=1$，则 n 都是底为 b 的拟素数，这样的数被称为卡米歇尔（Carmichael）数。事实上，存在无穷多个 Carmichael 数，且每个 Carmichael 数是至少 3 个不同素数的乘积。关于 Carmichael 数的判定，我们不加证明地给出下述结论。

定理 5.2.1 设 n 是一个奇合数。
（1）如果 n 是一个大于 1 的平方数，则 n 不是 Carmichael 数。
（2）如果 $n=p_1 \cdots p_k$ 是一个无平方数，则 n 是 Carmichael 数的充要条件是
$$p_i-1 | n-1 \quad (1 \leq i \leq k)$$

例 5.2.3 整数 $2821=7 \cdot 13 \cdot 31$ 是一个 Carmichael 数。

证 如果 $(b, 2821)=1$，则 $(b, 7)=(b, 13)=(b, 31)=1$，根据 Euler 定理，有
$$b^6 \equiv 1(\mod 7), \quad b^{12} \equiv 1(\mod 13), \quad b^{30} \equiv 1(\mod 31)$$
从而，
$$b^{2820} \equiv (b^6)^{470} \equiv 1(\mod 7)$$
$$b^{2820} \equiv (b^{12})^{235} \equiv 1(\mod 13)$$
$$b^{2820} \equiv (b^{30})^{94} \equiv 1(\mod 31)$$
因此，有
$$b^{2820} \equiv 1(\mod 2821)$$

第三节 Solovay-Stassen 素性检验

设 n 是奇素数，由定理 3.2.1 有同余式
$$b^{(n-1)/2} \equiv \left(\dfrac{b}{n}\right)(\mod n)$$
对任意整数 b 成立。因此，如果存在整数 b，$(b, n)=1$，使得
$$b^{(n-1)/2} \not\equiv \left(\dfrac{b}{n}\right)(\mod n)$$
则 n 不是一个奇素数。

例 5.3.1 设 $n=403$，$b=2$，分别计算得到：
$$2^{201} \equiv 1(\mod 403)$$
以及

$$\left(\frac{2}{403}\right)=(-1)^{(403^2-1)/8}=-1$$

因为

$$2^{201} \not\equiv \left(\frac{2}{403}\right) \pmod{403}$$

所以 403 不是一个素数。事实上，403=31·13。

定义 5.3.1 设 n 是一个正奇合数，设整数 b 与 n 互素，如果整数 n 和 b 满足条件：

$$b^{(n-1)/2} \equiv \left(\frac{b}{n}\right) \pmod{n} \qquad (5\text{-}3\text{-}1)$$

则 n 称为对于基 b 的 Euler 拟素数。

例 5.3.2 设 $n=561$，$b=2$，我们分别计算得到：

$$2^{280} \equiv 1 \pmod{561}$$

以及

$$\left(\frac{2}{561}\right)=(-1)^{(561^2-1)/8}=1$$

因为

$$2^{280} \equiv \left(\frac{2}{561}\right) \pmod{561}$$

所以 561 是一个对于基 2 的 Euler 拟素数。

定理 5.3.1 如果 n 是对于基 b 的 Euler 拟素数，则 n 是对于基 b 的拟素数。

证 设 n 是对于基 b 的 Euler 拟素数，则

$$b^{(n-1)/2} \equiv \left(\frac{b}{n}\right) \pmod{n}$$

上式两端平方，并注意到 $\left(\frac{b}{n}\right) \equiv \pm 1 \pmod{n}$，有

$$b^{n-1} \equiv (b^{(n-1)/2})^2 \equiv \left(\frac{b}{n}\right)^2 \equiv 1 \pmod{n}$$

因此，n 是对于基 b 的拟素数。

性质 5.3.1 设 n 是一个奇合数，则模 n 的简化剩余系中至少有一半的数使得同余式（5-3-1）不成立。

Solovay-Stassen 素性检验

给定奇整数 $n \geq 3$ 和安全参数 t：

（1）随机选取整数 b，$2 \leq b \leq n-2$。

（2）计算 $g=(b, n)$，如果 $g \neq 1$，则 n 为合数。

（3）计算 $r=b^{(n-1)/2} \pmod{n}$。

（4）如果 $r \neq 1$ 以及 $r \neq n-1$，则 n 是合数。

（5）计算 Jacobi 符号 $s=\left(\frac{b}{n}\right)$。

（6）如果 $r \not\equiv s \pmod{n}$，则 n 是合数。

（7）如果不是上述情况，则 n 可能为素数。

（8）上述过程重复 t 次。如果每次得到 n 可能为素数，则 n 为素数的概率大于 $1-\dfrac{1}{2^t}$。

第四节 Miller-Rabin 素性检验

设 n 是正奇素数，并且有 $n-1=2^s t$，则有如下因数分解式：
$$b^{n-1}-1=(b^{2^{s-1}t}+1)(b^{2^{s-2}t}+1)\cdots(b^t+1)(b^t-1)$$
因此，如果有同余式
$$b^{n-1}\equiv 1(\bmod n)$$
则如下同余式至少有一个成立：
$$b^t\equiv 1(\bmod n)$$
$$b^t\equiv -1(\bmod n)$$
$$b^{2t}\equiv -1(\bmod n)$$
$$\vdots$$
$$b^{2^{s-1}t}\equiv -1(\bmod n)$$

定义 5.4.1 设 n 是一个奇合数，且有表示式 $n-1=2^s t$，其中 t 为奇数，设整数 b 与 n 互素，如果整数 n 和 b 满足条件：
$$b^t\equiv 1(\bmod n)$$
或者存在一个整数 r，$0\leqslant r<s$ 使得
$$b^{2^r t}\equiv -1(\bmod n)$$
则 n 称为对于基 b 的强拟素数。

我们不加证明地指出如果 n 是对于基 b 的强拟素数，则 n 是对于基 b 的 Euler 拟素数。而且若 n 是一个奇合数，则 n 是对于基 b，$1\leqslant b\leqslant n-1$ 的强拟素数的可能性至多为 25%。

例 5.4.1 整数 $n=2047=23\cdot 89$ 是对于基 $b=2$ 的强拟素数。

证 因为 $n-1=2046=2^1\cdot(11\times 93)$，$s=1$，$t=11\times 93$，
$$2^t\equiv(2^{11})^{93}\equiv(2048)^{93}\equiv 1(\bmod 2047)$$
所以整数 2047 是对于基 $b=2$ 的强拟素数。

事实上存在无穷多个对于基 2 的强拟素数。

Miller-Rabin 素性检验

给定奇整数 $n\geqslant 3$ 和安全参数 k。写 $n-1=2^s t$，其中 t 为奇整数：

（1）随机选取整数 b，$2\leqslant b\leqslant n-2$。

（2）计算 $r_0=b^t(\bmod n)$。

（3）(i) 如果 $r_0=1$ 或 $r_0=n-1$，则通过检验，可能为素数，回到 1，继续选取另一个随机整数 b，$2\leqslant b\leqslant n-2$；(ii) 否则，有 $r_0\neq 1$ 以及 $r_0\neq n-1$，计算 $r_1=r_0^2(\bmod n)$。

（4）(i) 如果 $r_1=n-1$，则通过检验，可能为素数，回到 1，继续选取另一个随机整数

b,$2 \leqslant b \leqslant n-2$;(ii)否则,有 $r_1 \neq n-1$,计算 $r_2 = r_1^2 \pmod{n}$。

如此继续下去,($s+2$)(i)如果 $r_{s-1}=n-1$,则通过检验,可能为素数,回到 1,继续选取另一个随机整数 b,$2 \leqslant b \leqslant n-2$;(ii)否则有 $r_{s-1} \neq n-1$,n 为合数。

至此,我们介绍了 3 种不同的概率性检验算法,这只是素性检验中很少的一部分,用到的知识限于前面所学内容,有些较为复杂的以及用到知识较多的均未作介绍。

习　题

1. 证明:91 是对于基 3 的拟素数。
2. 利用 Miller-Rabin 判别法判别 $n=277$ 可能为素数,并指出其可能性的概率。
3. 证明:589 是合数。
4. 利用 Solovay-Stassen 判别法判别下列整数可能为素数,并指出其可能性的概率:
   (1)3511;(2)3457。
5. 证明:$561=3 \cdot 11 \cdot 17$ 是 Carmichael 数。
6. 证明:$27845=5 \cdot 17 \cdot 29 \cdot 113$ 是 Carmichael 数。
7. 证明:25 是基于 7 的强拟素数。
8. 证明:1373653 是基于 2 和 3 的强拟素数。
9. 证明:整数 1105 是对于基 2 的 Euler 拟素数。
10. 利用费马概率判别法判别 $n=3089$ 可能为素数,并指出其可能性的概率。

第六章 群

众所周知，群、环、域等代数系统是抽象代数研究的基本对象，许多密码算法都是以一些特定的代数系统为基础建立的，例如高级加密标准 AES 和椭圆曲线加密算法。群作为抽象代数中最基本的代数系统，是学习后续内容的必备知识。本章我们将介绍群的相关概念和性质，以及一些特殊群类。

第一节 群和子群

在引出群的定义之前，我们先考虑整数集合和其上定义的加法运算构成的系统 $(Z, +)$，满足以下特性：任意两个整数相加，运算结果仍为整数；整数的加法满足结合律；整数集合中存在特殊的元素 0，与任意整数相加，结果仍为该整数本身；对于任意整数 a，都存在 $-a$，使得 $a+(-a)=0$。$(Z, +)$ 就构成了一个群的结构，将 $(Z, +)$ 进行抽象化，即可得到群的通用定义。我们需要先给出一些基本的概念。

定义 6.1.1 设 S 是一个非空集合，那么映射 $f: S \times S \to S$ 称为 S 上的代数（二元）运算。

这个运算一般被称为乘法，元素对 (a, b) 的像称为 a 与 b 的乘积，记为 $a \otimes b$ 或 ab。此外，我们也常把这个代数运算称为加法，元素对 (a, b) 的像称为 a 与 b 的和，记成 $a \oplus b$ 或 $a+b$。

例 6.1.1 （1）在自然数集 $N=\{1, 2, \cdots, n, \cdots\}$ 中，$f: N \times N \to N$，$f((x, y))=x+y$ 就是自然数集 N 上的二元运算，它实际上就是通常意义下的加法运算。但需要注意的是普通的减法运算不是自然数集合上的二元运算，因为两个自然数相减可能是负数，不满足封闭性。

（2）非零实数集 $R^*=R\setminus\{0\}$ 上的乘法和除法都是 R^* 上的二元运算，但加法和减法不是。

定义 6.1.2 设 S 是一个定义了代数运算的非空集合，

（1）如果对 S 中的任意元素 a, b, c，都有

$$(ab)c=a(bc)$$

则称该代数运算满足结合律。

（2）如果对 S 中的任意元素 a, b，都有

$$ba=ab$$

则称该代数运算满足交换律。

（3）如果对 S 中的任意元素 a、x、x'、y、y'，都有

当 $ax=ax'$ 时，$x=x'$

当 $ya=y'a$ 时，$y=y'$

则称该代数运算满足消去律。

例 6.1.2　在自然数集 N 中，通常意义下的加法和乘法都满足结合律，交换律和消去律。

定义 6.1.3　设 S 是一个定义了代数运算的非空集合，

（1）如果 S 中有一个元素 e 使得

$$ea=ae=a$$

对 S 中所有元素 a 都成立，则称该元素 e 为 S 中的单位元。

（2）对于元素 $a \in S$，如果 S 中存在一个元素 a' 使得

$$aa'=a'a=e$$

则称该元素 a 为 S 中的可逆元，a' 称为 a 的逆元。

当 S 的代数运算写作加法时，上述 e 称为 S 中的零元，通常记作 0，相应的 a' 称为元素 a 的负元。一般而言，a 的逆元记为 a^{-1}，a 的负元记为 $-a$。

由上面的定义，有

性质 6.1.1　设 S 是一个定义了代数运算的非空集合，则 S 中的单位元 e 是唯一的。

性质 6.1.2　设 S 是一个定义了代数运算的非空集合，若该代数运算满足结合律且 S 中存在单位元，则对 S 中任意可逆元 a，其逆元 a' 是唯一的。

证　设 a' 到 a'' 都是 a 的逆元，即

$$aa'=a'a=e,\ aa''=a''a=e$$

分别根据 a' 和 a'' 为 a 的逆元及结合律，得到

$$a'=a'e=a'(aa'')=(a'a)a''=ea''=a''$$

因此，a 的逆元 a' 是唯一的，证毕。

至此，我们可以给出群的定义。

定义 6.1.4　设 G 是一个定义了代数运算的非空集合，如果它满足如下 3 个条件：

（1）G 上代数运算满足结合律，即对任意的 $a, b, c \in G$，都有

$$(ab)c=a(bc)$$

（2）G 中存在单位元，即存在一个元素 $e \in G$，使得对任意的 $a \in G$，都有

$$ae=ea=a$$

（3）G 中每一个元素都有逆元，即对任意的 $a \in G$，都存在 $a' \in G$，使得

$$aa'=a'a=e$$

那么，G 称为一个群。

如果 G 满足条件（1），则称 G 为半群；如果 G 满足条件（1）、（2），则称 G 为幺半群。特别地，如果群 G 中的代数运算还满足交换律，那么，G 称为一个交换群或阿贝尔（AbeL）群。

当 G 的代数运算写作乘法时，G 称为乘群；当 G 的代数运算写作加法时，G 称为加群。

群 G 的元素个数称为群 G 的阶，记为 $|G|$。当 $|G|$ 为有限数时，G 称为有限群，否则，G 称为无限群。

例 6.1.3 $(Z, +)$ 是交换加群，Z 为整数集，"+" 为通常意义下的加法，有结合律、交换律和零元 0，并且每个元素 a 有负元 $-a$。同理 $(Q, +)$，$(R, +)$，$(C, +)$ 也是交换加群，其中 Q 为有理数集，R 为实数集，C 为复数集。这些群都是无限群。

例 6.1.4 非零有理数集 $Q^*=Q\setminus\{0\}$，非零实数集 $R^*=R\setminus\{0\}$ 和非零复数集 $C^*=C\setminus\{0\}$ 对于通常意义下的乘法有结合律，交换律和单位元 1，并且每个元素 a 都有逆元 $a^{-1}=\dfrac{1}{a}$，因此，$(Q^*, \times)$，$(R^*, \times)$ 和 $(C^*, \times)$ 都是交换乘群。

例 6.1.5 集合
$$Z(\sqrt{7})=\{a+b\sqrt{7}\,|\,a, b\in Z\}$$
关于加法运算
$$(a+b\sqrt{7})\oplus(c+d\sqrt{7})=(a+c)+(b+d)\sqrt{7}$$
有结合律、交换律和零元 0，并且每个元素 $a+b\sqrt{7}$ 都有负元 $(-a)+(-b)\sqrt{7}$，因此 $Z(\sqrt{7})$ 构成一个交换加群。

但关于乘法运算
$$(a+b\sqrt{7})\otimes(c+d\sqrt{7})=(ac+7bd)+(bc+ad)\sqrt{7}$$
有结合律、交换律和单位元 1，然而不是每个元素 $a+b\sqrt{7}$ 都有逆元，例如，2 无逆元，因此 $Z(\sqrt{7})$ 不构成一个乘群。

例 6.1.6 设 n 是一个正整数，$Z/nZ=\{0, 1, 2, \cdots, n-1\}$，则集合 Z/nZ 对于加法
$$a\oplus b=(a+b)(\bmod n)$$
构成一个交换加群，其中 $a(\bmod n)$ 是整数 a 模 n 的最小非负剩余。这里零元是 0，a 的负元是 $(n-a)\bmod n$。

例 6.1.7 设 p 是一个素数，$F_p=Z/pZ$ 是模 p 的最小非负完全剩余，设 $F_p^*=F_p\setminus\{0\}$，则集合 F_p^* 对于乘法
$$a\otimes b=(a\cdot b(\bmod p))$$
构成一个交换乘群。这里单位元是 1，a 的逆元是 $(a^{-1}(\bmod p))$。

例 6.1.8 设 n 一个合数，则集合 $Z/nZ\setminus\{0\}$ 对于乘法
$$a\otimes b=(a\cdot b(\bmod n))$$
不构成一个乘群，这是因为当 $d\in Z/nZ\setminus\{0\}$，且 $(d, n)\neq 1$ 时，d 的逆元不存在。

例 6.1.9 设 n 是一个合数，设 $(Z/nZ)^*=\{a\,|\,a\in Z/nZ, (a, n)=1\}$，则集合 $(Z/nZ)^*$ 对于乘法
$$a\otimes b=(a\cdot b(\bmod n))$$
构成一个交换乘群。这里单位元是 1，a 的逆元是 $(a^{-1}(\bmod n))$。

为了定义群中元素的阶，我们引入幂次的概念。设 $a_1, a_2, \cdots, a_{n-1}, a_n$ 是群 G 中的 n 个元素，通常归纳地定义这 n 个元素的乘积为
$$a_1a_2\cdots a_{n-1}a_n=(a_1a_2\cdots a_{n-1})a_n$$
当 G 的代数运算称为加法时，类似定义这 n 个元素的和为
$$a_1+a_2+\cdots+a_{n-1}+a_n=(a_1+a_2+\cdots+a_{n-1})+a_n$$

由上述定义，不难验证对任意的 $1\leq i_1<\cdots<i_k<n$，有

$$(a_1\cdots a_{i_1})\cdots(a_{i_k+1}\cdots a_n)=a_1a_2\cdots a_{n-1}a_n$$

于是，显然有

性质 6.1.3　设 $a_1, a_2, \cdots, a_{n-1}, a_n$ 是交换群 G 中的任意 $n\geqslant 2$ 个元素，则对 $1, 2, \cdots, n$ 的任一排列 $i_1, i_2, \cdots, i_n$，有

$$a_{i_1}a_{i_2}\cdots a_{i_n}=a_1a_2\cdots a_n$$

设 n 是正整数，如果 $a_1=a_2=\cdots=a_n=a$，则记 $a_1a_2\cdots a_n=a^n$，称之为 a 的 n 次幂，特别地，定义 $a^0=e$ 为单位元，$a^{-n}=(a^{-1})^n$ 为逆元 a^{-1} 的 n 次幂。

由群的结合律可以看到，当 a 是群 G 中的任意元，则对任意的整数 m, n，有

$$a^ma^n=a^{m+n}, \quad (a^m)^n=a^{mn}$$

有了上面的讨论便可引入元素阶的概念：

定义 6.1.5　设 e 是群 G 的单位元，对于元素 $a\in G$，若 $\forall k\in N$，$a^k\neq e$，则称 a 的阶为无穷大，记作 $|a|=\infty$；若 $\exists k\in N$ 使得 $a^k=e$，则称 $\min\{k|k\in N, a^k=e\}$ 为 a 的阶。如果 a 的阶是 n，则记作 $|a|=n$。

思考：群的阶与群中元素的阶有何联系？

对于群这样一个代数系统，它有子群的概念。

定义 6.1.6　设 H 是群 G 的一个非空子集合，如果对于群 G 的代数运算，H 成为一个群，那么 H 称为群 G 的子群，记作 $H\leqslant G$。

$H=\{e\}$ 和 $H=G$ 都是群 G 的子群，称为群 G 的平凡子群，如果 H 不是群 G 的平凡子群，则 H 称为群 G 的真子群。

例 6.1.10　设 n 是一个正整数，则 $nZ=\{nk|k\in Z\}$ 是 Z 的子群。

如果按照群的定义来判定一个子集是否构成一个子群稍显繁琐，于是我们给出一个较为简便的判断方法。

定理 6.1.1　设 H 是群 G 的一个非空子集合，则 H 是 G 子群的充要条件是：对任意的 $a, b\in H$，有 $ab^{-1}\in H$。

证　必要性是显然的，我们来证充分性。因为 H 非空，所以 H 中有元素 a，根据假设，有 $e=aa^{-1}\in H$。因此，H 中有单位元，对于 $e\in H$ 及任意 a，再应用假设，我们有 $a^{-1}=ea^{-1}\in H$，即 H 中每个元素 a 在 H 中有逆元。对任意 $a, b\in H$，由 $ab=a(b^{-1})^{-1}\in H$，知 H 对乘法运算封闭，因此，H 是群 G 的子群，证毕。

一般情况下，讨论子群是为了通过子群的特征对群进行划分与分类，从而进一步研究群的性质。由例 6.1.6 和例 6.1.10 可以看到，nZ 是 Z 的一个子群，然后基于子群 nZ 我们可以在模 n 加法下定义一个新的群 Z/nZ。事实上，群 Z/nZ 是在模 n 同余的意义下对群 Z 中的元素进行了分类。

下面我们引入陪集的概念，并借其对群进行划分。

定义 6.1.7　设 H 是群 G 的子群，a 是 G 中任意元，那么集合 $aH=\{ah|h\in H\}$（对应地，$Ha=\{ha|h\in H\}$）称为 G 中 H 的左（右）陪集。aH（对应地，Ha）中的元素称为 aH（对应地，Ha）的代表元。如果 $aH=Ha$，aH 称为 G 中 H 的陪集。

例 6.1.11　设 $n>1$ 是整数，则 $H=nZ$ 是 Z 的子群，子集

$$a+nZ=\{a+nk|k\in Z\}$$

就是 nZ 的陪集，这个陪集就是模 n 的剩余类。

关于陪集，我们不加证明地给出下述基本性质：

性质 6.1.4 设 H 是群 G 的子群，则

（1）对任意 $a\in G$，有 $aH=\{c|c\in G, c^{-1}a\in H\}$（对应地，$Ha=\{c|c\in G, ac^{-1}\in H\}$）；

（2）对任意 $a,b\in G$，$aH=bH$ 的充要条件是 $b^{-1}a\in H$（对应地，$Ha=Hb$ 的充要条件是 $ab^{-1}\in H$）；

（3）对任意 $a,b\in G$，$aH\cap bH=\varnothing$ 的充要条件是 $b^{-1}a\notin H$（对应地，$Ha\cap Hb=\varnothing$ 的充要条件是 $ab^{-1}\notin H$）；

（4）对任意 $a\in H$，有 $aH=H=Ha$。

推论 6.1.1 设 H 是群 G 的子群，则群 G 可以表示为不相交的左（对应右）陪集的并集。

定义 6.1.8 设 $H\leqslant G$，把 H 在 G 中不同左（或右）陪集的个数称为 H 在 G 中的指标：记为 $[G:H]$。

定理 6.1.2（拉格朗日（Lagrange）定理） 设 $H\leqslant G$，则

$$|G|=[G:H]|H|$$

更进一步，如果 K、H 是群 G 的子群，且 $K\leqslant H$，则

$$[G:K]=[G:H][H:K]$$

如果其中两个指标是有限的，则第三个指标也是有限的。

具体证明略去，请读者参考相关书籍。

第二节 同态和同构

在前面的例题中，我们已经认识到了各种各样的群，那么如何辨认哪些群在本质上是一样的，哪些群在本质上是不同的？对于本质上一样的群，我们只需要研究其中一个比较熟悉的群就可以起到事半功倍的效果。此外，对于世界中有多少个本质上不同的群也是数学上比较受关注的问题之一。

两个群关系的判断，我们通常会利用到两种特殊的映射——同态映射和同构映射。本节就来简单地介绍一下。

在讨论同态和同构之前，先回顾一下映射的概念。

定义 6.2.1 设 G，G' 是两个集合，f 是 G 到 G' 的一个对应关系，如果对于任意的 $a\in G$，都有

$$b=f(a)\in G'$$

与之对应。那么 f 称为 G 到 G' 的一个映射，b 称为 a 在 f 下的像，而 a 称为 b 在 f 下一个原像。

例 6.2.1（1）设集合 $A=\{1,2,3,4\}$，$B=\{3,5,7,9\}$，则对应关系 $f(x)=2x+1$ 是 A 到 B 的一个映射。

（2）设集合 $A=B=R$，则对应关系 $f(x)=x^3$ 是 A 到 B 的一个映射。

定义 6.2.2　设 G，G' 是两个群，f 是 G 到 G' 的一个映射，如果对任意的 $a, b \in G$，都有

$$f(ab)=f(a)f(b)$$

那么，f 称为 G 到 G' 的一个同态映射，简称同态。

如果 f 是单射，则称 f 为单同态；如果 f 是满射，则称 f 为满同态，如果 f 是一一映射(双射)，则称 f 为同构。

当 $G=G'$ 时，同态 f 称为自同态，同构 f 称为自同构。

定义 6.2.3　设 G，G' 是两个群，称 G 与 G' 是同构的，如果存在一个 G 到 G' 的同构映射，记作 $G \cong G'$。

性质 6.2.1　设 f 是群 G 到群 G' 的一个同态，则

（1）$f(e)=e'$，即同态将单位元映到单位元。

（2）对任意 $a \in G$，$f(a^{-1})=f(a)^{-1}$。

（3）$\ker f=\{a|a \in G, f(a)=e'\}$ 是 G 的子群，且 f 是单同态的充要条件是 $\ker f=e$。

（4）设 H' 是群 G' 的子群，则集合 $f^{-1}(H')=\{a \in G|f(a) \in H'\}$ 是 G 的子群。

证　（1）因为 $f(e)^2=f(e^2)=f(e)$，此式两端同乘 $f(e)^{-1}$，得到 $f(e)=e'$。

（2）因为 $f(a^{-1})f(a)=f(a^{-1}a)=f(e)=e'$，$f(a)f(a^{-1})=f(aa^{-1})=e'$，所以 $f(a^{-1})=f(a)^{-1}$。

（3）因为 $f(e)=e'$，故 $e \in \ker f$，即 $\ker f \neq \varnothing$，对任意 $a, b \in \ker f$，有 $f(a)=e'$，$f(b)=e'$，从而，

$$f(ab^{-1})=f(a)f(b^{-1})=f(a)f(b)^{-1}=e'$$

因此，$ab^{-1} \in \ker f$。根据定理 6.1.1，$\ker f$ 是 G 的子群。若 f 是单同态，则满足 $f(a)=e'=f(e)$ 的元素只有 $a=e$，因此，$\ker(f)=\{e\}$。

反过来，设 $\ker(f)=\{e\}$，则对任意的 $a, b \in G$，使得 $f(a)=f(b)$，有

$$f(ab^{-1})=f(a)f(b^{-1})=f(a)f(b)^{-1}=e'$$

这说明，$ab^{-1} \in \ker(f)=\{e\}$ 或 $a=b$，因此，f 是单同态。

（4）对任意 $a, b \in f^{-1}(H')$，根据性质 6.2.1（2）及 H' 为子群，有

$$f(ab^{-1})=f(a)f(b^{-1})=f(a)f(b)^{-1} \in H'$$

因此，$ab^{-1} \in f^{-1}(H')$，$f^{-1}(H')$ 是 G 的子群，证毕。

$\ker f$ 称为同态 f 的核子群，$f(G)$ 称为像子群。

例 6.2.2　加群 Z 到乘群 $R^*=R\backslash\{0\}$ 的映射 $f: a \to e^a$ 是 R 到 R^* 的一个同态。

例 6.2.3　加群 Z 到乘群 $G=<g>=\{g^n|n \in Z\}$ 的映射 $f: n \to g^n$ 是 Z 到 $<g>$ 的一个同态。

例 6.2.4　加群 Z 到加群 Z/nZ 的映射 $f: n \to k$ ($k \in \{0, 1, \cdots, n-1\}$) 是一个同态。

例 6.2.5　加群 Z 到乘群 $G=\{\theta^k|\theta=e^{\frac{2\pi i}{n}}, k \in Z\}$ 的映射 $f: k \to \theta^k$ 是一个同态。

例 6.2.6　加群 Z/nZ 到乘群 $G=\{\theta^k|\theta=e^{\frac{2\pi i}{n}}, k=0, 1, \cdots, n-1\}$ 的映射 $f: k \to \theta^k$ ($k \in \{0, 1, \cdots, n-1\}$) 是一个同构。

第三节　正规子群和商群

本节的讨论我们从性质 6.2.1（3）中定义的同态映射 f 的核 $\ker f$ 开始。

性质 6.3.1　设 f 是群 G 到 G' 的一个同态，记 $K=\ker f$，则
$$g^{-1}Kg=K, \quad \forall g \in G$$

证　任意给定 $g \in G$，任取 $x \in K$，有
$$f(g^{-1}xg)=f(g)^{-1}f(x)f(g)=f(g)^{-1}e'f(g)=e'$$
因此 $g^{-1}xg \in K$，从而 $g^{-1}Kg \subseteq K$。从而对任意的 $y \in K$，有
$$y=g(g^{-1}yg)g^{-1} \in gKg^{-1}$$
于是 $K \subseteq g^{-1}Kg$，证毕。

从上述性质受到启发，我们将抽象出一个重要概念——正规子群。正规子群在研究群的结构中起着十分重要的作用，因此有必要对其进行一些简单的介绍。

定义 6.3.1　设 $H \leqslant G$，若对任意 $h \in H$，$g \in G$，有 $g^{-1}hg \in H$，则称 H 是 G 的正规子群。

若 f 是群 G 到群 G' 的同态，性质 6.3.1 表明 $\ker f$ 是群 G 的一个正规子群。事实上，正规子群有许多等价定义，为描述简单起见，我们以下述性质的方式给出。

性质 6.3.2　设 $H \leqslant G$，则下列条件是等价的：
(1) $\forall g \in G$，$h \in H$，$g^{-1}hg \in H$。
(2) $\forall g \in G$，有 $g^{-1}Hg \subseteq H$。
(3) $\forall g \in G$，有 $g^{-1}Hg=H$。
(4) $\forall g \in G$，$gH=Hg$。

证　(1) $\Rightarrow$ (2) 显然成立。

(2) $\Rightarrow$ (3) 下证 "$H \subseteq g^{-1}Hg$，$\forall g \in G$"。

$\forall h \in H$，$\forall g \in G$，由 (2) 有 $g^{-1} \in G$，则 $(g^{-1})^{-1}hg^{-1} \in H$，所以 $g^{-1}(g^{-1})^{-1}hg^{-1}g \in g^{-1}Hg$。即 $h \in g^{-1}Hg$，故 $H \subseteq g^{-1}Hg$，再由 (2) 知 (3) 成立。

(3) $\Rightarrow$ (4) 由 $g^{-1}Hg=H$，$\forall g \in G$，有 $gg^{-1}Hg=gH$，即
$$eHg=gH$$
而 $eHg=(eH)g=Hg$，故 $Hg=gH$，$g \in G$。

(4) $\Rightarrow$ (1)

$\forall g \in G$，$h \in H$，$g^{-1}hg \in g^{-1}Hg=(g^{-1}g)H=eH=H$，故性质成立。

当 H 是群 G 的正规子群时，基于性质 6.3.2(4)，可以把 G 关于正规子群 H 的左（右）陪集构成的集合就称为商集，记作 G/H。在商集 G/H 中能不能定义一个代数运算呢？由于 G/H 中的元素是群 G 的子集，所以首先来规定群中子集的乘法。

设 G 是一个群，A，B 是 G 的子集，我们用 AB 表示集合
$$AB=\{ab|a \in A, b \in B\}$$
显然，群 G 中子集的乘法满足结合律：
$$(AB)C=A(BC)$$

如果 $A=\{a\}$，则把 AB 简记成 aB。

例 6.3.1 设 H，K 是交换群 G 的两个子群，则 HK 是 G 的子群。

证 对于任意的 x，$y\in HK$，存在 $h_1\in H$，$k_1\in K$ 以及 $h_2\in H$，$k_2\in K$，使得 $x=h_1k_1$，$y=h_2k_2$，从而，由 G 是交换群，有

$$xy^{-1}=(h_1k_1)(h_2k_2)^{-1}=(h_1k_1)(k_2^{-1}h_2^{-1})=(h_1h_2^{-1})(k_1k_2^{-1})\in HK$$

因此，HK 是 G 的子群。证毕。

现在任取正规子群 H 的两个左陪集 aH、bH，有

$$(aH)(bH)=a(Hb)H=a(bH)H=(abH)H$$
$$=ab(HH)=(ab)H。$$

上式表明，正规子群 H 的任意两个左陪集 aH 与 bH 的乘积是左陪集 $(ab)H$，易证它不依赖于陪集代表的选择，因此可以在商集 G/H 中定义一个二元运算：

$$(aH)(bH)=(ab)H \qquad (6\text{-}3\text{-}1)$$

从式（6-3-1）看出，两个陪集相乘实际上就归结为它们的代表相乘，因此容易看出，式（6-3-1）定义的乘法满足结合律。由于对所有的 $aH\in G/H$，有

$$H(aH)=(eH)(aH)=(ea)H=aH$$
$$(aH)H=aH$$

因此 H 就是 G/H 的单位元，又

$$(aH)(a^{-1}H)=(aa^{-1})H=eH=H$$

故 G/H 中每个元素 aH 都有逆元 $a^{-1}H$，从而有如下结论：

定理 6.3.1 设 H 是群 G 的正规子群，商集 G/H 对于代数运算式（6-3-1），构成一个群，称它为群 G 对于正规子群 H 的商群。

注 如果群 G 的运算写作加法，则 G/H 中的运算写作 $(a+H)+(b+H)=(a+b)+H$。

思考 如果定理 6.3.1 中的 H 仅是群 G 的一个子群，那么定理 6.3.1 中的结论成立吗？

群 G 与它对于正规子群 H 的商群 G/H 之间有什么关系呢？显然，商群 G/H 的元素已经不是 G 的元素，但是 G 与 G/H 仍有密切的关系。由下面的定理 6.3.2 可知，商群 G/H 是群 G 的一个同态像。

定理 6.3.2 设 H 是群 G 的正规子群，则映射

$$s: G\to G/H$$
$$a\to aH$$

是群 G 到群 G/H 的一个满同态，且其核 $\ker s=H$。

证 设 H 是群 G 的正规子群，则 G 到 G/H 的映射 s 满足：

$$s(ab)=(ab)H=(aH)(bH)=s(a)s(b)$$

同时，$s(a)=H$ 的充分必要条件是 $a\in H$。因此，s 是核为 H 的同态，证毕。

定理 6.3.2 中定义的同态 s：$G\to G/H$ 称为自然同态。由定理 6.3.2 可知，商群 G/H 是群 G 在自然同态下的像；还可知，正规子群 H 是自然同态的核。另一方面，性质 6.3.1 表明群 G 到 G' 的任一同态 f 的核 $\ker f$ 是 G 的正规子群。这样我们对正规子群与同态核

之间的密切关系就了如指掌。类似地考虑，既然商群 G/H 是群 G 的一个同态像，那么反过来群 G 的任一同态像与 G 对于同态核的商群之间有什么关系？下面的定理回答了这一问题。

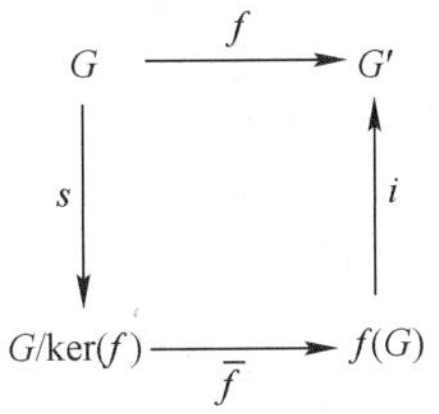

定理 6.3.3 设 f 是群 G 到群 G' 的同态，则存在唯一的 $G/\ker(f)$ 到像子群 $f(G)$ 的同构 $\overline{f}: a\ker(f) \to f(a)$ 使得 $f = i \circ \overline{f} \circ s$，其中 s 是群 G 到商群 $G/\ker(f)$ 的自然同态，$i: c \to c$ 是 $f(G)$ 到 G' 的恒等同态，即有交换图 6.3.1。

图 6.3.1

证 根据性质 6.3.1，$\ker(f)$ 是 G 的正规子群，所以存在商群 $G/\ker(f)$，现在要证明：

$$\overline{f}: a\ker(f) \to f(a)$$

是 $G/\ker(f)$ 到像子群 $f(G)$ 的同构。

首先，证明上述定义的 $\overline{f}$ 是 $G/\ker(f)$ 到 $f(G)$ 的单值映射，即 $a'\ker(f) = a\ker(f)$ 时，

$$\overline{f}: a'\ker(f) \to f(a'), \quad \overline{f}: a\ker(f) \to f(a),$$

要证 $f(a') = f(a)$。由 $a'\ker(f) = a\ker(f)$ 知 $a^{-1}a' \in \ker(f)$，故

$$e' = f(a^{-1}a') = f(a^{-1})f(a') = [f(a)]^{-1}f(a')$$

得

$$f(a) = f(a')$$

接下来证明 $\overline{f}$ 是 $G/\ker(f)$ 到像子群 $f(G)$ 的同态。事实上，对任意的 $a\ker(f)$，$b\ker(f) \in G/\ker(f)$。

$$\overline{f}((a\ker(f))(b\ker(f))) = \overline{f}((ab)\ker(f)) = f(ab) = f(a)f(b) = \overline{f}(a\ker(f))\overline{f}(b\ker(f))$$

再证 $\overline{f}$ 是一对一。事实上，对任意 $a\ker(f) \in \ker(\overline{f})$，有 $\overline{f}(a\ker(f)) = f(a) = e'$，由此，$a \in \ker(f)$ 以及 $a\ker(f) = \ker(f)$。

最后，$\overline{f}$ 是满同态。事实上，对任意 $c \in f(G)$，存在 $a \in G$ 使得 $f(a) = c$，从而，$\overline{f}(a\ker(f)) = f(a) = c$，即 $a\ker(f)$ 是 c 的像源。

因此，$\overline{f}$ 是同构，并且有 $f = i \circ \overline{f} \circ s$，事实上，对任意 $a \in G$，有

$$i \circ \overline{f} \circ s(a) = i(\overline{f}(s(a))) = i(\overline{f}(a\ker(f))) = i(f(a)) = f(a)$$

假如还有同构 $g: G/\ker(f) \to f(G)$ 使得 $f = i \circ g \circ s$，则对任意 $a\ker(f) \in G/\ker(f)$，有

$$g(a\ker(f)) = i(g(s(a))) = (i \circ g \circ s)(a) = f(a) = \overline{f}(a\ker(f))$$

因此，$g = \overline{f}$，证毕。

定理 6.3.3 被称为群同态基本定理，利用它可以推导出一些群是同构的：首先建立一个合适的映射 f，证明它是满同态；然后去求同态的核 $\ker(f)$；最后根据群同态基本定理得，同态像同构于商群。关于它的具体应用在这里不给出，有兴趣的读者可查阅抽象代数相关书籍。

第四节 循 环 群

设 G 是一个群，$a\in G$，令 $<a>=\{a^k|k\in Z\}$，它是由 a 生成的子群。

定义 6.4.1 设 G 是一个群，若有一个元素 $a\in G$，使得 $<a>=G$，则称 G 为循环群。

例 6.4.1 加群 Z 的每个子群 H 是循环群，并且有 $H=<0>$ 或 $H=<m>=mZ$，其中 m 是 H 中最小正整数。

证 如果 H 是零子群 $\{0\}$，结论显然成立，如果 H 是非零子群，则存在非零整数 $a\in H$。因为 H 是子群，所以 $-a\in H$。这说明 H 中有正整数。设 H 中的最小正整数为 m，则一定有 $H=<m>=mZ$。事实上，对任意的 $a\in H$。根据欧几里得除法，存在整数 q, r 使得

$$a=qm+r,\ 0\leqslant r<m$$

如果 $r\neq 0$，则 $r=a-qm\in H$，这与 m 的最小性矛盾。因此，$r=0$，$a=qm\in mZ$。故 $H\subseteq mZ$，显然有 $mZ\subseteq H$，因此，$H=mZ$，证毕。

定理 6.4.1 每个无限循环群同构于加群 Z。每个阶为 m 的有限循环群同构于加群 Z/mZ。

证 设循环群 $G=<a>=\{a^k|k\in Z\}$，考虑映射

$$f:Z\to G$$
$$k\to a^k$$

因为 $f(k_1+k_2)=a^{k_1+k_2}=a^{k_1}a^{k_2}=f(k_1)f(k_2)$，所以 f 是 Z 到 G 的同态，而且是满的。根据定理 6.3.3，群 G 同构于 $Z/\ker(f)$，根据例 6.4.1，$\ker(f)=<0>$ 或 $\ker(f)=mZ$，前者对应于无限循环群 Z，后者对应于 m 阶有限循环群 Z/mZ，证毕。

此定理告诉我们，循环群的构造完全取决于它的阶，当循环群的阶是无限大时，它们互相同构且都与 $(Z,+)$ 同构。当循环群的阶是 m 时，它们互相同构且都与 $(Z/mZ, \oplus)$ 同构。因此从同构的观点看，循环群只有整数加群和模 m 的剩余类加群。

接着给出无限循环群和有限循环群的一些性质。

性质 6.4.1 设 G 是一个群，$a\in G$。如果 a 是无限阶，则

(1) $a^k=e$ 当且仅当 $k=0$。

(2) 元素 $a^k(k\in Z)$ 两两不同。

如果 a 是有限阶 $m>0$，则

(3) m 是使得 $a^m=e$ 的最小正整数。

(4) $a^k=e$ 当且仅当 $m|k$。

(5) $a^r=a^k$ 当且仅当 $r\equiv k\pmod{m}$。

(6) 元素 $a^k(k\in Z/mZ)$ 两两不同。

(7) $<a>=\{a, a^2, a^{m-1}, a^m=e\}$。

(8) 对任意整数 $1\leqslant d\leqslant m$，有 $|a^d|=\dfrac{m}{(m,d)}$。

证 考虑 Z 到群 G 的映射 f：

$$f:k\to a^k$$

f 是同态映射，根据定理 6.3.3，有

$$Z/\ker f \cong <a>$$

因为 a 是无限阶元等价于 $\ker f=<0>$，后者说明 f 是一对一的。因此，（1）和（2）成立。

如果 a 是有限阶 m，则 $\ker f=mZ$，因此，我们有

（3）m 是使得 $a^m=e$ 的最小正整数。

（4）$a^k=e$ 等价于 $k\in\ker f$，等价于 $m|k$。

（5）$a^r=a^k$ 等价于 $r-k\in\ker f$，等价于 $r\equiv k(\mod m)$。

（6）元素 a^k 对应于 $Z/\ker f$ 中不同元素，两两不同。

（7）$<a>=\{a, a^2, \cdots, a^{m-1}, a^m=e\}$ 与 $Z/\ker f$ 中最小正剩余系相对应。

（8）设 $|a^d|=k$，则有

$$(a^d)^k=e$$

故 $m|dk$，即 $\dfrac{m}{(m,d)}\Big|\dfrac{d}{(m,d)}k$，因为 $\left(\dfrac{m}{(m,d)},\dfrac{d}{(m,d)}\right)=1$，则 $\dfrac{m}{(m,d)}\Big|k$。因此，$|a^d|=\dfrac{m}{(m,d)}$，证毕。

显然，对于循环群，最重要的就是找到其生成元，下面的定理就解决了这一问题。

定理 6.4.2 设 $G=<a>$ 是循环群，如果 G 是无限的，则 G 的生成元为 a 和 a^{-1}，如果 G 是有限阶 m，则 a^k 是 G 的生成元当且仅当 $(k, m)=1$。

证 考虑映射 Z 到循环群 G 的映射 f：

$$f: k \to a^k$$

f 是同态映射，根据定理 6.3.3，有

$$Z/\ker(f)\cong G$$

因为 G 中的生成元对应于 $Z/\ker(f)$ 中的生成元，但 $\ker(f)=<0>$ 时，$Z/\ker(f)$ 的生成元是 1 和 -1；$\ker(f)=mZ$，$m>0$ 时，$Z/\ker(f)$ 的生成元是 k，$(k, m)=1$，因此，结论成立，证毕。

最后来考虑循环群的子群。一般来说，求有限群的子群并不容易，但对于循环群来说可以直接求出其所有子群。

定理 6.4.3 （1）循环群的子群是循环群。

（2）设 $G=<a>$ 是无限循环群，则 G 的子群除 $\{e\}$ 外都是无限循环群。

（3）若 $G=<a>$ 是 m 阶循环群，则对 m 的每个正因子 d，G 恰有一个 d 阶子群。

证 （1）考虑 Z 到循环群 $G=<a>$ 的映射 f：

$$f: H \to a^H$$

f 是同态映射，根据性质 6.2.1，对于 G 的子群 H，有 $K=f^{-1}(H)$ 是 Z 的子群，根据例 6.4.1，K 是循环群，所以 $H=f(K)$ 是循环群。

（2）和（3）的证明由定理 6.4.2 立得。

例 6.4.2 （1）$(Z, +)$ 是无限循环群 $<1>$，则其子群除了 $\{0\}$ 以外都是无限循环群，如

$$Z, 2Z, 3Z, \cdots, nZ$$

即

$$<0>=\{0\}=0Z, \quad <n>=\{nz|z\in Z\}=nZ(n\in N)$$

（2）$G=<Z_{12}, \oplus>$ 是 12 阶循环群，12 的正因子有 1、2、3、4、6 和 12，因此 G 的子群有 6 个，分别是

1 阶子群<12>=<0>={0}，2 阶子群<6>={0, 6}
3 阶子群<4>={0, 4, 8}，4 阶子群<3>={0, 3, 6, 9}
6 阶子群<2>={0, 2, 4, 6, 8, 10}，12 阶子群<1>= Z_{12}

第五节 置 换 群

设 S 是一个非空集合，G 是 S 到自身的所有一一对应的映射组成的集合，则对于映射的复合运算，G 构成一个群，称它为集合 S 的全变换群。特别地，当 S 是有限集合时，S 到自身的一个双射称为 S 的一个置换。不妨设 $S=\{1, 2, \cdots, N\}$，这时 S 的一个置换称为 N 元置换，并且称 S 的全变换群 G 为 N 元对称群，记作 S_N。

设 σ 是 S 上的一个置换，即 σ 是 S 到自身一一对应的映射：

$$\sigma: S \to S$$
$$k \to \sigma(k)=i_k$$

因为 k 在 σ 下的像是 i_k，所以将 σ 表示为

$$\sigma = \begin{pmatrix} 1 & 2 & \cdots & N-1 & N \\ \sigma(1) & \sigma(2) & \cdots & \sigma(N-1) & \sigma(N) \end{pmatrix} = \begin{pmatrix} 1 & 2 & \cdots & N-1 & N \\ i_1 & i_2 & \cdots & i_{N-1} & i_N \end{pmatrix}$$

当然可写为

$$\sigma = \begin{pmatrix} N & N-1 & \cdots & 2 & 1 \\ i_N & i_{N-1} & \cdots & i_2 & i_1 \end{pmatrix} = \begin{pmatrix} j_1 & j_2 & \cdots & j_{N-1} & j_N \\ i_{j_1} & i_{j_2} & \cdots & i_{j_{N-1}} & i_{j_N} \end{pmatrix}$$

其中 $j_1, j_2, \cdots, j_{N-1}, j_N$ 是 $1, 2, \cdots, N$ 的一个排列。

例 6.5.1 设 $\sigma = \begin{pmatrix} 1 & 2 & 3 & 4 & 5 & 6 \\ 6 & 5 & 4 & 3 & 2 & 1 \end{pmatrix}, \tau = \begin{pmatrix} 1 & 2 & 3 & 4 & 5 & 6 \\ 5 & 6 & 4 & 2 & 3 & 1 \end{pmatrix}$

计算 $\sigma\tau, \tau\sigma, \sigma^{-1}$。

解

$$\sigma\tau = \begin{pmatrix} 1 & 2 & 3 & 4 & 5 & 6 \\ 6 & 5 & 4 & 3 & 1 & 2 \end{pmatrix}\begin{pmatrix} 1 & 2 & 3 & 4 & 5 & 6 \\ 5 & 6 & 4 & 2 & 3 & 1 \end{pmatrix}$$

$$= \begin{pmatrix} 5 & 6 & 4 & 2 & 3 & 1 \\ 1 & 2 & 3 & 5 & 4 & 6 \end{pmatrix}\begin{pmatrix} 1 & 2 & 3 & 4 & 5 & 6 \\ 5 & 6 & 4 & 2 & 3 & 1 \end{pmatrix}$$

$$= \begin{pmatrix} 1 & 2 & 3 & 4 & 5 & 6 \\ 1 & 2 & 3 & 5 & 4 & 6 \end{pmatrix}$$

$$\tau\sigma = \begin{pmatrix} 6 & 5 & 4 & 3 & 1 & 2 \\ 1 & 3 & 2 & 4 & 5 & 6 \end{pmatrix}\begin{pmatrix} 1 & 2 & 3 & 4 & 5 & 6 \\ 6 & 5 & 4 & 3 & 1 & 2 \end{pmatrix}$$

$$= \begin{pmatrix} 1 & 2 & 3 & 4 & 5 & 6 \\ 1 & 3 & 2 & 4 & 5 & 6 \end{pmatrix}$$

$$\sigma^{-1} = \begin{pmatrix} 6 & 5 & 4 & 3 & 1 & 2 \\ 1 & 2 & 3 & 4 & 5 & 6 \end{pmatrix} = \begin{pmatrix} 1 & 2 & 3 & 4 & 5 & 6 \\ 5 & 6 & 4 & 3 & 2 & 1 \end{pmatrix}$$

定理 6.5.1 N 元置换全体组成的集合 S_N 对置换的乘法构成一个群，其阶是 $N!$。

证 因为一一对应的映射的乘积仍是一一对应的，且该乘积满足结合律，所以置换的乘法满足结合律。

又 N 元恒等置换 $e = \begin{pmatrix} 1 & 2 & \cdots & N-1 & N \\ 1 & 2 & \cdots & N-1 & N \end{pmatrix}$ 是单位元。置换 $\sigma = \begin{pmatrix} 1 & 2 & \cdots & N-1 & N \\ i_1 & i_2 & \cdots & i_{N-1} & i_N \end{pmatrix}$ 有逆元 $\sigma^{-1} = \begin{pmatrix} i_1 & i_2 & \cdots & i_{N-1} & i_N \\ 1 & 2 & \cdots & N-1 & N \end{pmatrix}$。因此，$S_N$ 对置换的乘法构成一个群。

因为 $(1, 2, \cdots, N-1, N)$ 在置换 σ 下的像 $(\sigma(1), \sigma(2), \cdots, \sigma(N-1), \sigma(N))$ 是 $(1, 2, \cdots, N-1, N)$ 的一个排列，这样的排列共有 $N!$ 个，所以 S_N 的阶为 $N!$，证毕。

定义 6.5.1 N 元对称群 S_N 的任意子群称为 S 上的置换群。

例 6.5.2 设 $\sigma = \begin{pmatrix} 1 & 2 & 3 \\ 2 & 3 & 1 \end{pmatrix}$，因为 $\sigma^2 = \begin{pmatrix} 1 & 2 & 3 \\ 3 & 1 & 2 \end{pmatrix}$，$\sigma^3 = \begin{pmatrix} 1 & 2 & 3 \\ 1 & 2 & 3 \end{pmatrix} = e$，循环群 $G = <\sigma> = \{e, \sigma, \sigma^2\}$ 是 3 元置换群。

如果 N 元置换 σ 使得 $\{1, 2, \cdots, N-1, N\}$ 中的一部分元素 $\{i_1, i_2, \cdots, i_{k-1}, i_k\}$ 满足 $\sigma(i_1) = i_2, \sigma(i_{k-1}) = i_k, \sigma(i_k) = i_1$，又使得余下的元素保持不变，则称该置换为 k-轮换，简称轮换，记作

$$\sigma = (i_1, i_2, \cdots, i_{k-1}, i_k)$$

k 称为轮换的长度，$k=1$ 时，1-轮换为恒等置换；$k=2$ 时，2-轮换 (i_1, i_2) 也称为对换。

两个轮换 $\sigma = (i_1, i_2, \cdots, i_{k-1}, i_k)$，$\tau = (j_1, j_2, \cdots, j_{t-1}, j_t)$，如果它们之间没有公共的元素，则称为不相交。

定理 6.5.2 任意一个置换都可以表示为一些不相交轮换的乘积，在不考虑乘积次序的情况下，该表达式是唯一的。

例 6.5.3 $\sigma = \begin{pmatrix} 1 & 2 & 3 & 4 & 5 & 6 \\ 6 & 5 & 2 & 1 & 3 & 4 \end{pmatrix} = (1,6,4)(2,5,3)$ 对于轮换 $\sigma = (i_1, i_2, \cdots, i_{k-1}, i_k)$，可直接验证

$$\sigma = (i_1, i_2, \cdots, i_{k-1}, i_k) = (i_1, i_k)(i_1, i_{k-1}) \cdots (i_1, i_3)(i_1, i_2)$$

本例中 $\sigma = \begin{pmatrix} 1 & 2 & 3 & 4 & 5 & 6 \\ 6 & 5 & 2 & 1 & 3 & 4 \end{pmatrix} = (1,6,4)(2,5,3) = (1,4)(1,6)(2,3)(2,5)$。结合定理 6.5.2 便得到下述结论：

推论 6.5.1 每一个置换都可以表示成一些对换的乘积。

注意把置换表示成对换的乘积，其表示法不唯一；并且这些对换会相交（有公共元素）。例如

$$(2, 3, 4) = (2, 4)(2, 3),$$
$$(2, 3, 4) = (2, 3)(1, 4)(1, 3)(1, 2)。$$

同一置换的表示法虽然不唯一，但仍满足一定的规律，此处我们不加说明地直接将其给出。

定义 6.5.2 N 元排列 $i_1, \cdots, i_k, \cdots, i_l, \cdots, i_N$ 的一对有序元素 (i_k, i_l) 称为逆序，如果 $k<l$ 时，$i_k>i_l$，排列中逆序的个数称为该排列的逆序数，记为 $[i_1, \cdots, i_N]$。

定理 6.5.3 将一个置换 σ 表示为一些对换的乘积，则对换个数的奇偶性与排列的逆序数 $[\sigma(1),\cdots,\sigma(N)]$ 的奇偶性相同。

定义 6.5.3 一个置换 σ 称为偶置换，如果它可以表示为偶数个对换的乘积；σ 称为奇置换，如果它可以表示为奇数个对换的乘积。

定理 6.5.4（凯莱定理） 设 G 是一个 N 元群，则 G 同构于一个 N 元置换群。

定理 6.5.4 是群论中的一个重要定理，它揭示了置换群与一般抽象群之间的关系。

第六节 群在密码学中的应用

群论在密码学中有着重要的应用，特别是置换群和循环群的有关理论和方法，一直被人们用于设计密码算法。

恺撒密码是移位密码的一个特例。以英文为例，移位密码将每个字符向后推移 k 位（k 为密钥）来加密。恺撒密码是移位密码当 $k=3$ 时的情况。$k=5$ 时，移位密码的明文和密文对应关系如下：

$$a\ b\ c\ d\ e\ f\ g\ h\ i\ j\ k\ l\ m\ n\ o\ p\ q\ r\ s\ t\ u\ v\ w\ x\ y\ z$$
$$f\ g\ h\ i\ j\ k\ l\ m\ n\ o\ p\ q\ r\ s\ t\ u\ v\ w\ x\ y\ z\ a\ b\ c\ d\ e$$

于是对明文"*You are a good student*"加密可得密文"*dtzfwjflttixyzijsy*"。

显然，取不同的密钥 k 可得不同的密文。不难发现，若记 26 个英文字母的集合为 S，移位密码实际是利用 26 个英文字母所有置换的集合 S_{26} 的一个子集 $C_{26}=\{C_k \mid 0 \leqslant k < 26\}$ 来构造的，其中 C_k 表示置换 $j \to (j+k) \pmod{26}$，$0 \leqslant k < 26$。不难证明，集合 S_{26} 关于置换的复合运算构成 26 元对称群，而 C_{26} 则构成 S 上的 26 元置换群。

当然，现在看来移位密码是一种不安全的加密方法，密钥空间极其有限，利用穷举的方法便可破译。之后又陆续出现了一些改进的单表代换密码和更加复杂的多表代换密码，如 Vigenere 密码，但大都被成功破译。当然，置换的方法并没有因此而退出历史的舞台，如今它仍然被成功地用于一些密码系统中，如 DES 密码。

以上是群在对称密码中的典型应用，而群在非对称密码中的应用研究起步则比较晚，直到 1984 年，N. R. Wager 和 M. R. Magyarik 才首次基于群论构造了一个公钥加密算法。之后，在密码学家的共同努力下，利用群论提出了多个公钥加密算法和密钥交换协议。利用群论来构造公钥加密算法，主要是基于群论中的一些不可解的问题，如字问题、共轭问题等。

下面介绍这些公钥加密算法中具有代表性的两个算法。

1. Wager-Magyarik 公钥加密算法

1984 年，N. R. Wager 和 M. R. Magyarik 利用有限表示群的不可解的字问题，构造了第一个以群论思想为基础的公钥加密算法。

首先介绍与算法相关的几个基本概念。

假设 G 为一个群，如果它仅有有限个生成元 $A=\{a_1, \cdots, a_n\}$，则称群 G 是有限生成的。对于任意的 $w \in G$，如果 w 可以表示成 $A \cup A^{-1}$ 中元素的有限序列，则称 w 为群 G 中的一个字。特别地，如果 $w=e$，即 w 为单位元，则称 w 为空字或相关子。如果循环群 G

是有限生成的，并且在群 G 中仅存在有限个相关子 $R=\{r_1, r_2, \cdots, r_k\}$ 满足 $r_1=e, r_2=e, \cdots, r_k=e$，那么群 G 称为是可以有限表示的，并且称 $r_1, r_2, \cdots, r_k$ 为 G 的生成元 $a_1, a_2, \cdots, a_n$ 的一组定义关系。有限表示的群 G 可表示为 $G=<A, R>=<a_1, a_2, \cdots, a_n; r_1, r_2, \cdots, r_k>$。

对于一个有限表示的群 G 中的任意两个字 w 和 w'，如果能够通过如下的 4 步操作，将 w 变换为 w'，则称 w 和 w' 在群 G 中是相等的，简称相等。

T_1：将字中的 $x_i x_i^{-1}$ 或 $x_i^{-1} x_i$ 替换为 e，即消除字中的 $x_i x_i^{-1}$ 或 $x_i^{-1} x_i$；

T_2：在字中任何地方引入 $x_i x_i^{-1}$ 或 $x_i^{-1} x_i$；

T_3：将字中的 r_i 或 r_i^{-1} 替换为 e，即消除字中的 r_i 或 r_i^{-1}；

T_4：在字的任何地方引入 r_i 或 r_i^{-1}。

所谓字问题，是指是否存在一个算法来判断一个群 G 中的字与单位元是否相等。关于字问题是否可判定，20 世纪 50 年代，Novikov 和 Boone 分别对此做出了肯定的回答，他们的结论是一致的，即存在有限表示的群 G，在其中字问题是算法上不可判定的，并且存在有效算法 B，如果输入有限表示的一个系统 T，且该系统有着不可判定的字问题，则通过算法 B 将会输出有限表示群 $B(T)$，使得 $B(T)$ 有着算法上不可判定的字问题。他们的结论被统称为 Novikov-Boone 定理。

下面介绍 Wager-Magyarik 加密算法的实现原理。

首先构造一个有限表示的群 $G=<A,R>$，并有着不可判定的字问题。利用一个秘密同态函数 $\varphi: G \rightarrow G'$ 将 G 映射为 $G'=<A, R \cup S>$，G' 同样是一个有限表示的群，它的问题有着快速的解法。在群 G 中取两个不相等的字 w_0 和 w_1，然后将群 G、w_0 和 w_1 公开作为公钥，而同态函数 φ 则保存作为密钥。

加密算法很简单，将消息 M 写成二进制的形式以后，每个 0bit 位由随机选择的 w'_0 代替，只要 w'_0 与 w_0 在群 G 中相等即可。同理，1bit 位用 w'_1 代替，只要 w'_1 与 w_1 相等即可。这样，消息 M 中的每个比特位都以 G 中的字来表示。由于群 G 有着不可判定的字问题，因此任何一个非法攻击者即使截获了密文，从密文中任取一个字 w，也无法判定 $w_0^{-1} w$ 和 $w_1^{-1} w$ 中哪一个是单位元，也就无法对密文进行解密。

解密时需要运用同态函数 φ 作为解密密钥，将群 G 映射为 G'，在 G' 中对密文解密。由于在 G' 中，字问题有着快速的解法，因此从密文中任取一个字 w，很容易判断 $w_0^{-1} w$ 和 $w_1^{-1} w$ 中哪一个为单位元。显然，如果 $w_0^{-1} w$ 为单位元，则将 w 恢复为 0；如果 $w_1^{-1} w$ 为单位元，则将 w 恢复为 1。

通过上述介绍可以看出，若要利用 Wager-Magyarik 加密算法，首先要找一个合适的具有不可解的字问题的群，要使加密算法适合实用，必须使群里的元素在群中用唯一的标准表示，通过计算机很容易进行存储和计算。即使这样，原文中一个比特的 0 或者 1 转化成密文以后，需要用群的一个字（生成元的有限序列）来表示，所以所需的存储量远远大过比特位，并且在密文处理方面有很多不便的地方，比如算法在加密中需要随机选择与字 w_0 或 w_1 相等的元素，这会导致较低的加密效率。所以，总的来说，这只是一个不太成熟、不太实用的方案，但它以群论来实现公钥加密算法，在密码学的研究中具有开创性。

2. Anshel 公钥加密算法

1993 年，M. Anshel 和 I. Anshel 对有限生成的群中的共轭问题提出了一个新的加密算法。

共轭问题是指是否存在算法来判断群 G 中给定的任意两个元素 x 和 y 是共轭元素。两个元素 x 和 y 是共轭元素是指 G 中存在元素 w，使得 $y=w^{-1}xw$ 成立。关于群论中是否存在群有着算法上不可解决的共轭问题，同样可由一个定理加以保证。在该定理中所涉及的群是剩余有限群。一个群 G 被称为是剩余有限的，如果给定了群中任意一个元素 $g \in G$ 且 $g \neq e$，则都存在 G 的正规子群 $H \Delta G$，使得 g 不是 H 中的元素。运用剩余有限的群，Miller 定理证明了具有不可判定的共轭问题的群的存在性，即存在有限表示且剩余有限的群，其共轭问题是不可判定的，并且存在快速算法 C，使得输入一个有限表示的群 G（G 的字问题不可判定）后会输出有限表示且剩余有限的群 $C(G)$，$C(G)$ 有着不可判定的共轭问题。

Anshel 公钥加密算法与 Wager–Magyarik 公钥加密算法的实现原理类似。

首先构造一个剩余有限的群 G，并有着不可判定的共轭问题。利用一个秘密同态函数 $\varphi: G \to G'$ 将 G 映射为 G'，G'同样是一个剩余有限的群，它的共轭问题有着快速的解法。在群 G 中任取两个不相等的元素 y_0 和 y_1，然后将群 G、y_0 和 y_1 公开作为公钥，而同态函数 φ 则保密作为私钥。

加密算法是将每个 0bit 位用任一与 y_0 共轭的元素代替，1bit 位用任一与 y_1 共轭的元素代替。由于群 G 有着不可判定的共轭问题，因此攻击者无法判断密文中的任一元素究竟是与 y_0 共轭，还是与 y_1 共轭，所以也就无法对密文进行解密。

解密时需要运用同态函数 φ 作为解密密钥，将群 G 映射为 G'，在 G'中对密文解密。由于在 G'中，共轭问题有着快速的解法，因此从密文中任取一个元素 y，如果 y 和 y_0 共轭，则将 y 恢复为 0，否则恢复为 1。

除了以上的公钥加密算法外，一些学者在群论的基础上提出了一些新的密钥交换协议和多方签名机制（请参考相关参考文献）。

习 题

1. 若群 G 的每一个元素 x，都有 $x^2=e$（e 为 G 的单位元），则 G 是交换群。
2. 证明：群 G 是交换群的充要条件是对任意 $a,b \in G$，有 $(ab)^2=a^2b^2$。
3. G 是群，证明：

$$|a|=|a^{-1}|, \quad \forall a \in G$$

4. G 是有限群，则 G 中阶大于 2 的元的个数一定是偶数个。
5. 设 G 是交换群，$H=\{x \in G | x^2=e\}$，证明 $H \leq G$。
6. G 是群，$a \in G$，则 $<a> \leq G$。
7. 设 G 是一个群，cent$(G)=\{a \in G | ab=ba$ 对任意 $b \in G\}$。证明：cent(G) 是 G 的正规子群。
8. 设 H 是群 G 的子群，在 G 中定义关系 R：aRb，如果 $b^{-1}a \in H$，证明

（1）R 是等价关系。

（2）aRb 的充要条件是 $aH=bH$。

9．证明：交换群的商群是交换群。

10．给出 F_7 中的加法表和乘法表。

11．证明：设 $H \leqslant G$，$|G:H|=2$，则 H 是 G 的正规子群。

12．求加群 Z/mZ 的所有子群。

13．设 r, s 是整数，则

（1）在 $(Z, +)$ 中，$<r>=<s> \Leftrightarrow r = \pm s$。

（2）在 $(Z/mZ, \oplus)$ 中，$<[r]>=<[s]> \Leftrightarrow (s,m) = (r,m)$。

14．证明：循环群是交换群。

15．设 p 是奇素数，证明：乘群 $F_p^* = F_p \backslash \{0\}$ 是同构于加群 $Z/(p-1)Z$ 的循环群。

16．在 S_{10} 中，将 $\sigma = \begin{pmatrix} 1 & 2 & 3 & 4 & 5 & 6 & 7 & 8 & 9 & 10 \\ 2 & 3 & 1 & 6 & 4 & 5 & 9 & 10 & 8 & 7 \end{pmatrix}$ 写成若干个不相交的轮换的积。

17．写出 S_4 的所有元素。

18．设 $H = \{\sigma_0, \sigma_1, \sigma_2, \sigma_3\}$，其中

$$\sigma_0 = (1), \quad \sigma_1 = (1,2)(3,4), \quad \sigma_2 = (1,3)(2,4), \quad \sigma_3 = (1,4)(2,3)$$

证明：$H \leqslant S_4$。

第七章 环 与 域

我们在前面学习了群这一代数系统,在本章中将继续介绍另一代数系统——环。与群不同的是,环有两个代数运算,相应的其结构也比群的结构复杂,因此环具有许多特有的性质。而作为一类特殊的环,域是具有良好运算性质的代数结构。我们之前所学的有理数域、实数域和复数域就是很好的例子,这些数域最显著的特点是可以在其中自由地进行加、减、乘、除(只要除数不为 0)运算。在通信理论、编码学及密码学中,一类重要的域——有限域起到了关键的作用,它是本章学习的重点。

第一节 环 与 子 环

定义 7.1.1 设 R 是非空集合,"+","·"是 R 的两个代数运算,如果
(1) $(R, +)$ 是交换群;
(2) $(R, \cdot)$ 是半群;
(3) $\forall a, b, c \in R$。
$a \cdot (b+c)=(a \cdot b)+(a \cdot c)$ (左分配律);
$(a+b) \cdot c=(a \cdot c)+(b \cdot c)$ (右分配律)。
则 R 称为环。

若对 $\forall a, b \in R$,有 $ab=ba$,则 R 称为交换环;若 $\forall a \in R$,存在 1_R,使得 $a1_R=1_Ra=a$,则 R 称为有单位元的环(含幺环)。一般地,环中加法的单位元记作 0,乘法的单位元记作 1_R。

设 a 是有单位元 1_R 的环 R 中的一个元,a 称为左逆元(右逆元),如果存在元 $b \in R(c \in R)$ 使得 $ab=1_R(ca=1_R)$,这时,$b(c)$ 称为 a 的右逆(左逆)元,如果 a 同时为左逆元和右逆元,则称它为逆元。

环具有如下基本性质:

性质 7.1.1 设 R 是一个环,则
(1) 对任意 $a \in R$,有 $0a=a0=0$。
(2) 对任意 $a, b \in R$,有 $(-a)b=a(-b)=-ab$。
(3) 对任意 $a, b \in R$,有 $(-a)(-b)=ab$。
(4) 对任意 $n \in Z$,任意 $a, b \in R$,有 $(na)b=a(nb)=nab$。
(5) 对任意 $a_i, b_i \in R$,有

$$\left(\sum_{i=1}^{n} a_i\right)\left(\sum_{j=1}^{m} b_j\right) = \left(\sum_{i=1}^{n}\sum_{j=1}^{m} a_i b_j\right)$$

证 (1) 因为

$$0a=(0+0)a=0a+0a$$

所以
$$0a=0$$

同理
$$a0=0$$

（2）因为
$$(-a)b+ab=((-a)+a)b=0a=0, \quad a(-b)+ab=a((-b)+b)=a0=0$$

所以
$$(-a)b=a(-b)=-ab$$

（3）结论（4）和（5）可由（1）和（2）得到。

性质 7.1.2 设 R 是有单位元的环，设 n 是正整数，$a,b,a_1,\cdots,a_r \in R$。

（1）如果 $ab=ba$，则
$$(a+b)^n = \sum_{k=0}^{n} \frac{n!}{k!(n-k)!} a^k b^{n-k}$$

（2）如果 $a_i a_j = a_j a_i$，$1\leqslant i, j\leqslant r$，则
$$(a_1+\cdots+a_r)^n = \sum_{i_1+\cdots+i_n=n} \frac{n!}{i_1!\cdots i_r!}(a_1^{i_1}\cdots a_r^{i_r})$$

例 7.1.1 整数环 Z。

Z 对于普通加法 $a+b$ 构成一个交换加群，零元为 0，a 的负元为 $-a$。Z 对于普通乘法 $a\cdot b$，满足结合律和交换律，有单位元 1，并且有分配律，因此，Z 是有单位元的交换环。类似地，有理数集、实数集、复数集、偶数集在相应的运算下，也构成环。

例 7.1.2 多项式环 $R[X]$。

设 R 为实数环，以 $R[X]$ 表示系数属于 R 的多项式所构成的集合，当 $f(x)=a_n x^n+\cdots+a_1 x+a_0$，$g(x)=b_n x^n+\cdots+b_1 x+b_0 \in R[X]$ 时。在 $R[X]$ 上定义加法：
$$(f+g)(x)=(a_n+b_n)x^n+\cdots+(a_1+b_1)x+(a_0+b_0)$$

则 $R[X]$ 对于该加法构成一个交换加群，其中零元为 0，$f(x)$ 的负元为 $(-f)(x)=(-a_n)x^n+\cdots+(-a_1)x+(-a_0)$。

设 $f(x)=a_n x^n+\cdots+a_1 x+a_0$，$a_n \neq 0$，$g(x)=b_m x^m+\cdots+b_1 x+b_0$，$b_m \neq 0$。在 $R[X]$ 上如下定义乘法：
$$(f\cdot g)(x)=c_{n+m}x^{n+m}+\cdots+c_1 x+c_0$$

其中：$c_k = \sum_{i+j=k} a_i b_j$，$0\leqslant k\leqslant n+m$，即
$$c_{n+m}=a_n b_m, c_{n+m-1}=a_n b_{m-1}+a_{n-1}b_m,\cdots,c_0=a_0 b_0$$

$R[X]$ 对于该乘法，满足结合律和交换律，有单位元 1，并且有分配律。

综上，$R[X]$ 是有单位元的交换环。

例 7.1.3 $(Z/nZ, \oplus, \otimes)$ 构成模 n 的剩余类环（证明留给读者）。

例 7.1.4 设集合 $Z[i]=\{a+bi|a,b\in Z\}$，则 $Z[i]$ 关于数的加法和乘法构成环。

证 $0+0i\in Z[i]$，$Z[i]\neq\emptyset$。对于任意 $a+bi$，$c+di\in Z[i]$，有

$$(a+bi)+(c+di)=(a+c)+(b+d)i\in Z[i],\ (a+bi)(c+di)=(ac-bd)+(ad+bc)i\in Z[i]$$

$$0+(a+bi)=a+bi,\ (a+bi)+(-a-bi)=0$$

数的加法满足结合律、交换律，数的乘法满足结合律，乘法对加法满足左、右分配律，因此 $(Z[i], +)$ 是交换群，$(Z[i], \cdot)$ 是半群，乘法对加法满足分配律，即，$(Z[i], +, \cdot)$ 构成环。

定义 7.1.2 设 S 是环 R 的非空子集，如果 S 关于环 R 的加法和乘法构成环，则称 S 是 R 的子环。

关于子环，有如下判定定理。

定理 7.1.1 设 S 是环 R 的非空子集，则 S 是 R 的子环的充要条件是：$\forall a,b\in S$，有 $a-b$，$ab\in S$。

证 必要性显然成立，下证充分性：

S 是环 $(R, +, \cdot)$ 的非空子集，$\forall a,b\in S$，$a-b\in S$，则 $(S, +)\leqslant (R, +)$，并且 $(S, +)$ 是交换群，由 $ab\in S$ 知 $(S, \cdot)$ 是 $(R, \cdot)$ 的子半群。R 中乘法对加法满足左、右分配律，S 是 R 的子集，且运算与 R 相同，因而 S 中乘法对加法也满足左、右分配律，S 构成环，是 R 的子环。

类似于群的同态与同构，我们很容易定义环的同态与同构。

定义 7.1.3 设 R，R' 是两个环，我们称映射 $f: R\rightarrow R'$ 为环同态，如果 f 满足如下条件：

（1）对任意的 $a,b\in R$，都有 $f(a+b)=f(a)+f(b)$；

（2）对任意的 $a,b\in R$，都有 $f(ab)=f(a)f(b)$。

如果 f 是单射，则称 f 为单同态；如果 f 是满射，则称 f 为满同态，如果 f 是一一映射（双射），则称 f 为同构。

定义 7.1.4 设 R，R' 是两个环，我们称 R 与 R' 环同构，如果存在一个 R 到 R' 的同构映射。

第二节 整环、除环和域

在本节，我们将会简单地介绍几种特殊的环。

在整数环 Z 中，有一个重要特性：若 $ab=0$，则 $a=0$ 或 $b=0$。但在一般的环中，该特性未必成立，例如在 $(Z/nZ, \oplus, \otimes)$ 构成模 n 的剩余类环中。为此，我们在环中引入零因子的概念。

定义 7.2.1 设 a 是环 R 中的一个非零元，a 称为左零因子（右零因子），如果存在非零元 $b\in R(c\in R)$ 使得 $ab=0$（$ca=0$）；a 称为零因子，如果它同时为左零因子和右零因子。

如果一个环 R 没有零因子，则称 R 为无零因子环。相应地，我们可引入一类特殊的环——整环。

定义 7.2.2 设 R 是一个交换环，我们称 R 为整环，如果 R 中有单位元，但没有

零因子。

例 7.2.1 $Z/6Z = \{\bar{0}, \bar{1}, \bar{2}, \bar{3}, \bar{4}, \bar{5}\}$ 是一个有零因子环，因为 $\bar{2} \otimes \bar{3} = 0$。

例 7.2.2 对于素数 p，模 p 剩余类环 $(Z/pZ, \oplus, \otimes)$ 是一个无零因子环。特别地，它也是整环，其中单位元为 $\bar{1}$。

定义 7.2.3 设 R 为一个至少含 2 个元素的环，如果 R 中有单位元，且每个非零元都是可逆元，即 R 对于加法构成一个交换群，$R^*=R\backslash\{0\}$ 对于乘法构成一个群，则称 R 是一个除环。

下面的例子是历史上第一个非交换除环，它于 1843 年由哈密顿首次提出。

例 7.2.3 $D=\{a\cdot 1+bi+cj+dk|a,b,c,d\in R\}$，其中 D 中的元素记为四元数。$1, i, j, k$ 为 D 的一组基，规定基元素之间的乘法如表 7.2.1 所列。

表 7.2.1

·	1	i	j	k
1	1	i	j	k
i	i	-1	k	$-j$
j	j	$-k$	-1	i
k	k	j	$-i$	-1

在此基础上，对四元数加法与乘法运算作出以下规定：

（1）$a_1+a_2i+a_3j+a_4k=b_1+b_2i+b_3j+b_4k$ 当且仅当对应系数相等时才成立；

（2）$(a_1+a_2i+a_3j+a_4k)+(b_1+b_2i+b_3j+b_4k)=(a_1+b_1)+(a_2+b_2)i+(a_3+b_3)j+(a_4+b_4)k$；

（3）$(a_1+a_2i+a_3j+a_4k)\cdot(b_1+b_2i+b_3j+b_4k)=(a_1b_1-a_2b_2-a_3b_3-a_4b_4)+(a_1b_2+a_2b_1+a_3b_4-a_4b_3)i$
$+(a_1b_3+a_3b_1+a_4b_2-a_2b_4)j+(a_1b_4+a_4b_1+a_2b_3-a_3b_2)k$。

根据上述运算规则，D 是一个无限非交换四元数除环，单位元为 1。

下面看看整环和除环的差异

定理 7.2.1 除环没有零因子。

证 假设环 R 是一个除环，a 是 R 中的元素且 $a\neq 0$，若有一元素 b 使得 $ab=0$，则 $b=(a^{-1}a)b=a^{-1}(ab)=0$，故 R 内无零因子。证毕。

注意到在除环的概念中，没有要求满足乘法交换律，因此除环不一定是整环。但由定理 7.2.1 可知交换除环是整环。另一方面，整环不一定是除环。例如整数环 Z 中，非零元除 1 和 -1 外均没有逆元，故不是除环。

我们将交换除环称为域。关于域，还有如下等价的定义：

定义 7.2.4 如果一个环 R 存在非零元，而且全体非零元构成一个乘法交换群，则 R 称为一个域。

例 7.2.3 中给出的哈密顿非交换除环不是域。

例 7.2.4 全体有理数 Q、全体实数 R 和全体复数 C 对于普通的加法和乘法都是域。

例 7.2.5 设 p 是素数，则 $(Z/pZ, \oplus, \otimes)$ 是域。

接着我们介绍一下整环与域的关系。

定理 7.2.2 域一定是整环。

证 由域的定义，我们只需验证域中无零因子。

对于域中的任意两个元素 $ab=0$，若 $a\neq 0$，则 a 存在逆元 a^{-1}，于是有
$$b=a^{-1}ab=a^{-1}0=0$$
因此域中不存在零因子。证毕。

定理 7.2.3 有限整环一定是域。

证 设 R 为一个含有 n 个元素的整环，元素为 $a_1, a_2, \cdots, a_n$。设 S 中任一非零元 a，考察 $aa_1, aa_2, \cdots, aa_n$ 这 n 个结果必然两两不同；否则
$$aa_i=aa_j$$
则 $a(a_i-a_j)=0$，R 是整环且 $a\neq 0$，于是 $a_i-a_j=0$，即 $a_i=a_j$。因此这 n 个结果恰好为 R 的全部元素，于是其中必有乘法单位元，即必有 a_i 使得 $aa_i=1$。这也就是说有限整环 R 中的每个非零元都有逆元，故 R 为域。证毕。

最后结合上节的讨论，我们可归纳出图 7.2.1。

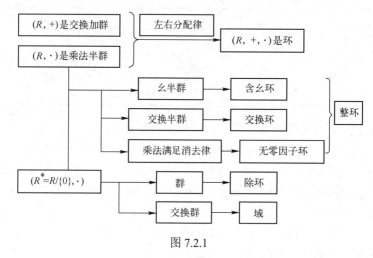

图 7.2.1

第三节 理　　想

在第六章有关群的学习中，我们介绍了正规子群，它对于群结构的研究有着重要的作用。在环中，我们也有类似的子集——理想，本节将围绕理想展开讨论。

定义 7.3.1 设 R 是一个环，I 是 R 的子环，I 称为 R 的左理想，如果对任意的 $r\in R$ 和对任意的 $a\in I$，都有 $ra\in I$；I 称为 R 的右理想，如果对任意的 $r\in R$ 和对任意的 $a\in I$，都有 $ar\in I$；I 称为 R 的理想，如果 R 同时为左理想和右理想。

例 7.3.1 $\{0\}$ 和 R 都是 R 的理想，称为 R 的平凡理想。

例 7.3.2 设 R 是环，
$$C=\{a\in R\,|\,ax=xa, \forall x\in R\}$$
则 C 是 R 的子环，但 C 不一定是理想。

证 $\forall x\in R, 0x=0=x0, 0\in C, C\neq\varnothing$，
$\forall a,b\in C, ax=xa, bx=xb,$
$(a-b)x=ax-bx=xa-xb=x(a-b)$

$(ab)x = a(bx) = (ax)b = x(ab)$

所以，$a-b$，$ab \in C$，C 是 R 的子环，
$$\forall r \in R, a \in C, x \in R$$

$(ra)x = r(ax) = r(xa) = (rx)a$，但一般 $rx \neq xr$，故一般不能推出 $(ra)x=x(ra)$，所以 C 不一定是 R 的理想。

注　（1）例 7.3.2 中的 R 的子环 C 称为环 R 的中心。

（2）理想在环论中所处的地位与正规子群在群论中所处的地位相当。但是，我们不能把群论中有关正规子群的结论完全照搬到理想。例如群论中"群 G 的中心是 G 的正规子群"，但环 R 的中心却不一定是 R 的理想。

除了定义外，我们还可以给出如下理想的判定定理。

定理 7.3.1　环 R 的非空子集 I 是左（右）理想的充要条件是：

（1）对任意的 $a, b \in I$，都有 $a-b \in I$。

（2）对任意的 $r \in R$ 和对任意的 $a \in I$，都有 $ra \in I (ar \in I)$。

证　必要性是显然的。我们下证充分性：

由（1）知，I 是 R 的加法子群。再由（2）立即知道 I 对乘法封闭，且作为环 R 的子集满足环的条件，因此 I 是子环。同时，I 也满足理想的条件，故 I 是 R 的理想。

考虑多个理想的交集。容易看出，如果 $\{A_i\}_{i \in I}$ 是环 R 中的一族理想，则 $\cap_{i \in I} A_i$ 也是一个理想。由此可给出一个非空子集 X 生成一个理想的表述，即包含 X 的最小理想。

定义 7.3.2　设 X 是环 R 的一个子集，设 $\{A_i\}_{i \in I}$ 是环 R 中包含 X 的所有(左)理想，则 $\cap_{i \in I} A_i$ 称为由 X 生成的(左)理想，记为 (X)。

X 中的元素称为理想 (X) 的生成元。如果 $X = \{a_1, \cdots, a_n\}$，则理想 (X) 记为 $(a_1, \cdots, a_n)$，并称其为有限生成的。特别地，由一个元素 a 生成的理想称为主理想，记作 (a)。

注　设 R 是环（不一定有单位元，也不一定是交换环），元素 $a \in R$，则

（1）主理想 (a) 为
$$(a) = \left\{ ra + ar' + na + \sum_{i=1}^{m} r_i a s_i \mid r, r', r_i, s_i \in R, m \in N, n \in Z \right\}$$

（2）如果 R 有单位元 1_R 时，则
$$(a) = \left\{ \sum_{i=1}^{m} r_i a s_i \mid r, s_i \in R, m \in N \right\}$$

（3）如果 a 在 R 的中心，则
$$(a) = \{ ra + na \mid r \in R, n \in Z \}$$

（4）$Ra = \{ra \mid r \in R\}$（对应地，$aR = \{ar \mid r \in R\}$）是 R 中的左（对应地，右）理想，如果 R 有单位元，则 $a \in Ra$、$a \in aR$。

证　（1）根据理想的定义，易知
$$I = \left\{ ra + ar' + na + \sum_{i=1}^{m} r_i a s_i \mid r, r', r_i, s_i \in R, m \in N, n \in Z \right\}$$

是一个包含 a 的理想，同时，包含 a 的任一理想一定包含 I，所以 $I=(a)$。

（2）如果 R 有单位元 1_R，则有
$$ra = ra1_R, ar' = 1_R ar', na = (n1_R)a$$
因此，（2）成立。

（3）如果 a 在 R 的中心，则有
$$ar' = r'a, \sum_{i=1}^{m} r_i a s_i = \left(\sum_{i=1}^{m} r_i s_i\right) a$$
因此，（3）成立。

由（2）和（3）即可得到（4），证毕。

环 R 称为主理想环，如果 R 的所有理想都是主理想。

例 7.3.3 Z 是主理想环。

证 设 I 是 Z 中的一个非零理想，当 $a \in I$ 时，有 $0 = 0a \in I$ 及 $-a = (-1)a \in I$。因此，I 中有正整数存在。设 d 是 I 中的最小正整数，则 $I = (d)$。事实上，对任意 $a \in I$，存在整数 q，r 使得
$$a = dq + r, \quad 0 \leq r < d$$
这样，由 $a \in I$ 及 $dq \in I$，得到 $r = a - dq \in I$，但 $r < d$ 以及 d 是 I 中的最小正整数，因此，$r = 0$，$a = dq \in (d)$。从而 $I \subset (d)$。又显然有 $(d) \subset I$，故 $I = (d)$，故 Z 是主理想环。

例 7.3.4 整数环上的多项式环 $Z[X]$ 不是主理想环。

证 可以证明 $Z[X]$ 的理想 $(2, x)$ 不是主理想。

用反证法。若 $(2, x)$ 是主理想，设
$$(2, x) = (g(x))$$
则
$$2, x = (g(x))$$
由于 $Z[X]$ 是有单位元的交换环，故可令
$$2 = s(x)g(x), \quad x = t(x)g(x)$$
这只有 $g(x) = \pm 1$。但因为 $(2, x)$ 显然是由常数项为偶数的所有整系数多项式作成的理想，故 $\pm 1 \notin (2, x)$，矛盾。

因此 $Z[X]$ 的理想 $(2, x)$ 不是主理想，从而 $Z[X]$ 不是主理想环。

设 A，B，C 是环 R 的理想，由第六章关于集合运算的定义，不难验证 $A+B$，AB 也是环 R 的理想，分别称为 A 与 B 的和、积，此外还可以验证它们满足如下法则：

（1）$A+B = B+A$。（加法交换律）

（2）$(A+B)+C = A+(B+C)$。（加法结合律）

（3）$(AB)C = ABC = A(BC)$。（乘法结合律）

（4）$A(B+C) = AB+AC$，$(B+C)A = BA+CA$。（分配律）

正规子群在群论中的重要意义是：可利用它将群中的元素进行分类，使得同一类元素归于同一个子集，从而产生商群。类似地，理想在环中也起着相同的作用。

设 R 是一个环，I 是 R 的一个理想，不难看出 I 是 $(R, +)$ 的一个正规子群，因此可

定义加法运算：

$$(a+I)+(b+I)=(a+b)+I，商群 R/I 存在。$$

对于乘法，当 $a+I=a'+I$，$b+I=b'+I$ 时，由 I 是理想，于是有$(a+I)(b+I)=(a'+I)(b'+I)$。故在 R/I 上可定义乘法运算$(a+I)(b+I)=ab+I$。易证，对于乘法，结合律成立。

因此，我们有

定理 7.3.2　设 R 是一个环，I 是 R 的一个理想，则 R/I 对于加法运算

$$(a+I)+(b+I)=(a+b)+I$$

和乘法运算

$$(a+I)(b+I)=ab+I$$

构成一个环，当 R 是交换环或有单位元时，R/I 也是交换环或有单位元。

定理中的 R/I 称为 R 关于 I 的商环。相对于群论中的自然同态和同态定理，我们在环中也有类似的结论。

定理 7.3.3　设 f 是环 R 到环 R' 的同态，则 f 的核 $\ker(f)$ 是 R 的理想。反过来，如果 I 是环 R 的理想，则映射

$$s:R\to R/I$$

$$r\to r+I$$

是核为 I 的同态。映射 $s:R\to R/I$ 称为 R 到 R/I 的自然同态。

定理 7.3.4　设 f 是环 R 到环 R' 的同态，则存在唯一的 $R/\ker(f)$ 到像子环 $f(R)$ 的同构 $\bar{f}:r+I\to f(r)$ 使得 $f=i\circ\bar{f}\circ s$，其中 s 是环 R 的商环 $R/\ker(f)$ 的自然同态，$i:c\to c$ 是 $f(R)$ 到 R' 的恒等同态，即有图 7.3.1 所示的交换图。

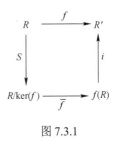

图 7.3.1

下面继续介绍两个重要的理想——素理想和极大理想。

在整数环 Z 中，素数起着基本建筑块的作用。素数满足以下性质：

对于大于 1 的素数 p，从 $p|ab$ 可以推断出 $p|a$ 或 $p|b$。

相应地，我们有如下概念

定义 7.3.3　设 R 是一个有单位元的交换环，P 是 R 的一个理想，且 $P\neq R$。如果对于任意的 $ab\in P$，总有 $a\in P$ 或 $b\in P$，则称 P 为 R 的一个素理想。

定理 7.3.5　设 P 是环 R 的理想，如果 $P\neq R$，且对任意的 a，$b\in R$，当 $ab\in P$ 时，有 $a\in P$ 或 $b\in P$，则 P 是素理想。反过来，如果 P 是素理想，且 R 是交换环，则上述结论成立。

证　必要性：如果理想 A、B 使得 $AB\subset P$，$A\not\subset P$，则存在元素 $a\in A$，$a\notin P$。对任意元素 $b\in B$，根据假设，从 $ab\in AB\subset P$ 及 $a\notin P$ 可得到 $b\in P$。这说明，$B\subset P$，因此，P 是素理想。

反过来，设 P 是素理想，且 R 是交换环，则对任意的 a，$b\in R$，满足 $ab\in P$，有 $(a)(b)=(ab)\subset P$。根据素理想的定义，则有$(a)\subset P$ 或$(b)\subset P$。由此得到，$a\in P$ 或 $b\in P$，证毕。

例 7.3.5　任意整环的零理想是素理想。

例 7.3.6 设 p 是素数，则 $P=(p)=pZ$ 是 Z 的素理想。

证 对任意的整数 a, b，若 $ab\in P=(p)$，则 $p|ab$，根据定理 1.4.2 有 $p|a$ 或 $p|b$。由此得到，$a\in P$ 或 $b\in P$。根据定理 7.3.5，$P=(p)=pZ$ 是 Z 的素理想。

定理 7.3.6 在有单位元 $1_R\neq 0$ 的交换环 R 中，理想 P 是素理想当且仅当商环 R/P 是一个整环。

证 因为环 R 有单位元 $1_R\neq 0$，所以 R/P 有单位元 1_R+P 和零元 $0_R+P=P$，现在说明 R/P 无零因子，事实上，若 $(a+P)(b+P)=P$，则 $ab+P=P$，因此 $ab\in P$，但 P 是交换环 R 的素理想，根据定理 7.3.5，得到 $a\in P$ 或 $b\in P$，即 $a+P=P$ 或 $b+P=P$ 是 R/P 的零元，又 R 是交换环时，R/P 也是交换环，故商环 R/P 是整环。

反过来，对任意的 a, $b\in R$，满足 $ab\in P$，有 $(a+P)(b+P)=ab+P=P$，因为商环 R/P 是整环，没有零因子，所以 $a+P=P$ 或 $b+P=P$，由此得到，$a\in P$ 或 $b\in P$。根据定理 7.3.5，理想 P 是素理想，证毕。

在环论的学习中，一个很重要的问题是判断一个环 R 何时为域。由定理 7.3.6 可知，R 对于素理想 P 得到的商环 R/P 为整环，那么自然要问 R 对于什么理想 I 得到的商环 R/I 为域。由此我们引出极大理想。

定义 7.3.4 设 M 是环 R 的理想，且 $M\neq R$，如果除了 R 和 M 以外，R 中没有包含 M 的理想，则称 M 是 R 的极大理想。

定理 7.3.7 设 R 是一个有单位元 $1_R\neq 0$ 的交换环，如果 M 是 R 的一个极大理想，则商环 R/M 是一个域。

证 若 M 是 R 的极大理想，$\bar{a}\in R/M$，$\bar{a}\neq\bar{0}$，则 $a\notin M$。考虑 R 的由 a 和 M 生成的理想 I，由于 M 是极大理想，所以 $R=I$，故存在 $r\in R$, $s\in M$ 使得 $1=ar+s$。因此，在商环 R/M 中，有 $\bar{1}=\bar{a}\cdot\bar{r}$，即 $\bar{a}$ 在 R/M 中可逆。而 R/M 是交换环，故 R/M 是域。

定理 7.3.7 是从小的有限域出发构造大的有限域的理论基础，这在 7.4 节会详细介绍。

此外需要注意的是，由于域一定是整环，因此在有单位元的交换环中，极大理想一定是素理想，但反过来不一定成立。事实上，基于极大理想有许多很重要的结论，有兴趣的读者可参阅有关书籍。

第四节 域的扩张

我们知道，实数域是在它的子域有理数域上通过添加所有无理数而得到的，复数域是在它的子域实域上通过添加复数 i ($i^2=-1$) 而得到的。一般地，我们研究域的方法也是从一个给定的域出发，通过添加若干个元到这个给定的域，获得一个包含这个给定域的域，再来研究这样得到的域的结构。

定义 7.4.1 设 F 是一个域，如果 K 是 F 的子域，则称 F 为 K 的扩域。

一个域，若它不含真子域，则称为素域。

如果 F 是 K 的扩域，则 $1_F=1_K$。而且，F 可作为 K 上的线性空间，我们用 $[F:K]$ 表示 F 在 K 上线性空间的维数。如果 $[F:K]$ 是有限（无限）的，则称 F 为 K 的有限（无限）扩张。

定理 7.4.1 设 E 是 F 的扩域，F 又是 K 的扩域，则
$$[E:K]=[E:F][F:K]$$
如果 $\{\alpha_i\}_{i\in I}$ 是 F 在 K 上的基底，$\{\beta_i\}_{i\in I}$ 是 E 在 F 上的基底，则 $\{\alpha_i\beta_i\}_{i\in I,j\in J}$ 是 E 在 K 上的基底。

推论 7.4.1 E 是 K 的有限扩域的充要条件是 E 是 F 的有限扩域且 F 是 K 的有限扩域。

例 7.4.1 实数域 R 是有理数域 Q 的扩域，复数域 C 是实数域 R 的扩域。

例 7.4.2 数域 $Q(\sqrt{2})$ 是 Q 的有限扩张，且 $[Q(\sqrt{2}):Q]=2$。

设 F 是一个域，$X\subset F$，则包含 X 的所有子域（或子环）的交集仍是包含 X 的子域，称为由 X 生成的子域（或子环），如果 F 是 K 的扩域及 $X\subset F$，则由 $K\cup X$ 生成的子域（或子环）称为 X 在 K 上生成的子域（或子环），记为 $K(X)$（或 $K[X]$），注意到 $K[X]$ 是一个整环。

如果 $X=\{u_1,\cdots,u_n\}$，则 F 的子域 $K(X)$（或子环 $K[X]$）记为 $K=\{u_1,\cdots,u_n\}$（或 $K=[u_1,\cdots,u_n]$），域 $K=(u_1,\cdots,u_n)$ 称为 K 的有限扩张，如果 $X=\{u\}$，则 $K(u)$ 称为 K 的单扩张。

定理 7.4.2 设 F 是域 K 的扩域，$u,u_1,\cdots,u_n\in F$，以及 $X\subset F$，则

（1）子环 $K[u]$ 由形为 $f(u)$ 的元素组成，其中 f 是系数在 K 的多项式(就是 $f\in K[x]$)。

（2）子环 $K[u_1,\cdots,u_n]$ 由形为 $f(u_1,\cdots,u_n)$ 的元素组成，其中 f 是系数在 K 上的 n 元多项式（就是 $f\in K(u_1,\cdots,u_n)$）。

（3）子环 $K[X]$ 由形为 $f(u_1,\cdots,u_n)$ 的元素组成，其中 $n\in N$，$u_1,\cdots,u_n\in X$，$f\in K[u_1,\cdots,u_n]$。

（4）子域 $K(u)$ 由形为 $\dfrac{f(u)}{g(u)}$ 的元素组成，其中 $f,g\in K[x]$，$g(u)\neq 0$。

（5）子域 $K(u_1,\cdots,u_n)$ 由形为 $\dfrac{f(u_1,\cdots,u_n)}{g(u_1,\cdots,u_n)}$ 的元素组成，其中 $f,g\in K[u_1,\cdots,u_n]$，$g(u_1,\cdots,u_n)\neq 0$。

（6）子域 $K(X)$ 由形为 $\dfrac{f(u_1,\cdots,u_n)}{g(u_1,\cdots,u_n)}$ 的元素组成，其中 $n\in N,f,g\in K[u_1,\cdots,u_n]$，$u_1,\cdots,u_n\in X$，$g(u_1,\cdots,u_n)\neq 0$。

（7）对每个 $v\in K(X)(K[X])$，存在一个有限子集 $X'\subset X$，使得 $v\in K(X')(K[X'])$。

定义 7.4.2 设 F 是 K 的一个扩域，如果存在一个非零多项式 $f\in K[X]$ 使得 $f(u)=0$，则 F 中元素 u 称为 K 上的代数数。如果不存在任何非零多项式 $f\in K[x]$ 使得 $f(u)=0$，则 F 的元素 u 称为 K 上的超越数。如果 F 的每个元素都是 K 上的代数数，则 F 称为 K 的代数扩张。如果 F 中至少有一个元素是 K 上的超越数，则 F 称为 K 上的超越扩张。

如果 $u\in K$，则 u 是 $x-u\in K[x]$ 的根，因此，u 是 K 上的代数数。

定理 7.4.3 如果 F 是 K 的扩域，$u\in F$ 是 K 上的超越数，则存在一个在 K 上为恒等映射的域同构 $K(u)\cong K(x)$。

证 由于 u 是 K 上的超越数，所以对任意非零多项式 $g(x)$，有 $g(u)\neq 0$，考虑 $K(x)$ 到

$K(u)$ 的映射

$$\sigma : \frac{F(x)}{g(x)} \to \frac{F(u)}{g(u)}$$

易知：σ 是同态，且 σ 是一一对应的，故 σ 是同构，证毕。

定义 7.4.3 设 F 是域 K 的扩域，$a_1,a_2,\cdots,a_n$ 是 F 的 n 个元素，$a_1,a_2,\cdots,a_n$ 称为在 K 上代数相关，如果存在一个非零多项式，$f\in K[u_1,\cdots,u_n]$ 使得

$$f(a_1,a_2,\cdots,a_n)=0$$

$a_1,a_2,\cdots,a_n$ 称为代数无关，如果 $a_1,a_2,\cdots,a_n$ 不是代数相关。

注 $a_1,a_2,\cdots,a_n$ 代数无关，如果有多项式 $f\in K=\{u_1,\cdots,u_n\}$ 使得

$$f(a_1,a_2,\cdots,a_n)=0$$

则 $f=0$。

例 7.4.3 圆周率 $\pi=3.14\cdots$ 在 Q 上代数无关，自然对数底 $e=2.718\cdots$ 在 Q 上也代数无关。

定理 7.4.4 设 F 是域 K 的有限生成扩域，则 F 是 K 的代数扩张或者存在代数无关元 $\theta_1,\theta_2,\cdots,\theta_t$ 使得 F 是 $K(\theta_1,\theta_2,\cdots,\theta_t)$ 的代数扩张。

证 设 F 在域 K 的有限生成元为 $S=\{a_1,a_2,\cdots,a_n\}$。

如果 S 中的每个元素在 K 上代数相关，则 F 是 K 的代数扩张。否则，S 中有元素在 K 上代数无关，设为 θ_1，我们用 $K(\theta_1)$ 代替 K 进行讨论。

如果 S 中的每个元素在 $K(\theta_1)$ 上代数相关，则 F 是 $K(\theta_1)$ 的代数扩张。

否则，如果 S 中有元素在 $K(\theta_1)$ 上代数无关，设为 θ_2，这时，θ_1,θ_2 代数无关。如此继续下去，可找到代数无关元 $\theta_1,\theta_2,\cdots,\theta_t$ 使得 F 是 $K(\theta_1,\theta_2,\cdots,\theta_t)$ 的代数扩张，证毕。

下面介绍一个在单代数扩域中十分重要的概念——不可约多项式，首先我们来证明。

引理 7.4.1 设 F 是域 K 的扩域，$u\in F$ 是 K 上的代数数，则存在唯一的 K 上的首一不可约多项式 $f(x)$ 使得 $f(u)=0$。

证 因为 $u\in F$ 是 K 上的代数数，所以存在 K 中的多项式 $f(x)$ 使得 $f(u)=0$，在这些多项式中，有一个次数最小的唯一的首一多项式，仍记为 $f(x)$，它还是不可约的，这是由于若令 $f(x)=g(x)h(x)$，其中 $g(x)$ 和 $h(x)$ 的次数都小于 $f(x)$ 的次数，则有 $f(u)=g(u)h(u)=0$，而 $g(u)$ 和 $h(u)$ 都是 $K(u)$ 中元，而域无零因子，于是有 $g(u)=0$ 或 $h(u)=0$，这与 $f(u)$ 定义中次数最小矛盾，故 $f(x)$ 在 K 上是不可约的。因此，$f(x)$ 就是所求的多项式，证毕。

定义 7.4.4 设 F 是域 K 的扩域，$u\in F$ 是 K 上的代数数，引理中的首一不可约多项式称为 u 的不可约多项式（或极小多项式或定义多项式），u 在 K 上的次数记为 $\deg(f)$。

定理 7.4.5 设 F 是域 K 的扩域，$u\in F$ 是 K 上的代数数，则

（1）$K(u)=K[u]$。

（2）$K(u)\cong K[x]/(f)$，其中 $f\in K[x]$ 是满足 $f(u)=0$ 的次数为 n 的唯一的首一不可约多项式。

（3）$[K(u):K]=n$。

（4）$\{1,u,u^2,\cdots,u^{n-1}\}$ 是 K 上向量空间 $K(u)$ 的基底。

（5）$K(u)$的每个元素可唯一地表示为 $a_0 + a_1u + \cdots + a_{n-1}u^{n-1}, a_i \in K$。

例 7.4.4 多项式 $x^2 + x - 1$ 是 Q 上的不可约多项式。

例 7.4.5 多项式 $x^3 + 3x - 1$ 是 Q 上的不可约多项式。

定理 7.4.6 设 $\sigma: K \to L$ 是域同构，设 u 是 K 的某一扩域中的元素，v 是 L 的某一扩域中的元素，假设：

（1）u 是 K 上的超越元，v 是 L 上的超越元，或者

（2）u 是不可约多项式 $f \in K[x]$ 的根，v 是不可约多项式 $\sigma f \in L[x]$ 的根。

则 σ 可扩充为域同构 $K(u) \cong K[x]$，并将 u 映到 v。

证 对于 $g(x) = b_m x^m + \cdots + b_1 x + b_0 \in K[x]$，记

$$\sigma g(x) = \sigma(b_m) x^m + \cdots + \sigma(b_1) x + \sigma(b_0) \in L[x]$$

考虑 $K(u)$ 到 $L(v)$ 的映射

$$\varphi: \frac{h(u)}{g(u)} \to \frac{\sigma h(u)}{\sigma g(u)}$$

这个 φ 是 $K(u)$ 到 $L(v)$ 的同构，且满足 $\varphi|_k = \sigma, \sigma(u) = v$，证毕。

定理 7.4.7 设 E 和 F 都是域 K 的扩域，$u \in E$ 以及 $v \in F$，则 u 和 v 是同一不可约多项式 $f \in K[x]$ 的根当且仅当存在一个 K 的同构 $K(u) \cong K[v]$，其将 u 映到 v。

证 取 $\sigma = id_k$ 为 K 上的恒等变换，σ 是 K 到自身的同构，且 $\sigma f = f$，应用定理 7.4.6 即得到定理 7.4.7，证毕。

定理 7.4.8 设 K 是一个域，$f \in K[x]$ 是次数为 n 的多项式，则存在 K 的单扩域 $F=K(u)$ 使得

（1）$u \in F$ 是 f 的根。

（2）$[K(u):K] \leq n$，等式成立当且仅当 f 是 $K[x]$ 中的不可约多项式。

推论 7.4.2 设 K 是一个域，$f \in K[x]$ 是次数为 n 的不可约多项式，设 α 是 $f(x)$ 的根，则 α 在 K 上生成的域为 $F=K(\alpha)$，且 $[K(\alpha):K] = n$。

下面给出代数闭包的概念。

设 E 是域 F 的扩域，令 A 是 E 中 F 的所有代数元组成的集合，可以证明，A 是 E 的子域且 $F \subseteq A \subseteq E$，则 A 称为 F 在 E 中的代数闭包，特别地，当 $F=A$ 时，就说 F 在 E 中是代数闭的。一个域 K 称为代数闭域，若 $K[x]$ 中每个次数大于零的多次式在 K 内有一个根，于是代数闭包一定是代数闭域，但反之不然。例如，Q 在 C 中的代数闭包就是代数数的全体，即代数数域，而 C 是代数闭域，即 C 上的代数元必在 C 中，但 C 不是代数闭包，因为 C 含有超越元，可以证明：在同构的意义下，每个域有且仅有一个代数闭包，这说明每个域 F 都存在一个最大的代数扩域 L 使得 L 的代数扩域就是它自身。

下面介绍一类重要的代数扩域。

定义 7.4.5 设 K 是一个域，$f \in K[x]$ 是次数大于或等于 1 的多项式，K 的一个扩域 F 称为多项式 f 在 K 上的分裂域，如果 f 在 $F[x]$ 中可分解，且 $F=K(u_1, \cdots, u_n)$，其中 $u_1, \cdots, u_n$ 是 f 在 F 中的根。

设 S 是 $K[x]$ 中一些次数大于或等于 1 的多项式组成的集合，K 的一个扩域 F 称为多

项式集合 S 在 K 上的分裂域,如果 S 中的每个多项式 f 在 $F[x]$ 中可分解,且 F 由 S 中的所有多项式的根在 K 上生成。

定理 7.4.9 设 K 是一个域,$f\in K[x]$ 的次数为 $n\geqslant 1$,则存在 f 一个分裂域 F 具有 $[F:K]\leqslant n!$。

证 对 $n=\deg(f)$ 作数学归纳法。如果 $n=1$,或如果 f 在 K 上可分解,则 $F=K$ 是分裂域。如果 $n>1$,f 在 K 上不能分解,设 $g\in K[x]$ 是 f 的次数大于 1 的不可约因式,则由定理 7.4.8 存在 K 的一个单扩域 $K(u)$ 使得 u 是 g 的根,且 $[K(u):K]=\deg(g)>1$。因此,在 $K(u)[x]$ 中有分解式 $f(x)=(x-u)h(x)$,其中 $\deg(h)=n-1$。由归纳假设,存在一个 h 在 $K(u)$ 上的维数小于或等于 $(n-1)!$ 的分裂域 F。易知,F 在 K 上的次数 $[F:K]=[F:K(u)][K(u):K]\leqslant (n-1)!n=n!$。证毕。

第五节 有 限 域

只含有限个元素的域称为有限域,它在密码算法设计中有着重要应用。本节介绍关于有限域的基本性质及其构造。

先给出一些相关概念。

定义 7.5.1 设 R 是一个环,如果存在一个最小正整数 n 使得对任意 $a\in R$,都有 $na=0$,则称环 R 的特征为 n;如果不存在这样的正整数,则称环 R 的特征为 0。

定理 7.5.1 如果域 K 的特征不为零,则其特征为素数。

证 设域 K 的特征为 n。如果 n 不是素数,则存在整数 $1<n_1, n_2<n$,使得 $n=n_1n_2$。从而,$(n_11_K)(n_21_K)=(n_1n_2)1_K=0$。因为域 K 无零因子,所以 $(n_11_K)=0$ 或 $(n_21_K)=0$ 这与特征 n 的最小性矛盾,证毕。

定理 7.5.2 设 R 是有单位元的交换环,如果环 R 的特征是素数 p,则对任意 $a, b\in R$,有

$$(a+b)^p = a^p + b^p$$

证 根据性质 7.1.2,有

$$(a+b)^p = a^p + \sum_{k=1}^{p-1}\frac{p!}{(p-k)!}a^kb^{p-k} + b^p$$

对于 $1\leqslant k\leqslant p-1$,有 $(p, k!(p-k)!)=1$,从而 $p|p\dfrac{(p-1)!}{k!(p-k)!}$,这样由 R 的特征是素数 p,得到 $\dfrac{p!}{k!(p-k)!}a^kb^{p-k}=0$。因此,结论成立,证毕。

推论 7.5.1 设 p 是一个素数,设 $f(x)=a_nx^n+\cdots+a_1x+a_0$ 是整系数多项式,则

$$f(x)^p \equiv f(x^p)(\bmod p)$$

证 在域 F_p 上的多项式环 $F_p[x]$ 上,有

$$f(x)^p \equiv (a_nx^n)^p + \cdots + (a_1x)^p + a_0^p \equiv a_n(x^p)^n + \cdots + a_1(x^p) + a_0 \equiv f(x^p)(\bmod p)$$

也就是,

$$f(x)^p \equiv f(x^p) \pmod{p}$$

下面开始介绍有限域。

设 F_q 是 q 元有限域,其特征 p 为素数,则 F_q 包含素域 $F_p = Z/pZ$,是 F_p 上的有限维线性空间,设 $n = [F_q : F_p]$,则 $q = p^n$,即 q 是其特征 p 的幂。

我们要证明:$F_q^* = F_q \setminus \{0\}$ 是 $q-1$ 阶循环乘群,为此,我们需讨论 F_q^* 的一些性质。

定理 7.5.3 F_q^* 的任意元 a 的阶整除 $q-1$。

证 方法一:设 $H = <a>$ 是 a 生成的循环群,根据定理 6.1.2,有
$$\text{ord}(a) = |H| \,||\, F_q^*| = q-1$$

方法二:设 $F_q^* = \{a_1, a_2, \cdots, a_{q-1}\}$,则 $aa_1, aa_2, \cdots, aa_{q-1}$ 是 $a_1, a_2, \cdots, a_{q-1}$ 的一个排列,因此
$$(aa_1)(aa_2) \cdots (aa_{q-1}) = a_1 a_2 \cdots a_{q-1} \text{ 或 } a^{q-1}(a_1 a_2 \cdots a_{q-1}) = a_1 a_2 \cdots a_{q-1}$$
两端右乘 $(a_1 a_2 \cdots a_{q-1})^{-1}$,得到 $a^{q-1} = 1$。类似于定理 4.1.1 的证明,我们有 $\text{ord}(a) | q-1$。

定义 7.5.2 有限域 F_q 的元素 g 称为生成元,如果它是 F_q^* 的生成元,即阶为 $q-1$ 的元素。

当 g 是 F_q 的生成元时,有 $F_q = \{0, g^0 = 1, g, \cdots, g^{q-2}\}$。

定理 7.5.4 每个有限域都有生成元。如果 g 是 F_q 的生成元,则 g^d 是 F_q 的生成元当且仅当 d 和 $q-1$ 的最大公因数 $(d, q-1) = 1$,特别地,F_q 有 $\varphi(q-1)$ 个生成元。

证 设 a 是阶为 d 的元素,则 d 个数 $a^0 = 1, a, \cdots, a^{d-1}$ 两两不等,且是方程:$x^d - 1 = 0$ 的所有根(因为其根都是单根)。根据定理 7.5.3,$d | q-1$,用 $f(d)$ 表示域 F_q 中阶为 d 的元素个数,有
$$\sum_{d | q-1} F(d) = q-1$$

因为阶为 d 的元素 b 满足方程 $x^d - 1 = 0$,所以 b 为 a 的幂,即 $b = a^i$,$1 \leq i \leq d$。根据性质 6.4.1(8),a^i 的阶为 d 的充要条件是 $(i, d) = 1$,故 $F(d) = \varphi(d)$。如果 F_q 中没有阶为 d 的元素,则 $f(d) = 0$,总之,有
$$F(d) \leq \varphi(d)$$

但根据定理 2.3.6,我们又有
$$\sum_{d | q-1} F(d) = q-1$$

这样,
$$\sum_{d | q-1} (\varphi(d) - F(d)) = 0$$

因此,对所有正整数 $d | q-1$,有
$$F(d) = \varphi(d)$$

特别地,有
$$F(q-1) = \varphi(q-1)$$

这说明 F_q 中存在阶为 $q-1$ 的元素，且这样的元素有 $\varphi(q-1)$ 个，即 F_q 中有生成元存在，证毕。

推论 7.5.2 设 $q=p^n$，p 为素数，$d|q-1$，则有限域 F_q 中有阶为 d 的元素。

推论 7.5.3 设 p 为素数，则存在整数 g 遍历模 p 的简化剩余系，即存在模 p 原根。

有限域的具体构造 我们可以具体构造素域 F_p 上的 d 次代数扩张，取 $p(x)$ 为 $F_p[X]$ 的 d 次首一不可约多项式，在商环 $F_p[X]/(p(x))$ 上定义加法，其中 $(p(x))=\{f(x)|p(x)|f(x)\}$：

$$f(x)+g(x)=((f+g)(x)(\bmod p(x)),$$

和乘法：

$$f(x)g(x)=(fg)(x)(\bmod p(x))$$

则 $F_p[X]/(p(x))$，对于上述运算法则构成一个域。根据定理 7.4.2，这个域在 F_p 上是 d 次扩张。我们记这个域为 F_q 或 $GF(q)$，其中 $q=p^d$。

例 7.5.1 证明 x^4+x+1 是 $F_2[x]$ 中的不可约多项式，从而 $F_2[x]/(x^4+x+1)$ 是一个 F_{2^4} 域。

由于 $F_2[x]$ 中的所有次数小于或等于 2 的不可约多项式为 x，$x+1$，x^2+x+1，且 $x^4+x+1=x(x^3+1)+1$，$x^4+x+1=(x+1)(x^3+x^2+x)+1$，$x^4+x+1=(x^2+x+1)(x^2+x)+1$，所以 x^4+x+1 不能被 x，$(x+1)$，(x^2+x+1) 整除，即 x^4+x+1 是 $F_2[x]$ 中的不可约多项式，因此，$F_2[x]/(x^4+x+1)$ 是一个 F_{2^4} 域。

例 7.5.2 求 $F_{2^4}=F_2[x]/(x^4+x+1)$ 中的生成元 $g(x)$，并计算 $g(x)^t$，$t=0, 1, \cdots, 14$ 和所有生成元。

解 因为 $|F_{2^4}^*|=15=3\cdot 5$，由定理 7.5.3，$F_{2^4}^*$ 中非单位元的阶只可能是 3，5 或 15，当 $g(x)$ 的阶不是 3，5 时，必是 15，它就是生成元，所以满足

$$g(x)^3 \not\equiv 1(\bmod x^4+x+1), g(x)^5 \not\equiv 1(\bmod x^4+x+1)$$

的元素 $g(x)$ 都是生成元。

对于 $g(x) \equiv x$，有 $x^3 \equiv x^3 \not\equiv 1(\bmod x^4+x+1)$，$x^5 \equiv x^2+x \not\equiv 1(\bmod x^4+x+1)$，所以 $g(x)=x$ 是 $F_2[x]/(x^4+x+1)$ 的生成元。

对于 $t=0, 1, 2, \cdots, 14$，计算 $g(x)^t(\bmod x^4+x+1)$：

$g(x)^0 \equiv 1$ $\qquad\qquad$ $g(x)^1 \equiv x$ $\qquad\qquad$ $g(x)^2 \equiv x^2$
$g(x)^3 \equiv x^3$ $\qquad\qquad$ $g(x)^4 \equiv x+1$ $\qquad\qquad$ $g(x)^5 \equiv x^2+x$
$g(x)^6 \equiv x^3+x^2$ $\qquad$ $g(x)^7 \equiv x^3+x+1$ $\qquad$ $g(x)^8 \equiv x^2+1$
$g(x)^9 \equiv x^3+x$ $\qquad\;$ $g(x)^{10} \equiv x^2+x+1$ $\qquad$ $g(x)^{11} \equiv x^3+x^2+x$
$g(x)^{12} \equiv x^3+x^2+x+1$ $\quad$ $g(x)^{13} \equiv x^3+x^2+1$ $\qquad$ $g(x)^{14} \equiv x^3+1$

所有生成元为 $g(x)^t$，$(t, \varphi(15))=1$：

$g(x)^1=x$，$g(x)^2=x^2$，$g(x)^4=x+1$，$g(x)^7=x^3+x+1$，
$g(x)^8=x^2+1$，$g(x)^{11}=x^3+x^2+x$，$g(x)^{13}=x^3+x^2+1$，$g(x)^{14}=x^3+1$。

定理 7.5.5 F_{p^n} 的子域为 F_{p^d} $(d|n)$，它是 F_{p^n} 中的元素在 F_p 上生成的域。

证 设 K 为 F_{p^n} 的子域，则存在 $\alpha \in F_{p^n}$ 使得

$$K=F_p(\alpha), |K|=p^d$$

因为它们都是 F_p 的扩域，根据定理 7.4.1，有
$$[F_{p^n}:F_p]=[F_{p^n}:F_{p^d}][F_{p^d}:F_p]$$

反过来，对任意的 $d|n$，有限域 F_{p^d} 包含在 F_{p^n} 中，事实上，方程 $x^{p^d}=x$ 的任意解都是 $x^{p^n}=x$ 的解，证毕。

定理 7.5.6 对任意 $q=p^n$，多项式 x^q-x 可在 $F_p[x]$ 中分解成首一不可约多项式的乘积，且每个多项式的次数 $d|n$。

证 设 $f(x)$ 是任一次数为 d 首一不可约多项式，其根为 α，根据推论 7.4.2，α 在 F_p 上生成的域为 $F_p(\alpha)$，其可作为 F_{p^d}，包含在 F_{p^n} 中，因为 α 满足 $x^q-x=0$，所以 $f(x)|x^q-x$，因而，$f(x)$ 在 F_q 中有根，且 $f(x)$ 的次数 $d|n$（因为 $F_p(\alpha)$ 是 F_q 的子域）。因此，所有整除 x^q-x 的首一不可约多项式的次数 $d|n$，因为 x^q-x 没有重根，这蕴含着 x^q-x 是所有这样的不可约多项式的乘积，证毕。

推论 7.5.4 若 n 是素数，则 $F_{p^n}[x]$ 中有 $\dfrac{p^n-p}{n}$ 个不同的次数为 n 的首一不可约多项式的乘积。

证 设 m 是 $F_{p^n}[x]$ 中次数为 n 的首一不可约多项式的个数。

根据定理 7.5.6，次数为 p^n 的多项式 $x^{p^n}-x$ 是 m 个次数为 n 的多项式和 p 个次数为 1 的不可约多项式 $x-a, a\in F_p$ 的乘积（因为 n 是素数），由此得到方程 $p^n=mn+p$，证毕。

第六节 分 式 域

本节重点介绍一种特殊形式的域——分式域。

设 A 是一个整环，令 $E=A\times A^*$，在 E 上定义二元关系 R 如下：
$$(a,b)R(c,d) \xleftrightarrow{\text{def}} ad=bc$$

容易证明 R 是 E 上的等价关系，即有

（1）自反性：对任意 $(a,b)\in E$，有 $(a,b)R(a,b)$；

（2）对称性：如果 $(a,b)R(c,d)$，则 $(c,d)R(a,b)$；

（3）传递性：如果 $(a,b)R(c,d)$ 和 $(c,d)R(e,f)$，则 $(a,b)R(e,f)$。

记 $\dfrac{a}{b}=C_{(a,b)}=\{(e,f)\in E\,|\,(a,b)R(e,f)\}$ 为 (a,b) 确定的等价类。于是可在商集 E/R 上定义加法和乘法如下：
$$\frac{a}{b}+\frac{c}{d}=\frac{ad+bc}{bd}$$
$$\frac{a}{b}\cdot\frac{c}{d}=\frac{ac}{bd}$$

我们不加证明地指出上述定义是合理的，即上面两个等式与等价类的代表的选取无关。于是不难验证 E/R 关于加法构成一个交换群，零元为 $\dfrac{0}{b}$，$\dfrac{a}{b}$ 的负元为 $\dfrac{-a}{b}$。

$(E/R)^* = E/R \setminus \left\{\dfrac{0}{b}\right\}$ 关于乘法构成一个交换群，单位元为 $\dfrac{b}{b}$，$\dfrac{a}{b}$ 的逆元为 $\dfrac{b}{a}$。

因此，E/R 构成一个域，称为 A 的分式域。从上述构造过程可以看到，每一个整环都存在分式域，事实上，我们可将其推广为

定理 7.6.1 交换环 A 有分式域的充要条件是 A 为整环。

例 7.6.1 取 $A=Z$，则 Z 是一个整环，从而有分式域，称为 Z 的有理数域，记为 Q。

例 7.6.2 取 $A=Z/pZ$，其中 p 为素数，则 A 是一个整环，从而有分式域，称为 Z/pZ 的 p-元域，记为 Fp 或 $GF(p)$。

例 7.6.3 设 K 是一个域，则 $A=K[X]$ 是一个整环，从而有分式域，称为 $K[X]$ 的多项式分式域，记为 $K(X)$，即

$$K(X) = \left\{\dfrac{f(X)}{g(X)} \mid f(X), g(X) \in K(X), g(X) \neq 0\right\}$$

第七节　环论在密码学中的应用——NTRU 密码

环在密码学中的重要性是有目共睹的，很多密码算法在很大程度上都依赖于环的性质。特别地，作为一种特殊的环——有限域，在密码学中变得日益重要，例如著名的高级加密标准 AES 和椭圆曲线密码的实现都离不开有限域。在后继章节中，我们将专门介绍有限域上的椭圆曲线。

本节主要介绍环在 NTRU 密码体制中的应用。NTRU（number theory research unit）公开密钥算法是一种新的快速公开密钥体制，1996 年在 Crypto 会议上由布朗大学 Hoffstein、Pipher、Silverman 三位数学家提出。经过几年的迅速发展与完善，该算法在密码学领域中受到了高度的重视，并在实际应用（如嵌入式系统中的加密）中取得了很好的效果。

NTRU 是一种基于多项式环的密码系统，其加密、解密过程基于环上多项式代数运算和对数 p 和 q 的模约化运算，由正整数 N、p 和 q 以及 4 个 $N-1$ 次整系数多项式 (f, g, r, m) 集合来构建。N 一般为一个大素数，p 和 q 在 NTRU 中一般作为模数，这里不需要保证 p 和 q 都是素数，但需 $(p, q)=1$，而且 q 比 p 要大得多。$R=Z[X]/(X^N-1)$ 为多项式截断环，其元素 $f(f \in R)$ 为 $f = a_{N-1}x^{N-1} + \cdots + a_1x + a_0$。定义 R 上多项式元素加运算为普通多项式之间的加运算，用符号+表示，R 上多项式元素乘法运算为普通多项式的乘法运算，当乘积结果要进行模多项式 x^N-1 的运算，即两个多项式的卷积运算，称为星乘，用 $\otimes$ 表示。R 上多项式元素模 q 运算就是把多项式的系数作模 q 处理，用 mod q 表示。

NTRU 密码体制描述如下：

（1）密钥生存。随机选择两个 $N-1$ 次多项式 f 和 g 来生成密钥。利用扩展的 Euclid 算法对 f 求逆。如果不能求出 f 的逆元，就重新选择多项式 f。用 F_p、F_q 表示 f 对 p 和 q 的乘逆，即 $F_q \otimes f \equiv 1$ mod q，$F_p \otimes f \equiv 1$ mod p。

计算：$h \equiv F_q \otimes g$ mod q

最后得：公钥为 (N, p, q, h)，私钥为 (f, F_p)。

这里 F_p 可以从 f 容易地计算得到，但仍然作为私钥存储，这是因为在解密时需要使

用这个多项式，而 F_p 和 q 就不需要存储了。

（2）加密算法。首先把消息表示成次数小于 N 且系数的绝对值至多为 $(p-1)/2$ 的多项式 m，然后随机选择多项式 $r \in L$，并计算 $c \equiv (pr \otimes h + m) \bmod q$。密文是多项式 c。

（3）解密算法。收到密文 c 后，可以使用私钥 (f, F_p) 对密文 c 进行解密。依次计算：
$$a \equiv (f \otimes c) \bmod q, a \in (-q/2, q/2)$$
$$b \equiv a \bmod p$$
$$m \equiv F_p \otimes b \bmod p$$

一致性证明：由于
$$a \equiv f \otimes c \bmod q \equiv (f \otimes (pr \otimes h + m) \bmod q) \bmod q$$
$$\equiv (f \otimes pr \otimes h + f \otimes m) \bmod q$$
$$\equiv (f \otimes pr \otimes F_q \otimes g + f \otimes m) \bmod q$$
$$\equiv (pr \otimes g + f \otimes m) \bmod q$$

又因为 a 的系数在区间 $(-q/2, q/2)$，所以 $pr \otimes g + f \otimes m$ 的系数在区间 $(-q/2, q/2)$，故 $pr \otimes g + f \otimes m$ 模 q 后结果不变。因此
$$F_p \otimes b \bmod p \equiv (F_p \otimes a \bmod p) \bmod p \equiv F_p \otimes (pr \otimes g + f \otimes m) \bmod p$$
$$\equiv (F_p \otimes pr \otimes g + F_p \otimes f \otimes m) \bmod p \equiv m \bmod p$$

从而解密成功。

非正式地说，该加密算法的设计思路是：利用随机多项式 r 生成一个"密钥多项式 h"，利用这个密钥多项式进行加密得到密文多项式。解密时利用多项式取模约去随机多项式 r，解出明文多项式。可见，同一个明文在不同的加密中会产生不同的密文。

例 7.7.1 设 $(N, p, q) = (5, 3, 6)$，以及 $f = x^4 + x - 1$ 和 $g = x^3 - x$，求公钥私钥对以及描述加密解密过程。

解 由于 $(x^4 + x - 1) \otimes (x^3 + x^2 - 1) \equiv 1 \bmod 3$，故有 $F_q = x^3 + x^2 - 1$，同理可求得 $F_p = x^3 + x^2 - 1$。又由于 $h \equiv F_q \otimes g \bmod 16 \equiv -x^4 - 2x^3 + 2x^2 + 1$，所以公钥为 $(N, p, q, h) = (5, 3, 6, -x^4 - 2x^3 + 2x^2 + 1)$；私钥为 $(f, F_p) = (x^4 + x - 1, x^3 + x^2 - 1)$。

加密过程：首先将消息 m 表示成多项式 $m = x^2 - x + 1$，然后选取多项式 $r = x - 1$，则密文 $c \equiv 3r \otimes h + m \equiv -3x^4 + 6x^3 + 7x^2 - 4x - 5 \bmod 16$。

解密过程：首先计算 $a \equiv f \otimes c \equiv 4x^4 - 2x^3 - 5x^2 + 6x - 2 \bmod 16$，计算 $F_q \otimes a \equiv x^2 - x + 1 \bmod 3$，这样就恢复了消息 m。

讨论：解密过程有时可能无法恢复出正确的明文，因为：
在解密过程
$$a' \equiv f \otimes c \bmod q \equiv f \otimes (pr \otimes h + m) \bmod q \equiv (pr \otimes g + f \otimes m) \bmod q$$
中，如果多项式 $pr \otimes g + f \otimes m$ 的系数不在区间 $(-q/2, q/2)$，则
$$f \otimes (pr \otimes h + m) \bmod q \neq pr \otimes g + f \otimes m$$
设 $f \otimes (pr \otimes h + m) = pr \otimes g + f \otimes m + qu$，$u$ 为多项式，并且 u 的系数不全为 0，计算：

$$e' \equiv F_p \otimes a' \bmod p \equiv F_p \otimes (pr \otimes g + f \otimes m + qu) \bmod p$$
$$\equiv F_p \otimes pr \otimes g + F_q \otimes f \otimes m + F_p \otimes qu \bmod p$$

由于 p 和 q 互素，所以 $e' \equiv m + F_p \otimes qu \bmod p \neq m$，故解密失败。

通过选择恰当的参数 N、p、q 就能够避免以上错误，如取$(N,p,q)=(107,3,65)$和$(N,p,q)=(503,3,256)$，试验表明解密错误的概念小于 5×10^{-5}，这就是通常能正确解密的原因。

安全性讨论：

NTRU 算法的安全性是基于数论中在一个具有非常大维数的格中寻找最短向量是困难的。只要恰当地选择 NTRU 的参数，其安全性与 RSA、ECC 等加密算法是一样的。同时，NTRU 基于的困难问题没有量子算法可解，也称为后量子时代密码，或者量子免疫密码。格理论将在第 11 章详细介绍。

习　题

1. 证明：环 R 是无零因子环的充要条件是 R 没有左（或右）零因子。

2. 设 $(R,+)$ 是交换群，规定 $\forall a,b \in R, a \circ b = 0$（0 是 R 的零元）。证明 $(R,+,\circ)$ 是一个环。

3. 如果 R 是整环，证明 $R[x]$ 也是整环，并且 $\forall f(x),g(x) \in R[x]$，若 $f(x)\neq 0, g(x)\neq 0$，则 $f(x)g(x)\neq 0, \partial(f(x)g(x)) = \partial f(x) + \partial g(x)$。

4. 设 $R \neq \{0\}$ 是环，如果 $\forall a \in R, a \neq 0$ 存在唯一的 $b \in R$，使 $aba=a$，证明
（1）R 是无零因子环；
（2）$bab=b$；
（3）R 是含单位元环。

5. 设 $\{S_\lambda | \lambda \in I\}$ 是环 R 的一族子环，则 $\bigcap_{\lambda \in I} S_\lambda$ 是 R 的子环。

6. 设 $\{A_\lambda | \lambda \in I\}$ 是环的一族理想，则 $\bigcap_{\lambda \in I} A_\lambda$ 是 R 的理想。

7. 设 f 是环 R 到环 S 的环同态映射，则 $\ker f = \{a \in R | f(a) = 0\}$ 是 R 的理想。

8. 设 R 是环，$a \in R$，则
（1）若 R 是含单位元环，a 在 R 的中心，则
$$(a)=\{ra|r\in R\}$$
（2）设 $X=\{a_1, a_2, \cdots, a_n\}$ 是 R 的子集，则
$$X = \{\alpha_1 + \alpha_2 + \cdots + \alpha_n | \alpha_i \in (a_i), i = 1,2,\cdots,n\}$$
$$= (a_1)+(a_2)+\cdots+(a_n)$$

9. 设 n 是一个整数，则 $Z/nZ = Z/(n)$。

10. 设 R 是整环，$a,b \in R$，则 $(a)(b) \subseteq (ab)$。

11. 设 R 是主理想环，p 是 R 的不可约元，则 (p) 是 R 的极大理想。

12. 证明：$\sqrt{3}$ 是有理数域 Q 上的代数数，并计算 $[Q(\sqrt{3}):Q]$。

13. 证明：如果 $\alpha \neq 0$ 和 β 都是有理数域 Q 上的代数数，则 $\alpha + \beta$ 和 α^{-1} 也是有理数域 Q 上的代数数。

14. 设 $E = F(\alpha)$ 是域 F 的单代数扩域，证明 E 是 F 的代数扩域。

15. 设 $E = F(\alpha_1, \alpha_2, \cdots, \alpha_n)$，其中每个 α_i 都是域 F 上的代数元，证明：E 是 F 的有限扩域，从而为代数扩域。

16. 证明：x^4+x^3+1 是 $F_2[x]$ 中的不可约多项式，从而 $F_2[x]/(x^4+x^3+1)$ 是一个 F_{2^4} 域。

17. 求 $F_{2^4} = F_2[x]/(x^4+x^3+1)$ 中的生成元 $g(x)$，并计算 $g(x)^t$（$t=0, 1, \cdots, 14$）和所有生成元。

18. 证明 $x^8+x^4+x^3+x+1$ 是 $F_2[x]$ 中的不可约多项式，从而 $F_2[x]/(x^8+x^4+x^3+x+1)$ 是一个 F_{2^8} 域。

19. 求 $F_{2^8} = F_2[x]/(x^8+x^4+x^3+x+1)$ 中的生成元 $g(x)$，并计算 $g(x)^t$（$t=1, 2, \cdots, 25$）和所有生成元。

20. 构造 49 元域 F_{7^2}。

21. 构造 3^4 元域 F_{3^4}。

第八章 格

本章介绍格的相关知识，包括格的基本概念、格上的一些困难问题，以及基于格难题的一个密码系统。以期读者对格及其在密码学中的应用有初步的了解。

第一节 基本概念

设 R 是实数集，R^m 是 m 维欧几里得空间，R^m 中的元素用列向量表示。定义 R^m 中的内积

$$<,>: R^m \times R^m \to R$$

$$<x, y> \mapsto x^\mathrm{T} y$$

此内积定义了 R^m 中向量的长度 $\|\cdot\|$，即对 $\forall x \in R^m$，$\|x\| = \sqrt{x^\mathrm{T} x}$。

格的定义如下：

定义 8.1.1 设 $v_1, \cdots, v_n \in R^m$ 是一组线性无关的向量 ($m \geq n$)，Z 为整数集，称

$$L(v_1, \cdots, v_n) = \left\{ \sum_{i=1}^{n} a_i v_i : a_i \in Z \right\}$$

为 R^m 中的一个格，简记为 L，称 $v_1, \cdots, v_n$ 为格 L 的一组基，m 为格 L 的维数，n 为格 L 的秩。格 L 的基也常写成矩阵的形式，即以 $v_1, \cdots, v_n$ 为行向量构成矩阵 $V = [v_1, \cdots, v_n]^\mathrm{T} \in R^{n \times m}$，那么格 L 可以写成

$$L(V) = \{aV : a \in Z^n\}$$

定义格的行列式 $\det(L) = \sqrt{VV^\mathrm{T}}$。当 $m = n$ 时，称格 L 为 n 维满秩的，此时格 L 的行列式为矩阵 V 的行列式的绝对值即 $\det(L) = |\det(V)|$。

设 $v_1, \cdots, v_n$ 是格 L 的一组基，$w_1, \cdots, w_n \in L$ 是 L 中的另一组向量。由格 L 的定义，可将每一个 w_j 写成基向量 v_j 的线性组合形式：

$$w_1 = a_{11} v_1 + a_{12} v_2 + \cdots + a_{1n} v_n$$
$$w_2 = a_{21} v_1 + a_{22} v_2 + \cdots + a_{2n} v_n$$
$$\vdots$$
$$w_n = a_{n1} v_1 + a_{n2} v_2 + \cdots + a_{nn} v_n$$

其中 $a_{ij} \in Z$，$i, j = 1, \cdots, n$。

当系数矩阵

$$A = \begin{bmatrix} a_{11} & a_{12} & \cdots & a_{1n} \\ a_{21} & a_{22} & \cdots & a_{2n} \\ \vdots & \vdots & & \vdots \\ a_{n1} & a_{n2} & \cdots & a_{nn} \end{bmatrix}$$

行列式为±1 时，$w_1, \cdots, w_n$ 也可构成格 L 的一组基。当用 w_j 的线性组合表示 v_j 时，根据格 L 的定义可知，其系数也是整数，即矩阵 A^{-1} 的元素全是整数，因此 $\det(A)$ 和 $\det(A^{-1})$ 均为整数。另一方面，有

$$1 = \det(I) = \det(AA^{-1}) = \det(A)\det(A^{-1})$$

故一定有 $\det(A) = \det(A^{-1}) = \pm 1$。这一结论可归结为如下定理：

定理 8.1.1　格 L 的任意两个基可以通过在左边乘上一个特定的矩阵来相互转化。这个矩阵是由整数构成的，并且它的行列式值为±1。

注　由上述定理可知，格行列式 $\det(L)$ 的值与格基的选择无关。

例 8.1.1　考虑一个三维的格 $L \subset R^3$，它是由下面三个向量构成的：

$$v_1 = (2, 1, 3)$$
$$v_2 = (1, 2, 0)$$
$$v_3 = (2, -3, -5)$$

即 v_1, v_2, v_3 是格 L 的一个基。将这 3 个向量作为行向量来构造矩阵

$$V = \begin{bmatrix} 2 & 1 & 3 \\ 1 & 2 & 0 \\ 2 & -3 & -5 \end{bmatrix}$$

然后构造如下 3 个新的格中的向量

$$w_1 = v_1 + v_3$$
$$w_2 = v_1 - v_2 + 2v_3$$
$$w_3 = v_1 + 2v_2$$

这等价于在矩阵 V 上左乘矩阵

$$A = \begin{bmatrix} 1 & 0 & 1 \\ 1 & -1 & 2 \\ 1 & 2 & 0 \end{bmatrix}$$

即 w_1, w_2, w_3 构成的矩阵为

$$W = AV = \begin{bmatrix} 4 & -2 & -2 \\ 5 & -7 & -7 \\ 4 & 5 & 3 \end{bmatrix}$$

因为矩阵 A 的行列式值为 1，所以 w_1, w_2, w_3 也是格 L 的一个基。矩阵 A 的逆矩阵为

$$A^{-1} = \begin{bmatrix} 4 & -2 & -1 \\ -2 & 1 & 1 \\ -3 & 2 & 1 \end{bmatrix}$$

即可使用 w_j 表示 v_j 如下

$$v_1=4w_1-2w_2-w_3$$
$$v_1=-2w_1+w_2+w_3$$
$$v_1=-3w_1+2w_2+w_3$$

格类似于向量空间，但格是由基中的向量使用整数系数进行线性组合而构成的，而向量空间使用的则是任意实数。直观上，经常将格看成是按规律排列的、属于 R^m 的一系列离散点。

在本节的最后，我们回顾一下施密特（Schmidt）正交化，即将 R^m 中的一组线性无关的向量 $v_1, \cdots, v_n$ 作正交化，得到一组正交向量 $v'_1, \cdots, v'_n$，其过程如下：

令 $v_1, \cdots, v_n$ 是 R^m 中的格 L 的一组基，定义

$$v'_1=v_1$$
$$v'_i=v_i-\sum_{j=1}^{i-1}\mu_{i,j}v'_j \quad (i>1)$$

其中

$$\mu_{ij}=\frac{\langle v_i,v'_j\rangle}{\langle v'_j,v'_j\rangle} \quad (1\leqslant j<i\leqslant n)$$

那么 $v'_1, \cdots, v'_n$ 是 R^m 中的一组正交向量。注意这里 $v'_1, \cdots, v'_n$ 通常不是格 L 的基。特别地，格 L 的行列式满足

$$\det(L)=\prod_{1\leqslant i\leqslant n}\|v'_i\|, \quad \det(L)\leqslant \prod_{1\leqslant i\leqslant n}\|v_i\|$$

例 8.1.2　在例 8.1.1 中，由基

$$v_1=(2, 1, 3), \quad v_2=(1, 2, 0), \quad v_3=(2, -3, -5)$$

所生成的格的行列式值为

$$\det(L)=|\det(V)|=\left|\det\begin{bmatrix}2 & 1 & 3\\ 1 & 2 & 0\\ 2 & -3 & -5\end{bmatrix}\right|=|-36|=36$$

第二节　格中的计算性难题

与格相关的基本计算性难题有：在格中寻找最短的非零向量和在格中寻找与指定非格向量最为接近的向量。本节中主要介绍格难题的定义及其各种衍生形式，后续内容中将会从理论方面对问题作进一步的分析。

最短向量问题（SVP）：在格 L 中寻找一个最短的非零向量，即寻找一个非零格向量 $v\in L/\{0\}$，使得它的模长 $\|v\|$ 最小。

最近向量问题（CVP）：给定任意一个向量 $w\in R^m$，寻找一个格向量 $v\in L$，使它最接近 w，即寻找一个向量 $v\in L$，使模长 $\|w-v\|$ 最小。

要注意的是，在格中可能存在不止一个最短的非零向量。例如，在 Z^2 中，$(0, \pm1)$ 和 $(\pm1, 0)$ 这 4 个向量都是 SVP 的解。这一情形同样适用于 CVP。

SVP 和 CVP 这一类问题的求解都是非常困难的。随着格的维度 n 的增加，它们在计算上也越来越难解。另外，即使是对 SVP 和 CVP 的近似解，在理论和应用数学的诸多领域都有着很多的应用。一般来说，CVP 被认为是 NP 难问题，SVP 在特定的"随机规约假设"下也被认为是 NP 难问题。

虽然理论上 SVP 和 CVP 都是非常难的问题，但在实际应用中却很难达到理想的"一般性"。在实际的应用中，那些基于 NP 难和 NP 完全问题的密码系统往往依赖于这些问题的一个特殊子类，因为这些密码系统需要考虑到算法的执行效率和陷门的构建，因此不能使用完全一般性的问题。这样一来，便有可能使得这些难题的子类的一些特殊属性令它们比一般性情形更容易被攻破。以背包密码系统为例，它所基于的难题是 NP 完全问题，但为了实现加密与解密而使用的超递增序列使得它比一般性情形更容易被解决。它的具体实例，大家可参考相关书籍。

在理论和应用中，用到了一些很重要的 SVP 和 CVP 的变形形式。这里简单介绍其中的几种。

（1）最短基问题（SBP）。寻找格的一个基 $v_1, \ldots, v_n$，使它在某些情况下最短。例如，可能需要使下式最小：

$$\max_{1 \leq i \leq n} \|v_i\| \quad \text{或} \quad \sum_{i=1}^{n} \|v_i\|^2$$

因此，可能有许多版本的 SBP，这取决于如何定义基的"大小"。

（2）近似最短向量问题（apprSVP）。设 $\psi(n)$ 是 n 的一个函数。在 n 维格 L 中，寻找一个非零向量，使其不大于最短非零向量 $\psi(n)$ 倍。换句话说，若 $v_{最短}$ 是 L 的最短非零向量，那么寻找一个非零向量 $v \in L$，使其满足

$$\|v\| \leq \psi(n) \|v_{最短}\|$$

不同的函数 $\psi(n)$ 可以形成不同版本的 apprSVP。举个具体的例子，如要求设计一个算法，用于寻找非零向量 $v \in L$，满足

$$\|v\| \leq 3\sqrt{n} \|v_{最短}\| \quad \text{或} \quad \|v\| \leq 2^{n/2} \|v_{最短}\|$$

很明显，满足前者的算法比后者要强，但如果格的维度不太大的话，即使是对后者的解也可能是非常有用的。

（3）有限距离译码问题（BDD）。给定一个与格 L 距离小于 d 的向量 $w \in R^m$，寻找一个格向量 $v \in L$，使它与 w 的距离小于 d。

第三节 最短向量问题

一个格的最短非零向量到底有多长？这个答案在一定程度上依赖于格 L 的维度与行列式值。下面的这个定理通过秩 n 和行列式 $\det(L)$ 给出了格 L 的最短非零向量的一个明确的上限。

定理 8.3.1（Hermite 定理） 设 L 是 R^m 中秩为 n 的格，对于任意非零格向量 $v\in L$，满足

$$\|v\| \leqslant \sqrt{n}\det(L)^{1/n}$$

对于固定的秩 n，Hermite 常量 γ_n 是一个最小值，它可以使所有 n 维格 L 都包含非零向量 $v\in L$，并满足

$$\|v\|^2 \leqslant \gamma_n \det(L)^{2/n}$$

本节所描述的 Hermite 定理认为 $\gamma_n \leqslant n$。当 $1\leqslant n\leqslant 8$ 和 $n=24$ 时，γ_n 的精确值是已知的：

$$\gamma_2^2 = \frac{4}{3},\ \gamma_3^3 = 2,\ \gamma_4^4 = 4,\ \gamma_5^5 = 8,\ \gamma_6^6 = \frac{64}{3},\ \gamma_7^7 = 64,\ \gamma_8^8 = 256,\ \gamma_{24} = 4$$

但在密码学中，n 一般都会取得很大，因此应该主要关心 n 很大时的 γ_n。在这种情况下，已知 Hermite 常量 γ_n 满足

$$\frac{n}{2\pi e} \leqslant \gamma_n \leqslant \frac{n}{\pi e}$$

式中：π，e 分别为圆周率和自然常数。

有多种版本的 Hermite 定理，用于描述多个向量的情况。例如，可以证明一个秩为 n 的格 L 总存在一个基，满足

$$\|v_1\|\|v_2\|\cdots\|v_n\| \leqslant n^{n/2}(\det L)$$

结合本章第一节的讨论，可得

$$\det L \leqslant \|v_1\|\|v_2\|\cdots\|v_n\| \leqslant n^{n/2}(\det L)$$

定义格的基 $B=\{v_1,\cdots,v_n\}$ 的 Hadamard 比率为

$$H(B) = \left(\frac{\det L}{\|v_1\|\|v_2\|\cdots\|v_n\|}\right)^{1/n}$$

因此，对于格 L 的任意一个基 $B=\{v_1,\cdots,v_n\}$，都有 $0<H(B)\leqslant 1$，并且这个值越接近 1，这个基中的向量就越接近两两正交（Hadamard 比率的倒数有时被称为"正交缺陷"）。

对 Hermite 定理的证明使用到了 Minkowski 的一个重要结论。为了叙述 Minkowski 定理，首先定义一个非常有用的符号，并给出一些基本的定义。

定义 8.3.1 对任意的 $a\in R^n$ 和 $R>0$，以 a 为中心，R 为半径的（封闭）球可表示为

$$B_R(a)=\{\|x-a\|\leqslant R, x\in R^n\}$$

定义 8.3.2 设 S 是 R^n 的一个子集。

（1）如果 S 中向量的长度是有界的，则称 S 是有界的。

（2）如果对于 S 中的任意点 a，点 $-a$ 也在 S 中，那么称 S 是对称的。

（3）如果对于 S 中的任意两个点 a 和 b，连接 a 和 b 的整条线段都在 S 中，那么称 S 是凸面的。

（4）集合 S 称为封闭的，若 $a\in R^n$ 是一个点，使得任意球 $B_R(a)$ 都包含 S 中的点，那么 a 也在 S 中。

定理 8.3.2（Minkowski 定理） 设 $L\subset R^n$ 是一个秩为 n 的格，$S\subset R^n$ 是一个对称凸面

集合，其体积满足：

$$\text{vol}(S) > 2^n \det(L)$$

那么 S 中包含一个非零的格向量。如果 S 再满足封闭性，那么上式存在相等的情形，即

$$\text{vol}(S) \geqslant 2^n \det(L)$$

证明这里略去，有兴趣的读者可查阅相关书籍。

应用 Minkowski 定理，现给出 Hermite 定理的证明。

证 设 $L \subset R^n$ 是一个格，$S \in R^n$ 是一个以 0 为中心，以 $2B$ 为边长的超立方体

$$S = \{(x_1, \cdots, x_n) \in R^n: -B \leqslant x_i \leqslant B, 1 \leqslant i \leqslant n\}$$

那么集合 S 是对称、封闭和有界的，且它的体积为

$$\text{vol}(S) = (2B)^n$$

如果使 $B = \det(L)^{1/n}$，那么 $\text{vol}(S) = 2^n \det(L)$，因此可以应用 Minkowski 定理来推断出存在向量 $0 \neq a \in S \cap L$。并且超立方体 S 中最长的向量为从其中心到任一顶点的向量，长度为 $\sqrt{nB^2} = \sqrt{n}B$。把向量 a 写成坐标形式，显然有

$$\|a\| = \sqrt{a_1^2 + a_2^2 + \cdots + a_n^2} \leqslant \sqrt{n}B = \sqrt{n}\det(L)^{1/n}$$

这便证明了 Hermite 定理。

尽管 Hermite 定理只是一个存在性定理，但这个上界在实际应用中有着重要的意义。

第四节 最近向量问题

这一部分主要讨论如何使用向量接近两两正交的基来求解最近向量问题。主要内容包括求解过程中所用到的基本原理和思路，以及一个简单的求解算法。

考虑这样一种情况：一个格 $L \subset R^n$ 的一个基 $v_1, \cdots, v_n$ 中的各个向量是两两正交的 (Hadamard 比率为 1)，即存在

$$v_i \cdot v_j = 0, \quad i \neq j$$

那么可以非常容易地求解关于这个格的 SVP 和 CVP。

例如，对于 SVP 来说，可以观察到，上述格 L 中的任意向量的长度都可以由下面这个式子给出：

$$\|a_1 v_1 + \cdots + a_n v_n\|^2 = a_1^2 \|v_1\|^2 + \cdots + a_n^2 \|v_n\|^2$$

因为 $a_1, \cdots, a_n$ 可以取任意整数，所以直接就可以断定，格 L 中的最短非零向量一定存在于集合 $\{\pm v_1, \cdots, \pm v_n\}$ 中，因此解决了 SVP。

对于 CVP，情况是类似的。假设希望在上述格 L 中找出一个最接近于给定向量 $w \in R^n$ 的格向量。首先按如下方式表达 w：

$$w = t_1 v_1 + \cdots + t_n v_n, \quad t_1, \cdots, t_n \in R$$

那么对于格向量 $v = a_1 v_1 + \cdots + a_n v_n \in L$，有

$$\|v - w\|^2 = (a_1 - t_1)^2 \|v_1\|^2 + \cdots + (a_n - t_n)^2 \|v_n\|^2$$

因为 a_i 必须是整数，所以只要使每个 a_i 的取值都接近于其对应的 t_i，那么 $\|v-w\|$ 的值

便可以达到最小，于是 CVP 得解。

然而，以上的讨论都是针对基向量完全两两正交的格而言的。可不可以将这种方法套用到任意格上呢？实际上，只要格的基向量很接近两两正交，那么就有很大的可能求解 CVP；反之，如果格的基向量正交性非常劣，上述的方法是根本行不通的。

下面简要地从几何角度分析一下上述方法的思想，并探讨一般性的算法。

令 $v_1, \cdots, v_n$ 是格 $L \subset R^n$ 的一个基，定义基础区域

$$F(v_1, \cdots, v_n) = \{t_1 v_1 + \cdots + t_n v_n, 0 \leq t_i < 1\}$$

不加证明地指出，区域 F 和格向量的组合形式可以覆盖整个向量空间 R^n。因此，对于任意向量 $w \in R^n$，都存在唯一的格向量 $v \in L$，使得 $w = F + v$。于是便可以将平行多面体 $F + v$ 中最接近于 w 的顶点假定为 CVP 的可能的解。在基向量很接近两两正交时，这个过程看起来很轻松，但对于一个劣质基来求解 CVP，很有可能会出问题。以二维情形为例，此时 $F + v$ 形成的平行四边形非常狭长，因此与目标点 w 最近的平行四边形的顶点都在很远的位置，因此产生了误差。显而易见，劣质基的使用是误差的主要成因。实际上，随着格的秩的增加，这种误差的程度会越来越严重。因此，除非基向量充分地接近于两两正交，否则这种寻找最近顶点的算法根本不能用于求解 CVP，甚至于不能解 BDD 问题。

算法 1　Babai 算法

输入：基向量 $v_1, \cdots, v_n$，目标向量 w

输出：距 w 最近的格向量 v

1. 用基向量的线性组合表示 w

$$w = t_1 v_1 + \cdots + t_n v_n, \ t_1, \cdots, t_n \in R$$

2. 对于每一个 t_i，取 a_i 为最靠近 t_i 的整数（四舍五入）：

$$a_i = \mathrm{round}(t_i), \ i = 1, \cdots, n$$

3. 返回结果 v：

$$v = a_1 v_1 + \cdots + a_n v_n$$

一般来说，不需要基向量有非常好的正交性，只要向量之前有明显的夹角，并且长度相差不大的话，就可以用来求解近似最近向量问题了。用 Hadamard 比率来评判的话，比率大于 0.6，就有很大的可能求解出 BDD 问题。当然，这只是一个估计值，在实际应用中还是越大越好。

如果基向量的正交性很差，如向量间的夹角很小，向量的长度差距很大，这种情况下的 Hadamard 比率通常小于 0.1。那么由算法 1 所得出的结果肯定是不准确的。

例 8.4.1　设一个二维的格 $L \subset R^2$ 的一个基为

$$v_1 = (137, 312)$$

$$v_2 = (215, -187)$$

现使用 Babai 算法来寻找最接近于向量 $w = (53172, 81743)$ 的格向量。首先，用 v_1 和 v_2 的线性组合来表示 w。这实际上是线性代数中的知识，详细叙述的话，即需要找出 $t_1, t_2 \in R$，使得

$$w = t_1 v_1 + t_2 v_2$$

写成矩阵形式，即

$$(53172, 81746) = (t_1, t_2) \begin{pmatrix} 137 & 312 \\ 215 & -187 \end{pmatrix}$$

进行简单的求逆、相乘，解得

$$t_1 \approx 296.85$$

$$t_2 \approx 58.15$$

然后把系数取最近的整数，得出向量

$$v = \text{round}(t_1) \cdot v_1 + \text{round}(t_2) \cdot v_2$$

$$= 297 \cdot (137, 312) + 58 \cdot (215, -187)$$

$$= (53159, 81818)$$

这个向量 v 是格向量。而且应该很接近 w。容易看出，两者的距离为

$$\|v - w\| \approx 76.12$$

确实比较小。这种结果是合理的，因为所用到的基的正交性很好，它的 Hadamard 比率

$$H(v_1, v_2) = \left(\frac{\det L}{\|v_1\| \|v_2\|} \right)^{1/2} \approx \left(\frac{92699}{340.75 \times 284.95} \right)^{1/2} \approx 0.977$$

非常接近 1。

现在使用同一个格中的另一个基来解同样的最近向量问题。新的基如下：

$$\begin{pmatrix} v_1' \\ v_2' \end{pmatrix} = A \cdot \begin{pmatrix} v_1 \\ v_2 \end{pmatrix} = \begin{pmatrix} 5 & 6 \\ 19 & 23 \end{pmatrix} \begin{pmatrix} 137 & 312 \\ 215 & -187 \end{pmatrix} = \begin{pmatrix} 1975 & 438 \\ 7548 & 1627 \end{pmatrix}$$

容易验证，$\det(A) = 1$，因此 v_1'，v_2' 也是格 L 的一个基。

用同样的方法，首先解方程

$$(53172, 81746) = (t_1, t_2) \begin{pmatrix} 1975 & 438 \\ 7548 & 1627 \end{pmatrix}$$

得

$$t_1 \approx 5722.66$$

$$t_2 \approx -1490.34$$

然后系数取成最近的整数，得向量

$$v' = \text{round}(t_1) \cdot v_1' + \text{round}(t_2) \cdot v_2'$$

$$= 5723 \cdot (1975, 438) - 1490 \cdot (7458, 1627)$$

$$= (56405, 82444)$$

这时的 v' 也是格向量，但却不是最接近目标向量 w 的，因为

$$\|v' - w\| \approx 3308.12$$

相对使用第一个基而言误差大了很多。这是因为基 v_1'，v_2' 的正交性非常差，它的 Hadamard 比率为

$$H(v_1', v_2') = \left(\frac{\det L}{\|v_1'\| \|v_2'\|}\right)^{1/2} \approx \left(\frac{92699}{2022.99 \times 7721.36}\right)^{1/2} \approx 0.077$$

从以上内容中不难发现，在只知道劣质基 $v_1, \cdots, v_n$ 和目标向量 w 时，为了求解 CVP，首要的任务是寻找到一个相对优质的基。前面曾提到过，一个格存在多个不同的基，并且这些基可以通过乘上一个行列式为 ± 1 的矩阵来相互转化。因此，便存在一个优质基通过若干次转化得到一个劣质基的情况。一般来说，这个过程很容易实现，而由劣质基得出优质基的过程却非常困难。这种特性常常用来构造基于 BDD 难题的密码系统。第五节中的 GGH 密码系统便用到了这种思想。

第五节　格理论在密码中的应用——GGH 公钥密码

格理论在密码学中有较多的应用，格中的计算性难题常常被用来构建新型的密码系统。相比于传统的密码系统，格理论构建的密码系统有着诸多的优势，如更高的安全性、更快的速度。具体来说，好处主要在两个方面：首先，目前主流基于大整数分解和离散对数问题的公钥密码方案，均可利用量子计算机高效攻破，但基于格理论构造的密码系统在量子环境下仍然安全；其次，基于格的密码系统一般比 ELGamml、RSA 和 ECC 这样的基于因式分解和离散对数的密码系统速度要快得多。粗略地讲，为了达到 k 位的安全性，ELGamml、RSA 和 ECC 的加解密操作需要 $O(k^3)$ 次操作，而基于格的密码系统只需 $O(k^2)$ 次。同时，基于格的密码系统所使用的简单线性代数运算非常容易在硬件和软件上实现，这是其他密码系统不能满足的。

本节主要介绍基于 BDD 所构造的 GGH 公钥密码系统。它的公钥是格 L 的一个劣质基，共有 $n \times n$ 个很大的数。在原始方案中，密钥长度为 $O(n^3 \log n)$ 位，而 Micciancio 对其进行了改进，认为可以将长度降低到 $O(n^2 \log n)$ 位。Gold-reich、Goldwasser 和 Halevi 猜测，当 $n>300$ 时，底层的 BDD 应该已经很棘手了。然而，在那时，人们对高维度格的 LLL 型格基约减算法的效用还没有进行深入的研究。Nguyen 对原始的 GGH 系统进行变形，降低了 BDD 的难度，使得维度低于 350 的系统都很容易被攻破。当 $n>400$ 时，公钥的长度大概为 128K。

基本的 GGH 密码系统直接运用了格的思想。假设加密方为 Bob，解密方为 Alice。使 Alice 的私钥是格 L 的一个优质基 B_{good}，公钥是 L 的一个劣质基 B_{bad}。将 Bob 的消息用一个二进制向量 m 来表示。首先 Bob 使用 B_{bad} 中的向量来构造线性组合 $v = \sum m_i v_i^{\text{bad}}$，然后将 v 同一个很小的随机向量 r 相加，以扰乱原始结果。因此，这个扰动后的结果 w 便不是格中向量了，因为它与格向量 v 相差 r，但距 w 最近的格向量仍是 v。w 作为密文发送给 Alice。因为 Alice 知道一个优质基，所以她可以使用 Babai 算法来找到 v，然后就可以把 v 用 B_{bad} 中的向量来表示，从而还原出明文 m。而敌手 Eve 只知道劣质基 B_{bad}，她无法解决 L 中的 BDD，因此也就无法解出明文 m。

下面详细介绍 GGH 系统的加解密过程。首先，Alice 选择一组线性无关且足够"优"的向量

$$v_1, \cdots, v_n \in Z^n$$

Alice 可以通过不断地尝试来选出这组向量。例如，选择一个固定的参数 d，然后向量 v_1, $\ldots$, v_n 的坐标都随机地从 $[-d, d]$ 中选择。已知一组向量的 Hadamard 比率越接近 1，向量就越接近于两两正交，因此可以通过计算 $v_1, \ldots, v_n$ 的 Hadamard 比率来决定这组向量是否合格。一般来说，Hadamard 比率大于 0.9 就已经满足要求了。选出来的这组向量 $v_1, \ldots, v_n$ 是 Alice 的私钥。为了方便表达，将 $v_1, \ldots, v_n$ 作为行向量写成 $n \times n$ 矩阵的形式，并记为 V。L 是由这组向量所构成的格。

接下来，Alice 选择一个由整数构成的 $n \times n$ 矩阵 A，使得 $\det(A) = \pm 1$，并计算

$$W = AV$$

则 W 的行向量 $w_1, \ldots, w_n$ 也是格 L 的基。这是 Alice 的公钥。

当 Bob 想要发送消息给 Alice 时，他把明文构造成一个小的整数向量 m，如一个二进制向量。然后 Bob 再选择一个小的随机干扰向量 r，r 中的坐标的取值范围在公共参数 $-\delta$ 和 δ 之间。Bob 计算向量

$$e = mW + r = \sum_{i=1}^{m} m_i w_i + r$$

便得到密文 e。要注意的是，mW 是格中的点，但 e 不是，因为它和点 mW 相差了一个非常小的向量 r。

当 Alice 需要解出密文时，她使用 Babai 算法，通过私钥 $v_1, \ldots, v_n$ 来解出格 L 中距离点 e 最近的向量。因为基 $v_1, \ldots, v_n$ 是优质基，而且 r 很小，因此他通过 Babai 算法找到格向量就是 mW，进而还原出明文 m。表 8.5.1 给出了 GGH 密码系统的主要步骤。

表 8.5.1　GGH 公钥密码系统

Alice	Bob
密钥生成	
选择一个优质基 $v_1, \ldots, v_n$ 选择一个整数矩阵 A，使 $\det(A) = \pm 1$ 选择 $W = AV$，并以 W 的行向量 $w_1, \ldots, w_n$ 作为公钥发送给 Bob	—
加密	
—	以小向量 m 作为明文； 随机选择小向量 r； 使用 Alice 的公钥计算 $e = mW + r$ 将 e 作为密文发送给 Alice
解密	
使用 Babai 算法计算出最接近 e 的格向量 $v = \text{round}(eV^{-1}) \cdot V$，然后计算 vW^{-1} 得到明文 m	—

例 8.5.1　以一个简单的 GGH 系统为例来说明整个过程。

（1）密钥生成。对于 Alice 的私钥，使用如下向量：

$$V = \begin{bmatrix} v_1 \\ v_2 \\ v_3 \\ v_4 \\ v_5 \end{bmatrix} = \begin{bmatrix} 81 & 15 & 17 & 60 & 29 \\ -53 & 7 & 49 & 46 & -11 \\ 2 & 84 & 6 & -68 & -97 \\ 11 & -96 & 92 & 70 & -70 \\ 28 & -58 & 98 & -89 & 24 \end{bmatrix}$$

由 $v_1, \cdots, v_5$ 作为基构成的格 L 的行列式 det(L)=22655546896，这个基的 Hadamard 比率为

$$H(v_1,\cdots,v_5) = \left(\frac{\det L}{\|v_1\|\cdots\|v_5\|}\right)^{1/5} \approx 0.9249$$

Alice 选择如下矩阵：

$$A = \begin{bmatrix} 16 & 111 & 139 & -16 & -95 \\ -91 & -642 & -747 & 185 & 471 \\ -103 & -677 & -1133 & 492 & 524 \\ -21 & -145 & -190 & 55 & 111 \\ -10 & -86 & 9 & -82 & 62 \end{bmatrix}$$

其中，det(L)=1，然后与它的私钥相乘，得到的基作为公钥：

$$W = AV = \begin{bmatrix} w_1 \\ w_2 \\ w_3 \\ w_4 \\ w_5 \end{bmatrix} = \begin{bmatrix} -7145 & 19739 & -4237 & 3949 & -15400 \\ 40384 & -113685 & 25691 & -13165 & 75236 \\ 45356 & -179080 & 54894 & 27526 & 92497 \\ 9137 & -29008 & 7336 & -1039 & 18230 \\ 4600 & 4280 & -5798 & -16426 & 7011 \end{bmatrix}$$

可以看出，这组公钥基的 Hadamard 比率相对于私钥基来说非常小：

$$H(w_1,\cdots,w_5) = \left(\frac{\det L}{\|w_1\|\cdots\|w_5\|}\right)^{1/5} \approx 0.0021$$

（2）加密。Bob 发送明文 m=(-78, 48, 5, 66, 89) 给 Alice，选择随机扰动 r= (-9, -51, -2, 4)，并计算密文

$$e = mW + r = (3746835, -9425535, 1806279, -2332802, 7102176)$$

（3）解密。Alice 要使用 Babai 算法进行解密。她首先将 e 用向量 $v_1,\cdots,v_5$ 来表示，因为 e 中含有扰动，因此有

$$e \cdot \begin{bmatrix} v_1 \\ v_2 \\ v_3 \\ v_4 \\ v_5 \end{bmatrix}^{-1} \approx (-8407.083, -60082.952, -64102.054, 8919.983, 45482.020)$$

然后将右边进行四舍五入，再同私钥 V 相乘，即得到一个格向量

$$v = (-8407, -60083, -64102, 8920, 45482) \begin{bmatrix} v_1 \\ v_2 \\ v_3 \\ v_4 \\ v_5 \end{bmatrix}$$

$$= (3746844, -9425530, 1806278, -2332800, 7102172)$$

这时可以发现，这个结果已经等于前面的 mW 了。接下来计算

$$m = vW^{-1}$$

$$= \begin{bmatrix} 3746844 \\ -9425530 \\ 1806278 \\ -2332800 \\ 7102172 \end{bmatrix}^T \cdot \begin{bmatrix} -7145 & 19739 & -4237 & 3949 & -15400 \\ 40384 & -113685 & 25691 & -13165 & 75236 \\ 45356 & -179080 & 54894 & 27526 & 92497 \\ 9317 & -29008 & 7336 & -1039 & 18230 \\ 4600 & 4280 & -5798 & -16426 & 7011 \end{bmatrix}^{-1}$$

$$= (-78, 48, 5, 66, 89)$$

于是 Alice 成功解密出明文。

现在假设敌手 Eve 试图去破译 Bob 的信息，但它只知道公钥 W。如果它对于公钥 W 应用 Babai 算法的话，会得

$$e \cdot \begin{bmatrix} w_1 \\ w_2 \\ w_3 \\ w_4 \\ w_5 \end{bmatrix}^{-1} \approx (3417.187, 5205.909, -62877.902, 351125.565, -130786.869)$$

然后四舍五入，同样会得到一个格向量

$$v' = (3417, 5206, -62878, 351126, -130787)W$$

很明显，Eve 找到的是一个不正确的明文向量

$$m = (3417, 5206, -62878, 351126, -130787)$$

可以比较一下，对于不同的基，使用 Babai 算法的效果如下：

$$\|e-v\| \approx 11.2694$$

$$\|e-v'\| \approx 13264.50$$

可以看出，对于像 W 这样的劣质基，Babai 算法的效果很差，运行结果根本不能作为 CVP 的解。

以上是一个简单的 GGH 加解密的例子。在实际应用中，维度为 5 是肯定不安全的，因为在低维度的情况下，敌手可以很容易通过一些有效的算法来找到格的优质基。

要注意的是，GGH 是一个概率密码系统，因为在加密过程中存在一个随机的扰动 r，因此导致了同一段明文可能会对应多个密文的现象。这个潜在的不安全性，即用不同的扰动发送同一个消息，或用相同的扰动发送不同的消息。因此，在实际应用中，扰动 r 一般不随机选择，而是由明文 m 的某个哈希值确定。

还有另外一个版本的 GGH，就是交换 m 和 r 的角色，这时密文 $e=rW+m$。Alice 先通过 Babai 算法找到 rW，再通过计算 $m=e-rW$ 还原出明文。

习 题

1. 设 L 是一个由向量 $\{(1, 3, -2), (2, 1, 0), (-1, 2, 5)\}$ 生成的格。试画出 L 的一个基础

区域的示意图，并给出它的体积。

2．设 L 是一个由如下基生成的格：
$$B=\{(3, 1, -2), (1, -3, 5), (4, 2, 1)\}$$

以下哪组向量的集合也同样是格 L 的基？如果是的话，用 B' 来表示这个新基，即找出两个基之间的转换矩阵。

（1）$B_1=\{(5, 13, -13), (0, -4, 2), (-7, -13, 18)\}$；

（2）$B_2=\{(4, -2, 3), (6, 6, -6), (-2, -4, 7)\}$。

3．设 $L \subset R^2$ 是一个由向量 $v_1=(213, -437)$ 和 $v_2=(312, 105)$ 生成的格。同时令 $w=(43127, 11349)$。

（1）使用 Babai 算法找出距向量 w 最近的向量 $v \in L$，并计算 $\|v-w\|$。

（2）计算 v_1, v_2 的 Hadamard 比率。基 $\{v_1, v_2\}$ 是优质基吗？

（3）说明 $v_1'=(2937, -1555)$ 和 $v_2'=(11223, -5888)$ 同样是 L 的一个基。找出基 $\{v_1', v_2'\}$ 和基 $\{v_1, v_2\}$ 之间的转换矩阵，并验证矩阵中的分量均为整数，且行列式值为 ± 1。

（4）使用基 $\{v_1', v_2'\}$ 重复（1）中的过程找到最近向量 $v' \in L$，计算 $\|v'-w\|$ 并同（1）中的结论进行比较。

（5）计算 v_1', v_2' 的 Hadamard 比率。基 $\{v_1', v_2'\}$ 是优质基吗？

4．Alice 的 GGH 密码系统的私钥为

$$v_1=(4, 13)$$
$$v_2=(-57, -45)$$

公钥为

$$w_1=(25453, 9091)$$
$$w_2=(-16096, -5749)$$

（1）分别计算 Alice 的私钥和公钥的行列式值与 Hadamard 比率。

（2）Bob 发送给 Alice 密文 $e=(155340, 55483)$，使用 Alice 的私钥来解密这个消息，并找出 Bob 所使用的随机扰动 r。

（3）试着对公钥 $\{w_1, w_2\}$ 应用 Babai 算法来解密消息。输出结果与明文一致吗？

第九章 布 尔 函 数

F_2 上的布尔函数在密码设计和安全性研究中具有十分重要的作用，本章对布尔函数的基本概念和密码安全性质进行介绍。

第一节 布尔函数的基本概念

定义 9.1.1 由 F_2^n 到 F_2 上的函数或映射称为 n 元函数，记为 $f(x_1,\cdots,x_n)$，简记 $f(x)$ 为或 f，其中 $x=(x_1,\cdots,x_n)=\sum_{i=1}^{n}x_i 2^{n-i}$，即 $(x_1,\cdots,x_n)$ 是 x 的二进制表示。布尔函数的表示形式有多种，下面介绍几种主要的形式：真值表表示、小项表示、多项式表示、Walsh 谱表示、序列表示和矩阵表示。这些表示在研究布尔函数及其性质中要用到。

1. 布尔函数的真值表示

将布尔函数在各点的函数值按顺序排列起来，记为 $f(0),f(1),f(2^n-1)$，称为 $f(x)$ 的真值表。用真值表表示的函数称为布尔函数真值表表示。$f(x)$ 的真值表中 1 的个数称为 $f(x)$ 的汉明重量，记为 $w(f)$。

例 9.1.1 设 $f(0,0)=1, f(0,1)=1, f(1,0)=1, f(1,1)=0$，那么，$f(x)$ 的真值表表示为 $f(x)=(1,1,1,0)$。

2. 布尔函数的小项表示

设 $x\in F_2$，约定 $x'=x, x^0=\bar{x}=1+x$，对于 $x_i,c_i\in F_2$，就有 $x_i^{c_i}=\begin{cases}1 & (x_i=c_i)\\ 0 & (x_i\ne c_i)\end{cases}$。设整数 $c(0\leqslant c\leqslant 2^n-1)$ 的二进制表示是 $(c_1,c_2,\cdots,c_n)$，约定 $x^c=x_1^{c_1}x_2^{c_2}\cdots x_n^{c_n}$，它具有下述"正交性"：

$$x_1^{c_1}x_2^{c_2}\cdots x_n^{c_n}=\begin{cases}1, & (x_1,x_2,\cdots,x_n)=(c_1,c_2,\cdots,c_n)\\ 0, & (x_1,x_2,\cdots,x_n)\ne(c_1,c_2,\cdots,c_n)\end{cases}$$

由此可得

$$f(x)=\sum_{c=0}^{2^n-1}f(c_1,c_2,\cdots,c_n)x_1^{c_1}x_2^{c_2}\cdots x_n^{c_n} \tag{9-1-1}$$

式（9-1-1）称为 $f(x)$ 的小项表示，$f(c_1,c_2,\cdots,c_n)x_1^{c_1}x_2^{c_2}\cdots x_n^{c_n}$ 称为一个小项。$\sum$ 表示在 F_2 上求和。

例 9.1.2 例 9.1.1 中的 $f(x)$ 的小项表示为

$$\begin{aligned}f(x_1,x_2)&=1\cdot x_1^0 x_2^0 + 0\cdot x_1^0 x_2^1 + 1\cdot x_1^1 x_2^0 + 0\cdot x_1^1 x_2^1\\ &=x_1^0 x_2^0 + x_1^1 x_2^0\end{aligned}$$

3. 布尔函数的多项式表示

$f(x)$ 的多项式表示为

$$f(x) = a_0 + \sum_{r=1}^{n} \sum_{1 \leqslant i_1 < i_2 < \cdots < i_r \leqslant n} a_{i_1 i_2 \cdots i_r} x_{i_1} x_{i_2} \cdots x_{i_r} \quad (9\text{-}1\text{-}2)$$

要将 $f(x)$ 的小项表示转化为多项式表示，只须将 $\bar{x}_i = 1 + x_i$ 代入式（9-1-1）。并注意 $x_i x_i = x_i, x_i x_j = x_j x_i$，利用分配律并进行合并同类项即可。如例 9.1.2 中

$$f(x_1, x_2) = (x_1 + 1)(x_2 + 1) + x_1(x_2 + 1) = 1 + x_2$$

也常将式（9-1-2）按变元的升幂及下标数字写出如下：

$$f(x) = a_0 + a_1 x_1 + a_2 x_2 + \cdots + a_n x_n + a_{12} x_1 x_2 + \cdots + a_{n-1,n} x_{n-1} x_n + \cdots + a_{12\cdots n} x_1 x_2 \cdots x_n \quad (9\text{-}1\text{-}3)$$

式（9-1-3）称为 $f(x)$ 的代数标准型或代数正规型，一个乘积项（也称单项式）$x_{i_1} x_{i_2} \cdots x_{i_r}$ 的次数定义为 r，布尔函数 $f(x)$ 的次数定义为 $f(x)$ 的代数标准型中具有非零系数的乘积项中的最大次数，记为 $\deg(f)$。一次布尔函数称为仿射函数，常数项为零的仿射函数称为线性函数，次数大于 1 的布尔函数称为非线性函数。

4. 布尔函数的谱表示

定义 9.1.2 设 $x = (x_1, \cdots, x_n), w = (w_1, \cdots, w_n) \in F_2^n, w \cdot x = x_1 w_1 + \cdots + x_n w_n$，称

$$S_f(w) = 2^{-n} \sum_{x \in F_2^n} f(x)(-1)^{w \cdot x}$$

$$S_{(f)}(w) = 2^{-n} \sum_{x \in F_2^n} (-1)^{f(x) + w \cdot x}$$

分别为 $f(x)$ 的线性 Walsh 谱和循环 Walsh 谱。

例 9.1.3 设 $f(x) = f(x_1, x_2, x_3) = x_1 x_2 \oplus x_3$，计算 $f(x)$ 在 $\alpha = (1,1,0)$ 点的 Walsh 循环谱。

解 令 $\phi(x) = \alpha \cdot x = (1,1,0) \cdot (x_1, x_2, x_3) = x_1 \oplus x_2$，则以下 4 个函数的取值情况如表 9.1.1 所列。

表 9.1.1

$x = (x_1, x_2, x_3)$	(0,0,0)	(0,0,1)	(0,1,0)	(0,1,1)	(1,0,0)	(1,0,1)	(1,1,0)	(1,1,1)
$f(x)$	0	1	0	1	0	1	1	0
$\phi(x) = x_1 \oplus x_2$	0	0	1	1	1	1	0	0
$f(x) \oplus \phi(x)$	0	1	1	0	1	0	1	0
$(-1)^{f(x) \oplus \phi(x)}$	1	−1	−1	1	−1	1	−1	1

因此有

$$S_{(f)}(1,1,0) = \frac{1}{2^3} \sum_{x \in Z_2^N} (-1)^{f(x) \oplus \phi(x)} = \frac{1}{8}(1 - 1 - 1 + 1 - 1 + 1 - 1 - 1) = 0$$

引理 9.1.1 设 $n \geqslant 1$，则 $\forall w \in Z_2^n$，有

$$\frac{1}{2^n} \sum_{x \in Z_2^n} (-1)^{w \cdot x} = \begin{cases} 1 & (w = 0) \\ 0 & (w \neq 0) \end{cases}$$

证明 当 $w=0$ 时，对于 $\forall x \in Z_2^n$，均有 $w \cdot x = 0 \cdot x = 0$，因此有

$$\frac{1}{2^n}\sum_{x \in Z_2^n}(-1)^{w \cdot x} = \frac{1}{2^n}\sum_{x \in Z_2^n}(-1)^0 = 1$$

当 $w \neq 0$ 时，记 $w=(w_1,\cdots,w_n)$，对 $\forall x \in Z_2^n$，记 $x=(x_1,\cdots,x_n)$，则有

$$\frac{1}{2^n}\sum_{x \in Z_2^n}(-1)^{w \cdot x} = \frac{1}{2^n}\sum_{x \in Z_2^n}(-1)^{w_1x_1 \oplus w_2x_2 \oplus \cdots \oplus w_nx_n}$$

$$= \frac{1}{2^n}\sum_{x_1 \in \{0,1\}}\sum_{x_2 \in \{0,1\}}\cdots\sum_{x_n \in \{0,1\}}\prod_{i=1}^{n}(-1)^{w_ix_i}$$

$$= \frac{1}{2^n}\sum_{x_1 \in \{0,1\}}(-1)^{w_1x_1}\sum_{x_2 \in \{0,1\}}(-1)^{w_2x_2}\cdots\sum_{x_n \in \{0,1\}}(-1)^{w_nx_n}$$

$$= \frac{1}{2^n}\prod_{i=1}^{n}\sum_{x_i \in \{0,1\}}(-1)^{w_ix_i}$$

由定义 9.1.2 及引理 9.1.1，易知两种谱之间的关系为

$$S_{(f)}(w) = \begin{cases} -2S_f(w) & (w \neq 0) \\ 1-2S_f(w) & (w = 0) \end{cases}$$

依定义 9.1.2 可得到 $f(x)$ 用两种 Walsh 谱的表示如下。

$$f(x) = \sum_{w \in F_2^n}S_f(w)(-1)^{w \cdot x}$$

$$f(x) = \frac{1}{2} - \frac{1}{2}\sum_{w \in F_2^n}S_{(f)}(w)(-1)^{w \cdot x}$$

关于 Walsh 谱，下面不加证明地给出以下结论：

定理 9.1.1 （Plancheral 公式） 设 $f(x)$ 是 n 元布尔函数，则

$$\sum_{w \in F_2^n}S_f^2(w) = S_f(0) = w(f)/2^n$$

定理 9.1.2 （Parseval 公式） 设 $f(x)$ 是一个 n 元布尔函数，则

$$\sum_{w \in F_2^n}S_{(f)}^2(w) = 1$$

定理 9.1.3 设 $f_1(x), f_2(x)$ 是 n 元布尔函数，则

$$S_{f_1+f_2}(w) = S_{f_1}(w) + S_{f_2}(w) - 2S_{f_1f_2}(w)$$

定理 9.1.4 设 $f_1(x), f_2(x)$ 是 n 元布尔函数，则

$$S_{f_1f_2}(w) = -2^{-n}\sum_{\tau=0}^{2^n-1}S_{f_1}(\tau)S_{f_2}(w+\tau)$$

5．布尔函数的矩阵表示

定义 9.1.3 设 $f(x)$ 是一个 n 元布尔函数，矩阵

$$\begin{bmatrix} f(0) \\ f(1) \\ \vdots \\ f(N) \end{bmatrix} = \begin{bmatrix} \varphi(0,0) & \cdots & \varphi(N,0) \\ \varphi(0,1) & \cdots & \varphi(N,1) \\ \vdots & & \vdots \\ \varphi(0,N) & \cdots & \varphi(N,N) \end{bmatrix} \begin{bmatrix} S_f(0) \\ S_f(1) \\ \vdots \\ S_f(N) \end{bmatrix}$$

称为 $f(x)$ 的矩阵（$f(x)$ 的矩阵表示）。其中 $\varphi(w,x) = \varphi_w(x) = (-1)^{w \cdot x}$。

定义 9.1.4 设 H_n 是 2^n 阶的矩阵。如果 H_n 由下面的递推关系

$$H_0 = [1], H_n = \begin{bmatrix} 1 & 1 \\ 1 & -1 \end{bmatrix} \otimes H_{n-1} = \begin{bmatrix} H_{n-1} & H_{n-1} \\ H_{n-1} & -H_{n-1} \end{bmatrix}$$

给出，称 H_n 为 Hadamard 矩阵。其中 $\otimes$ 表示矩阵的克罗内克（Kerpncker）积。

利用 Hadamard 矩阵可得到与 Walsh 谱平衡的一套理论，另外利用 Hadamard 矩阵的有关性质可得到计算 Walsh 谱的快速算法。由此可见，Hadamard 矩阵在密码学中是很重要的。

定义 9.1.5 设 $f(x)$ 是一个 n 元布尔函数，$w = w(f)$ 是其汉明重量，$D = \{d = (d_1, \cdots, d_n) | f(d) = 1\}$ 将 D 中的元素按字典式顺序从小到大排列为 $c_i = (c_{i1}, \cdots, c_{in})$，则称 0-1 矩阵

$$C_f = \begin{bmatrix} c_{11} & \cdots & \cdots & c_{1n} \\ \vdots & & & \vdots \\ \vdots & & & \vdots \\ c_{w1} & \cdots & \cdots & c_{wn} \end{bmatrix}$$

为 $f(x)$ 的特征矩阵。布尔函数与其特征之间是相互唯一确定的。

定义 9.1.6 设 A 是 F_2 上的 $M \times n$ 矩阵，如果对任意给定的 m 列，每一个行向量恰好重复 $M/2^m$ 次，则称 A 为正交矩阵，记为 $(M,n,2,m)$。

6. 布尔函数的序列表示

称序列 $((-1)^{f(\alpha_0)}, (-1)^{f(\alpha_1)}, \cdots, (-1)^{f(\alpha_{2^n-1})})$ 为 $f(x)$ 的序列表示，其中 $\alpha_0 = (0, \cdots, 0), \alpha_1 = (0, \cdots, 0, 1), \alpha_{2^n-1} = (1, \cdots, 1) \in F_2^n$。

下面给出两个重要结论。

定理 9.1.5 设 a,b 分别是 n 元布尔函数 $f(x)$ 和 $g(x)$ 的序列表示，那么 $a*b$ 就是 $f(x) + g(x)$ 的序列表示（$a*b$ 表示 a,b 对应项相乘得到的二进制序列）。

定理 9.1.6 设 I_i 是 H_n 的第 i 行，$0 \leqslant i \leqslant 2^{n-1}$，$\alpha_i$ 是 i 的二进制表示，那么 I_i 就是线性函数 $\varphi_i = <\alpha_i, x>$ 的序列。

第二节 布尔函数的平衡相关免疫性

对于由 n 个移位寄存器驱动的非线性组合密钥流生成器，Siegenthaler 提出了一种"分别征服"的相关攻击方法，即 DC 攻击；这种攻击是建立在非线性组合函数与其变元的相关性及信源的 0、1 不平衡基础上的，因此为了抗击 DC 攻击，Siegenthaler 又提出了相关免疫（correlation-immune）的概念，要求密钥流生成器中的非线性组合函数必须是平衡的和相关免疫的。

下面介绍平衡和相关免疫的概念，谱特征、重量特征和其代数标准型的结构特征。

定义 9.2.1 如果 n 元布尔函数的重量 $w(f)=2^{n-1}$，则称 $f(x)$ 是平衡布尔函数。

前面讲到，平衡性是抗击相关攻击所必须的，实际上，平衡是用于密码体制的布尔函数（简称密码函数）都必须具备的。由定义 9.2.1 及布尔函数的几种不同表示的转换关系可知，$f(x)$ 的重量即为 $f(x)$ 小项表示中小项的数目，注意由小项表示转换为多项式表示时，每个小项展开后含有一个最高次项 $x_1 x_2 \cdots x_n$，特别地，关于平衡函数有如下结构特点：

定理 9.2.1 平衡布尔函数的多项式表示中不含最高次项。

由平衡和 $f(x)$ 的循环 Walsh 谱的定义可推得平衡函数的谱特征如下。

定理 9.2.2 若 $f(x)$ 是平衡布尔函数，则 $S_{(f)}(0)=0$。

最早给出的相关免疫定义，是 T.Siegenthalar 给出的下列定义。

定义 9.2.2 设 $x_1,x_2,\cdots,x_n$ 是 n 个独立的，均匀分布的二元随机变量，$f(x_1,\cdots,x_n)$ 是 $F_2^n \to F_2$ 的布尔函数，令随机变量 $z=f(x_1,\cdots,x_n)$，如果对任意下标的子集 $\{i_1,\cdots,i_m | 1 \leqslant i_1 < i_2 < \cdots < i_m \leqslant n$，随机变量 $z=f(x_1,\cdots,x_n)$ 与随机变量 $(x_{i_1},x_{i_2},\cdots,x_{i_m})$ 统计独立，则称 $f(x_1,\cdots,x_n)$ 是 m 阶相关免疫的。这个条件用互信息表示为 $I(z;x_{i_1},\cdots,x_{i_m})=0$。

与 T.Siegenthalar 给出的 m 阶相关免疫定义等价，m 阶相关免疫有许多其他形式的定义。

定义 9.2.3 设 n 元布尔函数 $f(x_1,\cdots,x_n)$ 中每个变元 x_i 都是 F_2 上独立同分布随机变量，若对任意的 $1 \leqslant i_1 < i_2 < \cdots < i_m \leqslant n$ 和 $a_1,a_2,\cdots,a_m$ 成立

$$P\{f(x_1,\cdots,x_n)=1 | x_{i_1}=a_1,\cdots,x_{i_m}=a_m\} = P\{f(x_1,\cdots,x_n)=1\}$$

即 $f(x)$ 与 $x_{i_1},\cdots,x_{i_m}$ 统计无关，称 $f(x)$ 是 m 阶相关免疫的，其中 $1 \leqslant m \leqslant n-1$。

显然，如果 $f(x)$ 是 m 阶相关免疫的，那么对任意的 $k<m$，$f(x)$ 也是 k 阶相关免疫的。

定义 9.2.3 是从概率的角度给出了相关免疫的定义，还可以从重量分析、谱分析、矩阵分析等角度给出相关免疫概念。将这些不同形式的定义加以概括，用定理表述如下：

定理 9.2.3 设 $f(x)$ 是 n 元布尔函数，则下列条件是等价的。

（1） $f(x)$ 是 m 阶相关免疫的。

（2） $f(x)$ 与任意 m 个变元 $x_{i_1},\cdots,x_{i_m}$ 统计无关。

（3）对任意的 $1 \leqslant i_1 < i_2 < \cdots i_m \leqslant n$ 和 $a_1,a_2,\cdots,a_m$，成立着

$$2^m W(f(x_1,\cdots,x_n) | x_{i_1}=a_1,\cdots,x_{i_m}=a_m) = w(f(x_1,\cdots,x_n))$$

（4） $f(x)$ 的特征矩阵是 $(w,n,2,m)$ 正交矩阵。

（5）对任意的 $w=(0,\cdots,w_{i_1},\cdots,w_{i_m},\cdots,0) \in F_2^n$，$1 \leqslant W(w) \leqslant m$，$f(x)$ 与 $w \cdot x$ 统计无关。

（6）对任意的 $w=(0,\cdots,w_{i_1},\cdots,w_{i_m},\cdots,0) \in F_2^n$，$1 \leqslant W(w) \leqslant m$，$f(x)+w \cdot x$ 是平衡的。

T.Siegenthalar 还给出了布尔函数 m 阶相关免疫的一个必要条件如下：

定理 9.2.4 设 $f(x_1,\cdots,x_n)$ 的重量为 $w(f)$，则 $f(x)$ 为 m 阶相关免疫的必要条件是 $w(f)=2^m \cdot k, (k \geqslant 0)$。

证明 设 $f(x)$ 的小项表示为 $f = \sum_{i=1}^{w(f)} x^{c_i}, x = x_1 x_2 \cdots x_n, c = c_{i_1} c_{i_2} \cdots c_{i_n}, 1 \leqslant i \leqslant w(f)$。令

$$y = y_1 y_2 \cdots y_m, z = x_{m+1} \cdots x_n$$

$f(x_1, \cdots, x_n)$ 的小项表示按 y 合并同类项，得

$$f(x_1, \cdots, x_n) = \sum_{d \in F_2^m} y^d (z^{e_1(d)} + \cdots + z^{e_{h(d)}(d)})$$

这里 $e_i(d) \in F_2^{n-m}$。

因为 $p\{f=1\} = w(f)/2^n$，所以 $p\{f=1 | y=d\} = p\{z^{e_1(d)} + \cdots + z^{e_{h(d)}(d)} = 1\} = h(d)/2^{n-m}$。如果 $f(x)$ 为 m 阶相关免疫的，由定义 9.2.3 知 $p\{f=1\} = p\{f=1 | y=d\}$，即

$$w(f)/2^n = h(d)/2^{n-m}$$

故 $w(f) = 2^m \cdot h(d)$。其中 $h(d)=k$ 是常数。证毕。

由定理 9.2.3 即可推出 $f(x)$ 与变元 $x_{i_1}, \cdots, x_{i_m}$ 统计无关的谱特征。

定理 9.2.5 $f(x)$ 与变元 $x_{i_1}, \cdots, x_{i_m}$ 统计无关当且仅当对任意的

$$w = (0, \cdots, w_{i_1}, \cdots, w_{i_m}, \cdots, 0) \in F_2^n, \quad 1 \leqslant W(w) \leqslant m, \quad S_{(f)}(w) = 0$$

证明：由定理 9.2.3 可知，$f(x)$ 与变元 $x_{i_1}, \cdots, x_{i_m}$ 统计无关，当且仅当对任意的 $w = (0, \cdots, w_{i_1}, \cdots, w_{i_m}, \cdots, 0) \in F_n^2$，$1 \leqslant W(w) \leqslant m$，$f(x) + w \cdot x$ 是平衡的，而 $f(x) + w \cdot x$ 平衡，当且仅当 $S_{(f+w \cdot x)}(0) = 0$。从而定理得证。

定理 9.2.5 是 $f(x)$ 与变元统计无关的谱特征，结合定理 9.2.3，我们有 m 阶相关免疫函数的谱特征如下：

定理 9.2.6 $f(x)$ 是 m 阶相关免疫的，当且仅当对任意的

$$w = (0, \cdots, w_{i_1}, \cdots, w_{i_m}, \cdots, 0) \in F_n^2, \quad 1 \leqslant W(w) \leqslant m, \quad S_{(f)}(w) = 0$$

由两种 Walsh 谱的关系式和定理 9.2.5 立即可推出如下著名的 Xiao-Massey 定理。

定理 9.2.7 $f(x)$ 是 m 阶相关免疫的，当且仅当对任意的

$$w \in F_2^n, \quad 1 \leqslant W(w) \leqslant m, \quad S_{(f)}(w) = 0$$

定理 9.2.4 反映了 m 阶相关免疫的函数的重量特征，定理 9.2.6 和定理 9.2.7 分别给出了 m 阶相关免疫的循环谱特征和线性谱特征。我们知道 Walsh 谱是密码研究的重要工具，因此，以上这些定理在相关免疫函数的研究中将起着非常重要的作用。下面的定理给出了 m 阶相关免疫函数正规型的结构特征。

定理 9.2.8 设 $f(x_1, \cdots, x_n)$ 是 m 阶相关免疫的，$1 \leqslant m \leqslant n-1$，$w(f) = 2^m \cdot k$，则在 f 的代数正规型中任意大于或等于 $n-m+1$ 个变元的乘积项不出现，若 k 为偶数，则所有 $n-m$ 个变元的乘积项全部不出现，若 k 为奇数，则所有 $n-m$ 个变元的乘积项均出现。

定理 9.2.8 指出了 $n-m$ 次项在 f 的代数正规型中出现的充要条件。下面的定理更一般地给出任意 h 次在 m 阶相关免疫函数 f 的代数正规型中出现的充要条件。

定理 9.2.9 设 $f(x_1, \cdots, x_n)$ 是 m 阶相关免疫的，则在 f 的代数正规型中，乘积项 $x_{i_1} \cdots x_{i_k}(h < n-m)$ 出现的充要条件是：在 f 的特征矩阵中划去第 $i_1, i_2, \cdots, i_h$ 列中剩余矩阵

的行向量中零向量的个数为奇数。

推论 9.2.1 设 $f(x_1,\cdots,x_n)$ 是 m 阶相关免疫的，且 f 的特征矩阵的每个行向量的 Hamming 重量都大于 t，则在 f 的代数正规型中任意次数小于 t 的乘积均不出现。

定理 9.2.10 $f(x_1,\cdots,x_n)$ 是 $n-1$ 个阶相关免疫函数当且仅当 $f(x) = a_0 + \sum_{i=1}^{n} x_i$。

定理 9.2.11 仅由两个单项组成的布尔函数相关免疫的充要条件是这两个单项式是一次单项式，即 $f(x_1,\cdots,x_n) = x_i + x_j$。

以上是关于平衡函数和相关免疫函数的一些特征。下面以此为基础，讨论平衡相关免疫函数的特征，平衡相关免疫函数是指满足平衡性又满足相关免疫性的布尔函数，由平衡性和相关免疫性的已有结论，可得到平衡相关免疫函数的谱特征和重量特征。

定理 9.2.12 $f(x)$ 是平衡 m 阶相关免疫函数，当且仅当对任意的
$$w \in GF^n(2), 0 \leqslant W(w) \leqslant m，恒有 S_{(f)}(w) = 0$$

证明 由平衡函数和相关免疫函数的谱特征易知：

当 $f(x)$ 是 m 阶相关免疫函数时，由定理 9.2.4 有 $w(f) = 2^m \cdot k, (k \geqslant 0)$，又 $f(x)$ 是平衡的，则必有 $k = 2^{n-m-1}$，依照 m 阶相关免疫函数等价定义 9.2.3，应有
$$w(f(x_1,\cdots,x_n) \mid x_{i_1} = a_1, \cdots x_{i_m} = a_m) = k = 2^{n-m-1} \tag{9-2-1}$$

式（9-2-1）表明：当 n 元布尔函数 $f(x_1,\cdots,x_n)$ 中任意 m 个变元固定为常数时，得到的 $n-m$ 元布尔函数都是平衡的，即有定理：

定理 9.2.13 设 n 元布尔函数 $f(x_1,\cdots,x_n)$ 是平衡 m 阶相关免疫的，那么任意固定 $f(x_1,\cdots,x_n)$ 中 m 个变元为常数，得到 $n-m$ 元布尔函数都是平衡的，亦即对任意的 $1 \leqslant i_1 \leqslant \cdots \leqslant i_m \leqslant n$ 和 $a_1, a_2, \cdots, a_m$，当 $x_{i_1} = a_1, \cdots, x_{i_m} = a_m$ 时，有
$$W(f(x_1,\cdots,a_1,\cdots,a_m,\cdots,x_n)) = 2^{n-m-1}$$

第三节 布尔函数的非线性度及其上界研究

1979 年，Diffie 和 Hellman 指出任何一个密码系统都可以用一个非线性函数来描述，而非线性函数的非线性度是衡量布尔函数密码安全性的重要指标，研究表明：最佳线性逼近攻击对流密码体制具有极大的威胁，而对抗最佳线性逼近攻击的最好办法是提高布尔函数（非线性组合函数或滤波函数）的非线性度。布尔函数的非线性度标志着布尔函数抗击最佳仿射逼近攻击的能力。因此，研究布尔函数的非线性度对密码体制设计和安全度量具有重要意义。

下面给出布尔函数的非线性度的概念。

定义 9.3.1 设 $f(x)$ 是 n 元布尔函数，L_n 是所有 n 元仿射函数的集合，称非负整数
$$N_f = \min_{l(x) \in L_n} d(f(x), l(x))$$

为布尔函数 $f(x)$ 的非线性度。其中，$d(f(x), l(x))$ 是 $f(x)$ 与 $l(x)$ 之间的汉明距离，即
$$d(f(x), l(x)) = |\{x \in F_2^n \mid f(x) \neq l(x)\}|$$

在二元域，$d(f(x), l(x)) = w(f+l)$。

定理 9.3.1 设 n 元布尔函数 $f(x)$ 的非线性度是 N_f，则

$$N_f = 2^{n-1}\left(1 - \max_{w \in F_2^n}|S_{(f)}(w)|\right) \quad (9\text{-}3\text{-}1)$$

证明 由于 $(-1)^v S_{(f)}(w) = \frac{1}{2^n}\sum_{x \in F_2^n}(-1)^{f(x)+w\cdot x+v}$

$$= \frac{1}{2^n}(|\{x \in F_2^n | f(x) = w\cdot x + v\}|) - (|\{x \in F_2^n | f(x) \neq w\cdot x + v\}|)$$

$$= \frac{1}{2^n}(2^n - 2|\{x \in F_2^n | f(x) \neq w\cdot x + v\}|)$$

所以

$$d(f(x), w\cdot x + v) = |\{x \in F_2^n | f(x) \neq w\cdot x + v\}|)$$
$$= 2^{n-1}(1 - (-1)^v S_{(f)}(w))$$

由定义 9.3.1 可知

$$N_f = \min_{l(x) \in L_n} d(f(x), l(x)) = 2^{n-1}\left(1 - \max_{w \in F_2^n}|S_{(f)}(w)|\right) \quad (9\text{-}3\text{-}2)$$

定理 9.3.1 给出了布尔函数非线性度与 Walsh 谱之间的关系，也是非线性度的一种 Walsh 谱表示，它表明布尔函数 $f(x)$ 的非线性度由 $f(x)$ 的最大绝对谱值确定。这从另一方面反映了 $f(x)$ 的谱表示了该函数与线性函数之间的符合程度。从密码学的角度来讲，希望所选用的布尔函数的非线性度越高越好。由式（9-3-2）可知，要 N_f 尽可能地大，$\max_{w \in F_2^n}|S_{(f)}(w)|$ 就必须尽可能地小。但由 Parseval 公式 $\sum_{w \in F_2^n} S_{(f)}^2(w) = 1$ 可知：$\max_{w \in F_2^n}|S_{(f)}(w)| \geqslant 2^{-\frac{n}{2}}$，因此

$$N_f \leqslant 2^{n-1}(1 - 2^{-\frac{n}{2}}) \quad (9\text{-}3\text{-}3)$$

式（9-3-3）给出了布尔函数非线性度的上界。还可以给出这个上界的两种改进。

设 $\xi(\alpha)$ 是 $f(x \oplus \alpha)$ 的序列，则 $\xi(0)$（简记 ξ）是 $f(x)$ 本身的序列，$\xi(0) * \xi(\alpha)$ 是 $f(x) \oplus f(x \oplus \alpha)$ 的序列，l_i 是 H_n 的第 i 行。

引入指标：$\Delta(\alpha) = <\xi(0), \xi(\alpha)>$，$\Im = \{i, | 0 \leqslant i \leqslant 2^n - 1, <\xi, l_i> \neq 0\}$

$$\Re = \{\alpha | \Delta(\alpha) \neq 0, \alpha \in F_2^n\}, \quad \Delta_M = \max\{|\Delta(\alpha)| | \alpha \in F_2^n, \alpha \neq 0\}$$

定理 9.3.2 ξ 是 $f(x)$ 的序列，l_i 是 H_n 的第 i 行，则 $f(x)$ 的非线性度

$$N_f = 2^{n-1} - \frac{1}{2}\max\{|<\xi, l_i>|, 0 \leqslant i \leqslant 2^n - 1\} \quad (9\text{-}3\text{-}4)$$

$\#\Im$，$\#\Re$ 和 Δ_M 在可逆线性变换下是不变的，$\#$ 表示集合中元素的个数。用新指标表述的 Parseval 公式为

$$\sum_{i=0}^{2^n-1} <\xi, l_i>^2 = 2^{2n} \quad (9\text{-}3\text{-}5)$$

定理 9.3.3 ξ 是 $f(x)$ 的序列，l_i 是 H_n 的第 i 行，则有

$$N_f \leqslant 2^{n-1}\left(1-\frac{1}{\sqrt{\#\Im}}\right) \tag{9-3-6}$$

证明 设 $P_M = \max\{|<\xi,l_i>||i=0,1,\cdots,2^n-1\}$，由 Parseval 公式（9-3-5）得

$$P_M^2 \cdot \#\Im \geqslant 2^{2n} \tag{9-3-7}$$

又根据式（9-3-4），得 $\quad N_f \leqslant 2^{n-1} - \dfrac{2^{n-1}}{\sqrt{\#\Im}}$。证毕。

引理 9.3.1 设 f 是任意 n 元布尔函数，ξ 是它的序列，则

$$(\Delta(\alpha_0),\Delta(\alpha_1),\cdots,\Delta(\alpha_{2^n-1}))H_n = (<\xi,l_0>^2,<\xi,l_1>^2,\cdots,<\xi,l_{2^n-1}>^2)$$

式中：l_i 为 H_n 的第 i 行。

定理 9.3.4 设 f 是任意 n 元布尔函数，ξ 是它的序列，则

$$N_f \leqslant 2^{n-1} - 2^{-\frac{1}{2}n-1}\sqrt{\sum_{i=0}^{2^n-1}\Delta^2(\alpha_i)} \tag{9-3-8}$$

证明 由引理 9.3.1，得

$$2^n\sum_{i=0}^{2^n-1}\Delta^2(\alpha_i) = \sum_{i=0}^{2^n-1}<\xi,l_i>^4 \leqslant P_M^2 \cdot \sum_{i=0}^{2^n-1}<\xi,l_i>^2$$

对此式用 Parseval 公式（9-3-5），得

$$\sum_{i=0}^{2^n-1}\Delta^2(\alpha_i) \leqslant 2^n \cdot P_M^2$$

因此

$$P_M \geqslant 2^{-\frac{n}{2}}\sqrt{\sum_{i=0}^{2^n-1}\Delta^2(\alpha_i)}$$

用式（9-3-4）即得

$$N_f \leqslant 2^{n-1} - 2^{-\frac{n}{2}-1}\sqrt{\sum_{i=0}^{2^n-1}\Delta^2(\alpha_i)}$$

由于 $\Delta(\alpha_0) = 2^n$，$\#\Im \leqslant 2^n$，有

$$2^{n-1} - 2^{-\frac{n}{2}-1}\sqrt{\sum_{i=0}^{2^n-1}\Delta^2(\alpha_i)} \leqslant 2^{n-1} - 2^{\frac{n}{2}-1}$$

$$2^{n-1} - \frac{2^{n-1}}{\sqrt{\#\Im}} \leqslant 2^{n-1} - 2^{\frac{n}{2}-1}$$

可见式（9-3-6）和式（9-3-7）是较常用形式 $N_f \leqslant 2^{n-1} - 2^{\frac{n}{2}-1}$ 的改进。

下面定理给出一些特殊情况下非线性度的上界。

定理 9.3.5 当 $n \geqslant 3$ 时，平衡 n 元布尔函数的非线性度满足

$$N_f \leqslant \begin{cases} 2^{n-1} - 2^{\frac{n}{2}-1} - 2 & (n=2,4,6,\cdots) \\ \lfloor 2^{n-1} - 2^{\frac{n}{2}-1} \rfloor & (n=1,3,5,\cdots) \end{cases}$$

其中：$\lfloor x \rfloor$ 表示小于或等于 x 的最大偶数。

定理 9.3.6 n 元平衡 n-3 阶相关免疫函数的非线性度满足：$N_f \leqslant 2^{n-2}$。

第四节 布尔函数的严格雪崩特性和扩散性

1985 年，Webster 和 S.Tavares 在研究 S-盒的设计时，将"完全性"和"雪崩特性"这两个概念进行组合定义了一个新的概念——严格雪崩准则（strict avalanche criterion，SAC）。B.preneel 等又将"50%-依赖性"概念和"完全非线性"概念进行组合，提出了扩散（propagation criterion，PC）。后来，又对这两种准则进行了推广，提出了高次扩散、高阶高次扩散及高阶严格雪崩的概念。如今，这些概念已成为度量布尔函数密码完全性的重要指标。

定义 9.4.1 如果对任意的 $\alpha \in F_2^n, W(\alpha) = 1$，恒有 $f(x) \oplus f(x \oplus \alpha)$ 是平衡的，称 $f(x)$ 满足严格雪崩准则，简称 $f(x)$ 满足 SAC。

定义 9.4.2 如果固定 $f(x)$ 的任意 k 个变元得到的所有 $n-k$ 元函数都满足 SAC，称 $f(x)$ 是 k 阶严格雪崩的，简称 $f(x)$ 满足 SAC(k)。

定义 9.4.3 如果对任意的 $\alpha \in F_2^n, 1 \leqslant W(\alpha) \leqslant l$，恒有 $f(x) \oplus f(x \oplus \alpha)$ 是平衡的，称 $f(x)$ 是 l 次扩散的，简称 $f(x)$ 满足 PC(l)。

定义 9.4.4 如果固定 $f(x)$ 的任意 k 个变元得到的所有 $n-k$ 元函数都满足 PC(l)，称 $f(x)$ 是 k 阶 l 次扩散的，简称 $f(x)$ 满足 PC(l)/k。

显然，SAC 等价于 PC(l)，SAC(k)等价于 PC(l)/k；k 阶 l 次扩散比 k 阶扩散的要求条件强得多。

如果引入布尔函数的分支函数的概念，则还可得到 $f(x_1,\cdots,x_n)$ 满足 SAC 的又一充要条件。

设 $f(x_1,\cdots,x_n)$ 是 n 元布尔函数，则

$f(x_1,\cdots,x_n) = x_i f_i(x_1,\cdots,x_{i-1},x_{i+1},\cdots,x_n) + h_i(x_1,\cdots,x_{i-1},x_{i+1},\cdots,x_n)(1 \leqslant i \leqslant n)$，其中 $f_i(x_1, \cdots,x_{i-1},x_{i+1},\cdots,x_n)$ 称为 $f(x_1,\cdots,x_n)$ 关于 x_i 的分支。

定理 9.4.1 n 元布尔函数 $f(x_1,\cdots,x_n)$ 满足 SAC 当且仅当 $f(x_1,\cdots,x_n)$ 关于 x_i 的分支函数

$$f_i(x_1,\cdots,x_{i-1},x_{i+1},\cdots,x_n) \quad (1 \leqslant i \leqslant n)$$

是 n 元平衡布尔函数。

证明 $f(x) + f(x+e_i) = x_i f_i + h_i + (1+x_i)f_i + h_i = f_i \quad (1 \leqslant i \leqslant n)$

因此，$f(x) + f(x+e_i)$ 是平衡函数当且仅当 f_i 是平衡布尔函数。

由定理 9.4.1 可推出满足 SAC 的布尔函数具有以下性质。

定理 9.4.2 如果 n 元的布尔函数 $f(x)$ 满足 SAC(k)，$0 \leqslant k \leqslant n-2$，那么 $f \oplus g$ 也是 SAC(k)，其中 g 是任意 n 元仿射函数。

由定理 9.4.2 可见，研究 $f(x)$ 的扩散性，只要考虑 $f(x)$ 的非线性部分的扩散性即可。

定理 9.4.3 所有二次函数 $f(x_1,\cdots,x_n) = \sum_{1 \leqslant i < j \leqslant n} \alpha_{ij} x_i x_j$ 都满足 SAC；所有仿射函数都

不满足 SAC。

定理 9.4.4 如果 $f(x_1,\cdots,x_n)$ 满足 SAC，则 $g(x_1,\cdots,x_n) = x_1\sum_{i=2}^{n} c_i x_i + f(x_2,\cdots,x_n)$ 满足 SAC。

定理 9.4.5 设 $f(x)$ 关于 $\alpha \in F_2^n \setminus \{0\}$ 满足扩散准则，则 $\sum_{w \in F_2^n} S_{(f)}^2 (-1)^{\alpha \cdot w} = 0$。

定理 9.4.6 设 $f(x)$ 关于 $\alpha \in F_2^n \setminus \{0\}$ 满足 l 次扩散准则，则对所有的 $\alpha \in F_2^n$，$1 \leqslant w(\alpha) \leqslant l$，有 $\sum_{w \in F_2^N} S_{(f)}^2 (-1)^{\alpha \cdot w} = 0$。

与谱一样，自相关函数也是研究布尔函数的重要工具，下面给出 $f(x)$ 的自相关函数的定义和满足扩散性的函数的相关函数特征。

定义 9.4.5 $r(\alpha) = \sum_{x \in F_2^n} (-1)^{f(x)+f(x+\alpha)}$ 称为 $f(x)$ 的自相关函数。

定理 9.4.7 $f(x)$ 关于满足扩散准则，当且仅当 $r(\alpha) = 0$；$f(x)$ 关于 α 满足 l 次扩散准则，当且仅当对任意的 $\alpha \in F_2^n, 1 \leqslant w(\alpha) \leqslant l$，有 $r(\alpha) = 0$。

相关免疫性与布尔函数的次数之间存在相互制约关系，Walsh 谱分布的均匀性与平衡性之间也存在相互制约关系。事实上，密码函数的许多密码学指标之间都存在折中问题。在密码算法的设计中，过分强调一个密码学指标是没有意义的，关键是密码函数的这些指标最终能否保证密码算法能够对抗破译方法的攻击。

第五节 Bent 函数

Bent 函数是一类特殊的布尔函数，它对流密码有非常重要的意义。这类函数最早于 1976 年由 Rothaus 提出，1982 年 Olsen、Scholtz、Welch 和 Kumar 等对其应用进行了研究，到 1988 年，在寻找流密码的稳定函数时，武传坤注意到 Bent 函数是稳定的，并提出了 Bent 函数在流密码中的应用问题，指出了 Bent 函数作为非线性组合函数和滤波函数时的优缺点。最早由 Rothaus 给出的 Bent 函数定义如下：

定义 9.5.1 如果 n 元布尔函数 $f(x)$ 的所有谱值都等于 $\pm 2^{\frac{n}{2}}$，称 $f(x)$ 为 Bent 函数。

众所周知，线性是密码设计者禁忌的，在目前应用最广泛的流密码体制——非线性前馈生成器和非线性组合器中，都是使用非线性布尔函数来提高系统的非线性程度。而谱概念的实质就是反映布尔函数和线性函数之间的相关程度的。由 Bent 函数的定义可以看出，Bent 函数与所有线性函数之间的相关程度是相同的，因此，Bent 函数能最大限度地抗击线性逼近攻击。下面给出 Bent 函数的等价定理。

定理 9.5.1 $f(x)$ 是 n 元布尔函数，则下面说法是等价的。

(1) $f(x)$ 是 Bent 函数。

(2) 对每一个 $i, i = 0, 1, \cdots, 2^n - 1$，有 $<\xi, I_i>^2 = 2^n$，l_i 是 H_n 的第 i 行。

(3) $\#\Re = 1$。

(4) $\Delta_M = 0$。

(5) $N_f = 2^{n-1} - 2^{\frac{n}{2}-1}$。

(6) $|S_{(f)}(w)| = 2^{\frac{n}{2}}$。

定理 9.5.1 中所出现的符号含义与前面所述相同，Bent 函数主要有如下密码性质：

(1) 若 $f(x)$ 是 n 元 Bent 函数，则它的非线性度 $N_f = 2^{n-1} - 2^{\frac{n}{2}-1}$。

(2) 若 $f(x)$ 是 n 元 Bent 函数，则对于任意的 $\alpha = F_2^n$，$f(x)=f(x+a)$ 是平衡的。

(3) 若 $f(x)$ 是 n 元 Bent 函数，则 $f(x)$ 是 n 次扩散的。

(4) 若 $f(x)$ 是 n 元 Bent 函数，则 $f(x)$ 满足严格雪崩准则。

(5) 若 $f(x)$ 是 n 元 Bent 函数，则 $f(x)$ 不含非零线性结构，即 $U_f = \{0\}$。

(6) 若 $f(x)$ 是 n 元 Bent 函数，则 $f(x)$ 的自相关度 $C_f(w) = \begin{cases} 1 & (w=0) \\ 0 & (w \neq 0) \end{cases}$。

(7) 若 $f(x)$ 是 n 元 Bent 函数，则 $f(x)$ 与每个仿射函数之间的符合率为 $\frac{1}{2} + \frac{1}{2} \times 2^{-n/2}$。

(8) 若 $f(x)$ 是 n 元 Bent 函数，则 $f(x)$ 与其任意 m 个变元的相关度为
$$C_f(x_{i_1}, x_{i_2}, \cdots, x_{i_m}) \leqslant 2^{-n/2} + 2^{m-n/2}$$

(9) 若 $f(x)$ 是 n 元 Bent 函数，则 $f(x)$ 所能达到的最高代数次数是 $\frac{n}{2}$。

(10) $f(x)$ 是 n 元 Bent 函数，则 n 一定是偶数。

(11) 若 $f(x)$ 是 n 元 Bent 函数，则 $f(x)$ 不是平衡的，也不具有相关免疫性。

这 11 条较完整地反映了 Bent 函数的基本密码特性。我们知道，任意 n 元布尔函数的非线性度 $N_f \leqslant 2^{n-1} - 2^{\frac{n}{2}-1}$，由性质（1）可知，Bent 函数是非线性度达到最高的函数。而非线性度反映的是布尔函数和所有仿射函数之间的最小距离。因此，性质（1）表明 Bent 函数与所有仿射函数之间的最小距离达到最大，这从另一角度说明了 Bent 函数是抗击仿射逼近攻击的最佳布尔函数。性质（2）和性质（3）说明 Bent 函数具有最高的扩散次数，当然，它也是任意次扩散的，这同样是 Bent 函数所独有的良好性质。性质（4）说明 Bent 函数也是满足严格雪崩特性的。线性结构是密码学避免的，而性质（5）表明 Bent 函数不含非零线性结构。性质（6）表明 $f(x)$ 和 $f(x+w)$ 相一致的概率为 1/2，这是 Bent 函数又一个具有良好密码意义的性质。性质（7）说明 Bent 函数与所有仿射函数之间的距离是相等的，也就是说 Bent 函数在所有的仿射函数之间保持了平衡，因此，从这个意义上讲 Bent 函数是稳定的。

性质（11）所反映的无疑是 Bent 函数的缺陷，它说明 Bent 函数不具有相关免疫性，但性质（8）告诉我们，当 m 较小时，Bent 函数与其任意 m 个变元的相关性较小，因此 Bent 函数是有一定抗击相关攻击能力的。性质（9）一方面表明 Bent 函数所能达到的最高代数次数是受限的，另一方面它的代数次数还是可以达到较高的。在代数次数方面是能够满足一定实际安全需要的。性质（10）反映的是 Bent 函数的不足，说明只有偶数个变元的 Bent 函数，而不存在奇数个变元的 Bent 函数。

以上的分析说明 Bent 函数具有良好的密码特性，但 Bent 函数是不能直接作为非线性组合函数的，其中一个重要原因就是用作非线性组合函数的布尔函数都要求是平衡的，

而 Bent 函数不满足这一条。尽管如此，Bent 函数的构造密码安全非线性组合函数中仍然有着广泛的应用。

习　题

1. 写出布尔函数 $f(x)$ 的循环 Walsh 谱及线性 Walsh 谱表示。
2. 任取一个二元布尔函数，将其分别用真值表、小项及多项式表示。
3. 证明：三元布尔函数 $f(x_1,x_2,x_3)=x_1x_2+x_3$ 是 0 阶相关免疫的。
4. 证明：四元布尔函数 $f(x_1,x_2,x_3,x_4)=x_1x_2+x_3+x_4$ 是 1 阶相关免疫的，但不是 2 阶相关免疫的。
5. 证明：布尔函数 $f(x_1,x_2,x_3)=x_1x_2+x_3$ 不满足严格雪崩准则。
6. 证明：布尔函数 $f(x_1,x_2,x_3)=x_1x_2+x_2x_3+x_1x_3$ 满足严格雪崩准则。
7. 证明：$f(x)=x_1x_4+x_2x_3$ 是一个四元 Bent 函数。
8. 证明：五元布尔函数
$$f(x)=x_1x_2x_3x_4+x_1x_2x_3x_5+x_1x_2x_4x_5+x_1x_3x_4x_5x_4$$
$$+x_2x_3x_4x_5+x_1x_4+x_1x_5+x_2x_3+x_2x_5+x_3$$
是 1 阶相关免疫的。

第十章 椭 圆 曲 线

椭圆曲线理论是代数几何、数论等多个数学分支的一个交叉点，但椭圆曲线密码被发现之前，椭圆曲线一直被认为是纯理论学科。由于 RSA 密码体制中所要求的素数越来越大，致使工程实现变得越来越困难，后来人们发现椭圆曲线是克服此困难的一个强有力的工具。特别地，以椭圆曲线上的（有理）点构成的 Abel 群为背景结构实现各种密码体制已是公钥密码学领域的一个重要课题。由于椭圆曲线密码体制本身的优点，自 20 世纪 80 年代中期被引入以来，椭圆曲线密码体制（ECC）逐步成为一个十分令人感兴趣的密码学分支，1997 年以来形成了一个研究热点，特别是在移动通信安全的应用更是加快了这一趋势。

椭圆曲线指的是由 Weierstrass 方程 $y^2+a_1xy+a_3y=x^3+a_2x^2+a_4x+a_6$ 所确定的平面曲线，其中系数 $a_i(i=1,2,3,4,6)$ 定义在某个域上，可以是有理数域、实数域、复数域，还可以是有限域，椭圆曲线密码是基于有限域上椭圆曲线有理点群的一种密码系统，其数学基础是利用椭圆曲线上的点构成的 Abel 加法群上的离散对数的计算困难性。

第一节 椭圆曲线基本概念

设 K 是一个域，域 K 上的 Weierstrass 方程是

$$y^2+a_1xy+a_3y=x^3+a_2x^2+a_4x+a_6 \tag{10-1-1}$$

其中：$a_1, a_2, a_3, a_4, a_5 \in K$。

式（10-1-1）的判别式是

$$\Delta = -b_2^2 b_8 - 8b_4^3 - 27b_6^2 + 9b_2 b_4 b_6$$

其中

$$\begin{cases} b_2 = a_1^2 + 4a_2 \\ b_4 = a_1 a_3 + 2a_4 \\ b_6 = a_3^2 + 4a_6 \\ b_8 = a_1^2 a_6 - a_1 a_3 a_4 + 4a_2 a_6 + a_2 a_3^2 - a_4^2 \end{cases}$$

定义 10.1.1 当 $\Delta \neq 0$，域 K 上的点集

$$E = \{(x,y) \mid y^2 + a_1xy + a_3y = x^3 + a_2x^2 + a_4x + a_6\} \cup \{O\} \tag{10-1-2}$$

式中：$a_1, a_2, a_3, a_4, a_6 \in K$；$\{O\}$ 为无穷远点，称为域 K 上的椭圆曲线，这时，$j = (b_2^2 - 24b_4)^3 / \Delta$ 称为椭圆曲线 E 的 j-不变量，记作 $j(E)$。

在对域 K 上椭圆曲线 E 的研究中，通常取如下形式的 Weierstrass 方程：

（1）当域 K 的特征不为 2, 3 时，Weierstrass 方程为

$$y^2 = x^3 + a_4x + a_6, \ \Delta = -16(4a_4^3 + 27a_6^2), \quad j = 1728\frac{4a_4^3}{4a_4^3 + 27a_6^2}$$

（2）当域 K 的特征为 2，且 $j(E) \neq 0$ 时，Weierstrass 方程为
$$y^2 + xy = x^3 + a_2x^2 - a_6, \ \Delta = a_6, \ j = 1/a_6$$

（3）当域 K 的特征为 2，且 $j(E)=0$ 时，Weierstrass 方程为
$$y^2 + a_3y = x^3 + a_4x + a_6, \ \Delta = a_3^4, \quad j = 0$$

（4）当域 K 的特征为 3，且 $j(E) \neq 0$ 时，Weierstrass 方程为
$$y^2 = x^3 + a_2x^2 + a_6, \ \Delta = -a_2^3 a_6, \ j = -a_2^3/a_6$$

（5）当域 K 的特征为 3，且 $j(E)=0$ 时，Weierstrass 方程为
$$y^2 = x^3 + a_4x + a_6, \ \Delta = -a_4^3 \quad j = 0$$

第二节　加 法 原 理

设 E 是由式（10-1-2）定义的域 K 上的椭圆曲线，定义 E 上的运算法则，记作 $\oplus$。

运算法则　设 P、Q 是 E 上的两个点，l 是过 P 和 Q 的直线（过 P 点的切线，如果 $P=Q$），R 是 l 与曲线 E 相交的第三点关于 x 轴的对称点，则 $R = P \oplus Q$。如图 10.2.1 所示。

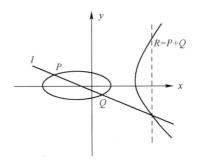

图 10.2.1

定理 10.2.1　E 上运算法则 $\oplus$ 具有如下性质：

（1）$(P \oplus Q) \oplus (-R) = O$。

（2）对任意 $P \in E, P \oplus O = P$。

（3）对任意 $P, Q \in E, P \oplus Q = Q \oplus P$。

（4）设 $P \in E$，存在一个点，记作 $-P$，使得
$$P \oplus (-P) = O$$

（5）对任意 $P, Q, S \in E$，有
$$(P \oplus Q) \oplus S = P \oplus (Q \oplus S)$$

这就是说，E 对于运算规则 $\oplus$ 构成一个交换群。

现在给出定理 10.2.1 中群运算的精确公式。

定理 10.2.2 设椭圆曲线 E 的一般 Weierstrass 方程为
$$E = \{(x,y) \mid y^2 + a_1xy + a_3y = x^3 + a_2x^2 + a_4x + a_6\} \cup \{O\}$$
设 $P_1=(x_1, y_1)$，$P_2=(x_2, y_2)$ 是曲线 E 上的两个点，则
$$-P_1=(x_1, -y_1-a_1x_1-a_3)$$

取
$$\begin{cases} \lambda = \dfrac{y_2 - y_1}{x_2 - x_1} & (x_1 \neq x_2) \\ \lambda = \dfrac{3x_1^2 + 2a_2x_1 + a_4 - a_1y_1}{2y_1 + a_1x_1 + a_3} & (x_1 = x_2) \end{cases}$$

如果 $P_3 = (x_3, y_3) = P_1 + P_2 \neq O$，则 x_3, y_3 可以由公式给出
$$\begin{cases} x_3 = \lambda^2 + a_1\lambda - a_2 - x_1 - x_2 \\ y_3 = \lambda(x_1 - x_3) - a_1x_3 - y_1 - a_3 \end{cases}$$

下面给出具体域上的椭圆曲线及其运算法则。

1. 实数域 R 上椭圆曲线及其运算法则的几何意义

因为实数域 R 的特征值不为 2、3，所以实数域 R 上椭圆曲线 E 的 Weierstrass 方程可设为
$$E: y^2 = x^3 + a_4x + a_6$$
其判别式 $\Delta = -16(4a_4^3 + 27a_6^2) \neq 0$。

E 在 R 上的运算规则为，设 $P_1=(x_1, y_1)$，$P_2=(x_2, y_2)$ 是曲线 E 上的两个点，O 为无穷远点，则

（1）$O+P_1=P_1+O$；

（2）$-P_1=(x_1, -y_1)$；

（3）如果 $P_3=(x_3, y_3)=P_1+P_2 \neq O$，则
$$\begin{cases} x_3 = \lambda^2 - x_1 - x_2 \\ y_3 = \lambda(x_1 - x_3) - y_1 \end{cases}$$

其中，
$$\begin{cases} \lambda = \dfrac{y_2 - y_1}{x_2 - x_1} & (x_1 \neq x_2) \\ \lambda = \dfrac{3x_1^2 + a_4}{2y_1} & (x_1 = x_2) \end{cases}$$

运算法则的几何意义如下。

设 $P_1=(x_1, y_1)$，$P_2=(x_2, y_2)$ 是曲线 E 上的两个点，O 为无穷远点。则 $-P_1$ 为过点 P_1 和点 O 的直线 L 与曲线 E 的交点，换句话说，$-P_1$ 是点 P_1 关于 x 轴的对称点。而点 P_1 与点 P_2 的和 $P_1+P_2=P_3=(x_3, y_3)$ 是过点 P_1 和点 P_2 的直线 L 与曲线 E 的交点关于 x 轴的对称点。

2. 素域 $F_p(p>3)$ 上椭圆曲线 E

因为素域 F_p 的特征不为 2, 3，所以素域 F_p 上椭圆曲线 E 的 Weierstrass 方程可设为
$$E: y^2 = x^3 + a_4x + a_6$$

其判别式 $\Delta = -16(4a_4^3 + 27a_6^2) \neq 0$。

E 在 R 上的运算规则为，设 $P_1=(x_1, y_1)$，$P_2=(x_2, y_2)$ 是曲线 E 上的两个点，O 为无穷远点，则：

（1）$O+P_1=P_1+O$；

（2）$-P_1=(x_1, -y_1)$；

（3）如果 $P_3=(x_3, y_3)=P_1+P_2\neq O$

$$\begin{cases} x_3 = \lambda^2 - x_1 - x_2 \\ y_3 = \lambda(x_1 - x_3) - y_1 \end{cases}$$

其中

$$\begin{cases} \lambda = \dfrac{y_2 - y_1}{x_2 - x_1} & (x_1 \neq x_2) \\ \lambda = \dfrac{3x_1^2 + a_4}{2y_1} & (x_1 = x_2) \end{cases}$$

3．域 $F_{2^n}(n \geq 1)$ 上椭圆曲线 $E, j(E) \neq 0$

因为域 F_{2^n} 的特征为 2，所以域 F_{2^n} 上椭圆曲线 E 的 Weierstrass 方程可设为

$$E: y^2+xy=x^3+a_2x^2+a_6$$

E 在域 F_{2^n} 上的运算规则为，设 $P_1=(x_1, y_1)$，$P_2=(x_2, y_2)$ 是曲线 E 上的两个点，O 为无穷远点，则

（1）$O+P_1=P_1+O$。

（2）$-P_1=(x_1, x_1+y_1)$。

（3）如果 $P_3=(x_3, y_3)=P_1+P_2\neq O$，有

$$\begin{cases} x_3 = \lambda^2 + \lambda + x_1 + x_2 + a_2 \\ y_3 = \lambda(x_1 + x_3) + x_3 + y_1 \end{cases}$$

其中

$$\begin{cases} \lambda = \dfrac{y_2 + y_1}{x_2 + x_1} & (x_1 \neq x_2) \\ \lambda = \dfrac{x_1^2 + y_1}{x_1} & (x_1 = x_2) \end{cases}$$

4．域 $F_{3^n}(n \geq 1)$ 上椭圆曲线 $E, j(E) \neq 0$

因为域 F_{3^n} 的特征为 3，所以域 F_{3^n} 上椭圆曲线 E 的 Weierstrass 方程可设为

$$E: y^2=x^3+a_2x^2+a_6$$

E 在域 F_{3^n} 上的运算规则为：设 $P_1=(x_1, y_1)$，$P_2=(x_2, y_2)$ 是曲线 E 上的两个点，O 为无穷远点，则

（1）$O+P_1=P_1+O$；

（2）$-P_1=(x_1, -y_1)$；

（3）如果 $P_3=(x_3, y_3)=P_1+P_2\neq O$，有

$$\begin{cases} x_3 = \lambda^2 - x_1 - x_2 - a \\ y_3 = \lambda(x_1 - x_3) - y_1 \end{cases}$$

其中

$$\begin{cases} \lambda = \dfrac{y_2 - y_1}{x_2 - x_1} & (x_1 \neq x_2) \\ \lambda = \dfrac{3x_1^2 + 3a_2x_2}{2y_1} & (x_1 = x_2) \end{cases}$$

第三节 有限域上的椭圆曲线

密码学中普遍采用的是有限域上的椭圆曲线，有限域上的椭圆曲线是指曲线方程定义式（10-1-1），所有系数都是某一有限域 F_p 中的元素（其中 p 为一大素数）。其中最为常用的是由方程

$$y^2 \equiv x^3 + ax + b \pmod{p}(a,b \in F_p, 4a^3 + 27b^2 \pmod{p} \neq 0) \tag{10-3-1}$$

定义的曲线。

例 10.3.1 取 $p=11$，椭圆曲线 $y^2 = x^3 + x + 6$，由于 p 较小，使 GF(p) 也较小。故可以利用穷举的方法根据式 $y^2 = x^3 + ax + b \pmod{p}$ 求出所有解点，设 $E_p(a, b)$ 表示式（10-3-1）所定义的椭圆曲线上的点集 $\{(x,y) | 0 \leqslant x \leqslant p, 0 \leqslant y < p,$ 且 x, y 均为整数$\} \cup O$。一般来说，$E_p(a, b)$ 由以下方式产生：

（1）对每一 $x(0 \leqslant x < p$ 且 x 为整数），计算 $x^3 + ax + b \pmod{p}$。

（2）决定（1）中求得的值在模 p 下是否有平方根，如果没有，则曲线上没有与这一 x 相对应的点；如果有，则求出两个平方根（$y=0$ 时只有一个平方根）。

根据表 10.3.1 可知 $E_{11}(1, 6)$ 包括的解点有

$\{(2, 4), (2, 7), (3, 5), (3, 6), (5, 2), (5, 9), (7, 2), (7, 9), (8, 3)(8, 8), (10, 2), (10, 9)\}$。再加上无穷远点 O，共 13 个点构成一个加法交换群。

一般地，$E_p(a, b)$ 上的加法定义如下：

设 $P, Q \in E_p(a, b)$，则

（1）$P+O=P$；

（2）如果 $P=(x, y)$，那么 $(x, y)+(x, -y)=O$，即 $(x, -y)$ 是 P 的加法逆元，表示为 $-P$；

（3）点 P 的倍数定义为：在 P 点作椭圆曲线的切线，设切线与曲线交于点 S，定义 $2P=P+P=-S$，类似地可定义 $3P=P+P+P$；

（4）设 $P=(x_1, y_1)$，$Q=(x_2, y_2)$，$P \neq -Q$，则 $P+Q=(x_3, y_3)$ 由以下规则确定：

$$x_3 \equiv \lambda^2 - x_1 - x_2 \pmod{p}$$
$$y_3 \equiv \lambda(x_1 - x_3) - y_1 \pmod{p}$$

其中 $\lambda = \begin{cases} \dfrac{y_2 - y_1}{x_2 - x_1} \pmod{p}, & P \neq Q \\ \dfrac{3x_1^2 + a}{2y_1} \pmod{p}, & P = Q \end{cases}$

由于 $E_{11}(1,6)$ 的元素个数为 13，而 13 为素数，所以此群是循环群，而且任何一个非 O 元素都是生成元。我们取 $P=(2,7)$ 为生成元，n 个元素 P 相加，$P+P+P+\cdots+P=nP$。具体计算方法如下：

$2P=(2,7)+(2,7)=(5,2)$，这是因为

$$\lambda = (3\times 2^2+1)(2\times 7)^{-1} (\bmod 11)$$
$$= 2\times 3^{-1} \bmod 11 = 2\times 4(\bmod 11) = 8$$

于是

$$x_3 = 8^2-2-2(\bmod 11) = 5, y_3 = 8(2-5)-7(\bmod 11) = 2。$$

最后得

$P=(2,7)$ $2P=(5,2)$
$3P=(8,3)$ $4P=(10,2)$
$5P=(3,6)$ $6P=(7,9)$
$7P=(7,2)$ $8P=(3,5)$
$9P=(10,9)$ $10P=(8,8)$
$11P=(5,9)$ $12P=(2,4)$

表 10.3.1 椭圆曲线 $y^2=x^3+x+6$ 的解点

x	$y^2=x^3+x+6(\bmod 11)$	是否模 11 平方乘余	y
0	6	否	
1	8	否	
2	5	是	4, 7
3	3	是	5, 6
4	8	否	
5	4	是	2, 9
6	8	否	
7	4	是	2, 9
8	9	是	3, 8
9	7	否	
10	4	是	2, 9

第四节 椭圆曲线密码算法

本节简要介绍椭圆曲线密码体制，第四章中的 ELGamal 密码建立在有限域 GF(p) 中的离散对数问题的困难之上，而椭圆曲线密码则建立在椭圆曲线群上的离散对数问题的困难性之上。下面首先介绍椭圆曲线群上的离散对数问题。

1．椭圆曲线群上的离散对数问题

在例 10.3.1 中椭圆曲线上的解点 $E_{11}(1,6)$ 所构成的交换群恰好是循环群，但是一般并不一定。可以找出椭圆曲线上解点群的一个循环子群 E_1 并证明该循环子群 E_1 的阶 $|E_1|$

是足够大的素数时，这个循环子群中的离散对数问题是困难的。

设 P 和 Q 是椭圆曲线上的两个解点，k 为一正整数，对于给定的 P 和 k，计算 $kP=Q$ 是容易的，但若已知 P 和 Q 点，要计算出 t 则是困难的。这便是椭圆曲线群上的离散对数问题，简记 ECDLP(elliptic curve discrete logarithm problem)。

除了几类特殊的椭圆曲线外，对于一般 ECDLP 目前尚没有找到有效的求解方法。基于椭圆曲线离散对数困难性的密码，称为椭圆曲线密码。下面介绍一般的椭圆曲线密码。

2. 一般的椭圆曲线密码

一个椭圆曲线密码由下面六元组所描述：

$$T =< p,a,b,G,n,h > \tag{10-4-1}$$

式中：p 为大于 3 素数，p 确定了有限域 GF(p)；元素 $a,b\in$GF(p)，a 和 b 确定了椭圆曲线；G 为循环子群 E_1 的生成元；n 为素数且为生成元 G 的阶，G 和 n 确定了循环子群 E_1；$h=|E|/n$，并称为余因子，h 将交换群 E 和循环子群联系起来。

用户的私钥定义为一个随机数 d，即

$$d\in \{0, 1, 2, \cdots, n-1\} \tag{10-4-2}$$

用户的公开钥定义为 Q 点，即

$$Q=dG \tag{10-4-3}$$

首先根据式（10-4-1）建立椭圆曲线密码的基础结构，为构造具体的密码体制奠定基础。这里包括选择一个素数 p，从而确定有限域 GF(p)，选择元素 $a,b\in$GF(p)，从而确定一条 GF(p) 上的椭圆曲线；选择一个大素数 n，并确定一个阶为 n 的基点。参数 p，a，b，n，G 是公开的。

根据式（10-4-2），随机地选择一个整数 d，作为私钥。

再根据式（10-4-3）确定出用户的公开密钥 Q。

设要加密的明文数据为 M，将 M 划分为一些较小的数据块，$M=[m_1, m_2, \cdots, m_l]$，其中 $0\leqslant m_i \leqslant n$。设用户 A 要将数据 m_i 加密发送给用户 B，其加解密过程如下。

1）加密过程

（1）用户 A 去查公钥库 PKDB，查到用户 B 的公开钥 Q_B。

（2）用户 A 选择一个随机数 k，且 $k\in \{1,2,\cdots,n-1\}$。

（3）用户 A 计算点 $X_1:(x_1,y_1) = kG$。

（4）用户 A 计算点 $X_2:(x_2,y_2) = kQ_B$，如果分量 $x_2=0$，则转（2）。

（5）用户 A 计算 $C = m_i x_2 (\bmod n)$。

（6）用户 A 发送加密数据 (X_1,C) 给用户 B。

2）解密过程

（1）用户 B 用自己的私钥 d_B 求出点 X_2：

$$d_B X_1 = d_B(kG) = k(d_B G) = kQ_B = X_2:(x_2,y_2)$$

（2）对 C 解密，得到明文数据 $m_i = Cx_2^{-1}(\bmod n)$。

类似地，可以构成其他椭圆曲线密码。

3. 椭圆曲线密码的实现

以上介绍了椭圆曲线密码的基本原理。由于椭圆曲线密码所依据的数学基础比较复杂，因而使得具体实现也比较困难。这种困难主要表现在安全椭圆曲线的产生和倍点运算等方面。为了密码体制的安全，要求所用的椭圆曲线满足一些安全准则，而产生这样的安全曲线比较复杂。同时，为了密码体制能够实用，其加解密运算必须高效，这就要求有高效的倍点和其他运算算法，而当所用的有限域和子群 E_1 较大时寻求高效的倍点运算等算法是比较困难的。

尽管如此，目前已经找到比较有效的实现方法使得椭圆曲线密码逐步走向实际应用。

4. 椭圆曲线密码的安全性

椭圆曲线密码的安全性是建立在椭圆曲线离散对数问题的困难之上的。目前求解椭圆曲线离散对数问题的最好算法是分布式 Pollard-p 方法，其计算复杂性为 $O((\pi n/2)^{1/2}/m)$，其中 n 是群的阶的最大素因子，m 是该分布算法所使用的 CPU 的个数。可见素数 p 和 n 足够大时，椭圆曲线密码是安全的。这就是要求椭圆曲线解点群的阶要有大素数因子的根本原因，在理想情况下群的阶本身就是一个素数。

另外，为了确保椭圆曲线密码的安全，应当避免使用弱的椭圆曲线。弱的椭圆曲线主要是指超奇异椭圆曲线和"反常"（anomalous）椭圆曲线。

普遍认为，密钥长 160 位的椭圆曲线密码的安全性相当于密钥长 1024 位的 RSA 密码。由式（10-4-1）～式（10-4-3）可知，椭圆曲线密码的基本运算可以比 RSA 密码的基本运算复杂得多，正是因为如此，所以椭圆曲线密码的密钥可以比 RSA 的密钥短。密钥越长就越安全，但是技术实现也就越困难，效率也就越低。一般认为。在目前的技术水平下采用 160～200 位密钥的椭圆曲线，其安全性就够了。

由于椭圆曲线密码的密钥位数短，在硬件实现中电路的规模小、省电。因此椭圆曲线密码特别适于在航空、航天、卫星及智能卡中应用。

习　题

1．椭圆曲线 $E_{23}(1, 1)$ 表示 $y^2 \equiv x^3+x+1 \pmod{23}$，求其上的所有点。

2．已知点 $P=(3, 10)$ 和 $Q=(9, 7)$ 在椭圆曲线 $E_{23}(1, 1)$ 上，求 $P+Q$。

3．设 $p=17$，GF(17)上的椭圆曲线方程为 $y^2=x^3+3x+1 \pmod{17}$，已知椭圆曲线上的点 $P=(2,7)$，$Q=(4,14)$，求 $Q+P$，$2P$，$-P$。

第十一章 数 理 逻 辑

逻辑学是研究人的思维形式和规律的科学。根据所研究的对象和方法的不同，可将逻辑学分为辩证逻辑、形式逻辑和数理逻辑。数理逻辑用数学的形式化方法研究抽象思维的规律，研究的中心问题是推理，即数理逻辑研究的是各学科（包括数学）共同遵从的一般性的逻辑规律。数理逻辑已经成为与数学、哲学、计算机科学、编译原理及算法设计、人工智能、自动化系统等密切联系的科学。数理逻辑主要包括五部分：逻辑演算、证明论、公理化集合论、模型论和递归函数论。本章仅介绍数理逻辑中最基本的内容：命题逻辑和谓词逻辑。利用代数方法研究逻辑问题的分支称为命题逻辑，利用函数方法研究逻辑问题的分支称为谓词逻辑。下面首先来讨论命题逻辑。

第一节 命 题 逻 辑

本节主要讨论命题逻辑，介绍命题的概念，命题公式中的一些常用的联结词，如何将命题符号化，命题公式的定义及公式之间的逻辑关系。在逻辑学中，无论是思维还是推理，都离不开命题。那么，什么是命题呢？

定义 11.1.1 具有确定真假意义的陈述句称为命题。每个命题只有两种可能结果："真"或"假"，称为命题的真值。若一个命题所作出的判断是正确的，则称它的真值为 1；否则称它的真值为 0。

例 11.1.1 判断下列语句是否为命题并分析其真值。

（1）12 是奇数。
（2）你懂了吗？
（3）这个女孩真漂亮呀！
（4）请勿随地吐痰。
（5）并非每个冬天都会下雪。
（6）我正在说谎。
（7）火星上有水源。
（8）$x+y=9$。

解：在上述语句中，（1）、（5）、（7）是命题。（2）是疑问句，（3）是感叹句，（4）是祈使句，（6）是悖论，（8）虽然是陈述句，但它的对错要随 x,y 的取值而定（不唯一），所以都不是命题，在 3 个命题中，（5）的真值为 1，（1）的真值为 0，（7）虽然在说话的当时有唯一真值，但以现在的科技水平，尚不能确定这个真值是 1 还是 0。

由上例可以看出，如果一个句子是命题，应满足下面两个条件：

（1）该句子是具有判断性的陈述句；
（2）它有确定的真值，非真即假。

在不同的标准下，我们可以将所有的命题作不同的分类。若按真值情况来分，命题可分为**真命题**和**假命题**；若按复杂程度来分，命题可分为**简单命题**（原子命题）和**复合命题**。其中简单命题是指不能再细分为更简单的陈述语句的命题，而复合命题则是指由联结词、标点符号和原子命题构成的命题。复合命题也具有确定的真值。

第二节 联 结 词

从第一节中我们了解到由简单命题和联结词可以组成复合命题，通常我们用大写英文字母或数字来表示简单命题，而对于复合命题，就可以通过将表示命题中简单命题的符号用联结词连接起来而得到的符号串来表示。数理逻辑中的联结词就是从日常使用的联结词抽象出来的，但联结词的定义有多种方法，下面把联结词看作运算符号，通过对各联结词的运算规则来定义联结词。

定义 11.2.1 与命题 P 的真值相反的命题称为 P 的否定命题，为记作 $\neg P$。

联结词 $\neg$ 称为**否定联结词**，读作"非 P"。事实上，联结词 $\neg$ 反映了日常语言中"非……"、"不……"、"……是不对的"、"没有……"等连词的逻辑含义。

定义 11.2.2 设 P、Q 是任意两个命题，$P \wedge Q$ 的真值为 1 当且仅当 P、Q 的真值都为 1。

联结词 $\wedge$ 称为**合取联结词**，读作"P 合取 Q"或"P 并且 Q"。联结词 $\wedge$ 反映了语言中"……，并且……""既……，又……""不仅……，而且……""虽然……，但是……""同时"等连词的逻辑含义。

定义 11.2.3 设 P、Q 是任意两个命题，$P \vee Q$ 真值为 0 当且仅当 P、Q 的真值都为 0。

联结词 $\vee$ 称为**析取联结词**，$P \vee Q$ 读作"P 析取 Q"或"P 或者 Q"。联结词 $\vee$ 反映了日常语言中"或者……，或者……""不是……，就是……""要么……，要么……""非……，即……"等连词的逻辑含义。但日常语言中的"或"既可以是"可兼或"也可以是"排斥或"。例如，命题："晚上我们去自习或去看电影"中的"或"是"排斥或"。而命题"王静语文考了 100 分或英语考了 100 分"中的"或"是"可兼或"。

定义 11.2.4 设 P、Q 是任意两个命题，$P \rightarrow Q$ 真值为 0 当且仅当 P 的真值为 1，且 Q 的真值为 0。

联结词 $\rightarrow$ 称为蕴含联结词，或条件联结词。一般将 $P \rightarrow Q$ 读作"P 蕴含 Q"或"若 P 则 Q"。联结词 $\rightarrow$ 反映了自然语言中"如果……，那么……""若……，则……""只要……，就……""当……则……""必须……以便……"等连词的逻辑含义。

定义 11.2.5 设 P、Q 是任意两个命题，$P \leftrightarrow Q$ 真值为 0 当且仅当 P 的真值和 Q 的真值相同。

联结词 $\leftrightarrow$ 称为**双条件联结词**。一般将 $P \leftrightarrow Q$ 读作"P 等价 Q"或"P 当且仅当 Q"。联结词 $\leftrightarrow$ 反映了自然语言中"……，即……""……，当且仅当……""……等价于……"等连词的逻辑含义。

上面的 5 个联结词，在数理逻辑中的作用相当于 +，-，×，÷ 等代数运算符号在代数中的作用。因此我们有必要约定它们的运算优先级：若符号串中含有括号，则括号优先级高于每个联结词；各括号的优先级从内向外依次降低；各联结词的优先级按¬、∧、∨、→、↔依次降低；优先级相同的联结词按它们出现的先后次序发生作用。

第三节 命题公式及其间的逻辑关系

由第一节知道命题分为原子命题和复合命题，并讨论了5个常用的联结词。本节先定义命题公式的概念，然后针对命题公式进行讨论，得到一些对研究数理逻辑问题非常有用的结论。

定义 11.3.1 命题逻辑中的合式公式，又称为命题公式，简称公式，由下列规则生成：

（1）单个命题变元是命题公式；
（2）若 A 是命题公式，则 $\neg A$ 也是命题公式；
（3）若 A、B 是命题，则 $(A \wedge B)$、$(A \vee B)$、$(A \rightarrow B)$、$(A \leftrightarrow B)$ 也是命题公式；
（4）只有有限次使用（1）、（2）、（3）所形成的包括命题变元、联结词和括号的字符串才是**命题公式**。

从命题公式的定义看出：命题公式没有真值，只有对其命题变元进行真值指派后，才能确定公式的真值。

例 11.3.1 符号串

$$(((P \wedge Q) \rightarrow \neg P) \vee R), Q, (\neg P \vee Q) \wedge R$$

等都是命题公式。

例 11.3.2 符号串

$$((P \vee Q) \leftrightarrow (\wedge Q)), (Q \vee P) \rightarrow, (P \neg (Q \vee R))$$

等都不是命题公式。

由上面的例子可以看出，书写一个命题公式时，常常省略最外层的那对括号。另外，如果联结词"¬"后面紧跟一个命题符号，则此"¬"仅作用于其后的那个命题符号上。若一个命题公式中共含有 n 个不同的命题变元，则称它为 n 元命题公式。

有了命题公式的概念，我们就可以把自然语言中的某些语句写成由命题变元、联结词和括号表示的合式公式，称为符号化。命题的符号化在数理逻辑中很重要，是进行推理的基础。

例 11.3.3 将下列命题符号化。

（1）虽然这次比赛你输了，但这并不代表你永远会输。
（2）她不但外表美而且心地善良。
（3）假如上午不下雨，我去公园，否则就可以在家里上网或看书。
（4）如果你和她都不固执己见的话，那么不愉快的事也不会发生了。
（5）李四或王五都可以做好这项工作。
（6）除非你努力，否则你将失败。

解：（1）设 P：这次比赛你输了；Q：这代表你永远会输。原命题可符号化为：$P \wedge \neg Q$。
（2）设 P：她外表美；Q：她心地善良。原命题可表示为 $P \wedge Q$。

(3) 设 P：上午下雨；Q：我去公园；R：我在家里上网；S：我在家里看书。命题可表示为：$(\neg P \to Q) \wedge (P \to (\neg R \leftrightarrow S))$。

(4) 设 P：你固执己见；Q：她固执己见；R：不愉快的事不会发生。原命题可符号化为：$(\neg P \wedge \neg Q) \to R$。

(5) 设 P：李四可以做好这项工作；Q：王五可以做好这项工作。原命题可符号化为：$P \wedge Q$。

(6) 设 P：你努力；Q：你将失败。原命题可符号化为：$\neg P \to Q$。

在命题公式中，由于命题变元的出现，使公式的真值不确定，只有对公式中的所有命题变元都进行真值指派，公式才成为一个有真值的命题。

定义 11.3.2 设 A 是一个含有命题符号 $P_1, P_2, \cdots, P_n$ 的公式，用 n 个确定的真值 $t_1, t_2, \cdots, t_n$ 分别赋值给 $P_1, P_2, \cdots, P_n$，称为对公式作了一种**解释**（或称赋值指派）。

任何一个公式作了一种解释后，即可求出一个唯一的、确定的真值。如果公式 A 在某个赋值下求出的真值为 1，则称该赋值是公式 A 的一个**成真赋值**；如果公式 A 在某赋值下求出的真值为 0，则称该赋值是公式 A 的一个**成假赋值**。可以看出一个公式可以有许多解释。一般来说，有 n 个命题变元的公式共有 2^n 个不同的解释。

定义 11.3.3 对给定的公式 A，将 A 在每种赋值下的真值都求出来并列表，称为公式 A 的真值表。

在构造真值表时，可采用如下方法：

(1) 找出公式 A 的所有命题变元并按一定顺序排列。

(2) 列出 A 的 2^n 个解释，赋值从 $\underbrace{00\cdots0}_{n}$ 开始，按递增顺序写出各赋值直到 $\underbrace{11\cdots1}_{n}$ 为止，然后按从低到高的顺序列出 A 层次。

(3) 根据赋值计算各层次的真值并最终计算出 A 的真值。

例 11.3.4 设有公式 $A = (\neg P \wedge Q) \to (P \vee \neg Q)$，求其真值表。

解 公式 A 有 2 个命题变元，分 5 层，其真值表如表 11.3.1 所列。

表 11.3.1

P	Q	$\neg P$	$\neg P \wedge Q$	$\neg Q$	$P \vee \neg Q$	$(\neg P \wedge Q) \to (P \vee \neg Q)$
0	0	1	0	1	1	1
0	1	1	1	0	0	0
1	0	0	0	1	1	1
1	1	0	0	0	1	1

由于命题公式在不同的赋值下有不同的真值结果，因此也就有不同形式的公式。这里主要介绍永真式与永假式。二者性质相反且可互相转化。

定义 11.3.4 (1) 如果公式 A 在任何一种赋值下的真值都为 1，则称 A 是一个**永真式**（或重言式）。

(2) 如果公式 A 在任何一种赋值下的真值都为 0，则称 A 是一个**永假式**（或矛盾式）。

(3) 如果至少存在一种赋值，使在赋值下，公式 A 的真值为 1，则称 A 是一个**可满足式**。

永真式和永假式在数理逻辑中占有特殊且重要的地位，如在推理中所引用的公理和定理都是重言式。由定义可知：永真式的否定是永假式，永假式的否定是永真式。

例 11.3.5 公式 $P \vee \neg P$，$(P \wedge Q) \rightarrow (P \vee R)$，$\neg(P \vee (P \wedge Q)) \vee Q$ 等都是永真式；公式 $P \wedge \neg P$，$P \leftrightarrow \neg P$，$(P \vee \neg P) \rightarrow (Q \wedge \neg Q \wedge R)$ 等都是永假式。

我们还可容易得到如下结论：

（1）如果公式 A 是个可满足式，则 A 必不是永假式。
（2）如果 A 是永真式，则 A 必是可满足式。
（3）如果 A 是永假式，是 B 任一公式，则 $A \wedge B$ 必是永假式，$A \rightarrow B$ 必是永真式。
（4）如果 A 是永真式，是 B 任一公式，则 $A \vee B$ 必是永真式，$B \rightarrow A$ 必是永真式。
（5）若 A，$A \rightarrow B$ 均为永真式，则 B 也是重言式。

下面将主要研究命题公式之间的两种逻辑关系：等价和蕴含。

定义 11.3.5 如果在任何一种赋值下，两个命题公式 A、B 的真值都相同，则称 A 等价于 B，也称 A 与 B 是等价的，记作 $A \Leftrightarrow B$。我们还可以给出等价关系的另一种定义。

定义 11.3.5′ 对命题公式 A、B，如果 $A \leftrightarrow B$ 是永真式，则称 A 等价于 B，也称 A 与 B 是等价的，记作 $A \Leftrightarrow B$。

等价是命题公式之间的一种逻辑关系。下面定理给出等价关系的一个重要性质。

定理 11.3.1 对任意的公式 A、B、C，下面的结论都成立。

（1）$A \Leftrightarrow A$。 （自反性）
（2）若 $A \Leftrightarrow B$，则 $B \Leftrightarrow A$。 （对称性）
（3）若 $A \Leftrightarrow B$，且 $B \Leftrightarrow C$，则 $A \Leftrightarrow C$。 （传递性）

要证明两个命题公式等价，最基本的方法是分别列出两个公式的真值表并进行比较，若真值表完全相同，即可证明两个公式等价。

例 11.3.6 判定 $\neg(P \rightarrow Q)$ 与 $P \vee \neg Q$ 是否等价。

解 作出 $\neg(P \rightarrow Q)$ 和 $P \vee \neg Q$ 的真值表如表 11.3.2 所列。

表 11.3.2

P	Q	$\neg Q$	$P \rightarrow Q$	$\neg(P \rightarrow Q)$	$P \vee \neg Q$
0	0	1	1	0	1
0	1	0	1	0	0
1	0	1	0	1	1
1	1	0	1	0	1

由表 11.3.2 可知当公式中命题变元较少时，使用真值表来判定公式间的等价关系比较方便。但当命题变元较多时，列出的真值表会很庞大，这时可以使用等值演算法。即利用预先得到的一些基本等价式，可以证明其他更复杂的等价式。

定理 11.3.2 设 A、B、C 是任意的公式，1 表示任意一个永真式，0 表示任意一个永假式，则下列等价式成立：

（1）$A \Leftrightarrow A$ 双重否定律
（2）$A \Leftrightarrow A \vee A$ 等幂律
　　$A \Leftrightarrow A \wedge A$
（3）$A \vee B \Leftrightarrow B \vee A$ 交换律
　　$A \wedge B \Leftrightarrow B \wedge A$
（4）$(A \vee B) \vee C \Leftrightarrow A \vee (B \vee C)$ 结合律

$(A \wedge B) \wedge C \Leftrightarrow A \wedge (B \wedge C)$

(5) $A \vee (B \wedge C) \Leftrightarrow (A \vee B) \wedge (A \vee C)$ 分配律
$A \wedge (B \vee C) \Leftrightarrow (A \wedge B) \vee (A \wedge C)$

(6) $\neg(A \vee B) \Leftrightarrow \neg A \wedge \neg B$ 德·摩根律
$\neg(A \wedge B) \Leftrightarrow \neg A \vee \neg B$

(7) $A \vee (A \wedge B) \Leftrightarrow A$ 吸收律
$A \wedge (A \vee B) \Leftrightarrow A$

(8) $A \vee 0 \Leftrightarrow A$ 同一律
$A \wedge 1 \Leftrightarrow A$

(9) $A \wedge 0 \Leftrightarrow 0$ 零律
$A \vee 1 \Leftrightarrow 1$

(10) $A \vee \neg A \Leftrightarrow 1$ 排中律

(11) $A \wedge \neg A \Leftrightarrow 0$ 矛盾律

(12) $A \rightarrow B \Leftrightarrow \neg A \vee B$ 蕴含等值式

(13) $A \leftrightarrow B \Leftrightarrow (A \rightarrow B) \wedge (B \rightarrow A)$ 等价等值式

(14) $A \rightarrow B \Leftrightarrow \neg B \rightarrow \neg A$ 假言易位

(15) $(A \rightarrow B) \wedge (A \rightarrow \neg B) \Leftrightarrow \neg A$ 归缪律

上面的每一个基本等价公式都可通过真值表法验证。另外，由于 A、B、C、0、1 的任意性，上述每个公式实际上只是一个模型，它可以具体化为无穷多个同类型的等价式。例如，

$$\neg((P \rightarrow Q) \wedge \neg P) \Leftrightarrow \neg(P \rightarrow Q) \vee \neg\neg P, \quad \neg(\neg Q \vee R) \Leftrightarrow \neg\neg Q \wedge \neg R$$

等都是德·摩根律的具体实例。

定理 11.3.3 设 A 是一个含有子公式的命题公式，若将 A 中的 A_1 用公式 A_2 替换，得到的公式记为 A'。若 $A_1 \Leftrightarrow A_2$，则 $A \Leftrightarrow A'$。

定理 11.3.3 又称为替换规则，它说明把 A 中的任何子公式用与之等价的公式替换以后，得到的新公式必等价于 A。把"将公式 A 变换成与之等值的公式 B"称为"对 A 作了一次**等值变换**"。当要证明等值式 $A \Leftrightarrow B$ 的时候，只需要证明公式 A 可以通过等值变换成公式 B 即可。

例 11.3.7 证明（1）$P \rightarrow (Q \rightarrow R) \Leftrightarrow (P \wedge Q) \rightarrow R$。

(2) $\neg P \rightarrow (P \rightarrow \neg Q) \Leftrightarrow P \rightarrow (Q \rightarrow P)$。

证明 （1）$P \rightarrow (Q \rightarrow R) \Leftrightarrow \neg P \vee (Q \rightarrow R)$ （蕴含等值式）
$\Leftrightarrow \neg P \vee (\neg Q \vee R)$ （蕴含等值式）
$\Leftrightarrow (\neg P \vee \neg Q) \vee R$ （结合律）
$\Leftrightarrow \neg(P \wedge Q) \vee R$ （德·摩根律）
$\Leftrightarrow (P \wedge Q) \rightarrow R$ （蕴含等值式）

(2) $\neg P \rightarrow (P \rightarrow \neg Q) \Leftrightarrow P \rightarrow (\neg P \vee \neg Q)$ （蕴含等值式）
$\Leftrightarrow \neg\neg P \vee (\neg P \vee \neg Q)$ （蕴含等值式）
$\Leftrightarrow P \vee (\neg P \vee \neg Q)$ （双重否定律）

$$\Leftrightarrow P \vee (\neg Q \vee \neg P) \qquad \text{(交换律)}$$
$$\Leftrightarrow (P \vee \neg Q) \vee \neg P \qquad \text{(结合律)}$$
$$\Leftrightarrow \neg P \vee (P \vee \neg Q) \qquad \text{(交换律)}$$
$$\Leftrightarrow \neg P \vee (\neg Q \vee P) \qquad \text{(交换律)}$$
$$\Leftrightarrow \neg P \vee (Q \to P) \qquad \text{(蕴含等值式)}$$
$$\Leftrightarrow P \to (Q \to P) \qquad \text{(蕴含等值式)}$$

除了等价关系外，命题公式之间还有另外一种逻辑关系——蕴含，逻辑的重要应用在于研究推理，逻辑等价可以用来推理，但在推理中用到最多的是蕴含关系。下面先定义蕴含的概念。

定义 11.3.6 设 A、B 是命题公式，如果在任何一种使 A 真值为 1 的赋值下，B 的真值都为 1，则称 A **蕴含** B。记作 $A \Rightarrow B$。

类似于**等值**的定义，**蕴含**也可以利用"公式的类型"来定义。

定义 11.3.6′ 对命题公式 A、B，如果 $A \to B$ 是永真式，则称 A **蕴含** B。记作 $A \Rightarrow B$。

需要注意的是，$G \Rightarrow H$ 不是公式，这是由于"$\Rightarrow$"与"$\Leftrightarrow$"一样，都不是逻辑联结词。另外，蕴含关系具有自反性、对称性和传递性。

同等价式的证明一样，要证明一个蕴含式，也可以有多种方法。下面用真值表法证明。

例 11.3.8 证明 $(P \to Q) \wedge \neg Q \Rightarrow \neg P$。

证明 作 $(P \to Q) \wedge \neg Q$ 和 $\neg P$ 的真值表如表 11.3.3 所列。

表 11.3.3

P	Q	$P \to Q$	$\neg Q$	$(P \to Q) \wedge \neg Q$	$\neg P$
0	0	1	1	1	1
0	1	1	0	0	1
1	0	0	1	0	0
1	1	1	0	0	0

因在 $(P \to Q) \wedge \neg Q$ 的真值为 1 的行中，$\neg P$ 的真值也为 1，所以 $(P \to Q) \wedge \neg Q \Rightarrow \neg P$。

除真值表方法外，还有两种方法：

（1）前件为真推导后件为真的方法。设公式的前件为真，若能推出后件也为真，则条件式是永真式，即蕴含式成立。

例 11.3.9 证明 $(P \to Q) \wedge P \Rightarrow Q$

证明 设 $(P \to Q) \wedge P$ 为真，则 P 为真，$(P \to Q)$ 为真，于是 Q 为真。所以 $(P \to Q) \wedge P \Rightarrow Q$。

（2）后件为假推导前件为假的方法。该条件式后件为假，若能推导出前件也为假，则条件式是永真式，即蕴含式成立。

例 11.3.10 证明 $(P \to Q) \wedge \neg Q \Rightarrow \neg P$

证明 由上述方法（2），假定 $\neg P$ 为假，则 P 为真。若 Q 为假，则 $P \to Q$ 为假，$(P \to Q) \wedge \neg Q$ 为假；若 Q 为真，则 $\neg Q$ 为假，$(P \to Q) \wedge \neg Q$ 为假，所以 $(P \to Q) \wedge \neg Q \Rightarrow \neg P$。

下面列出一些基本的蕴涵式，可以用上面介绍的方法来证明。

设 A、B、C、D 是任意的公式，则下列蕴含式成立：

（1） $A \Rightarrow A \vee B$
$A \Rightarrow B \vee A$
（2） $A \wedge B \Rightarrow A$
$A \wedge B \Rightarrow B$
（3） $A \to B, A \Rightarrow B$
（4） $A \vee B, \neg A \Rightarrow B$
$A \vee B, \neg B \Rightarrow A$
（5） $A \to B, \neg B \Rightarrow \neg A$
（6） $A \to B, B \to C \Rightarrow A \to C$
（7） $A \to B, C \to D, A \vee C \Rightarrow B \vee D$
（8） $A, B \Rightarrow A \wedge B$

第四节　谓词与量词

命题逻辑的基本组成单位是原子命题。原子命题在命题演算中是最小的单位，不能再对其进行分解，也不能再对原子命题的内部结构作进一步的分析，故虽然命题逻辑在内容及应用上十分重要，却存在着很大的局限性。为了解决这个问题，人们引入了谓词逻辑理论，深入刻画命题内部的逻辑结构，分析出个体词、谓词和量词，表达出个体与总体之间的内在联系。谓词逻辑也称为一阶逻辑或一阶谓词逻辑。

定义 11.4.1　不依赖于人的主观而独立存在的具体或抽象的客观实体称为**个体**。

事实上，每个能用名词来代表的对象都是个体。例如玫瑰花、月球、泰山、东湖、概念等都是个体。

在数理逻辑中，用小写英文字母表示个体。特别地，用 $a,b,c,\cdots;a_1,a_2,a_3,\cdots$ 等表示确定的个体，称为**个体常元**或**个体常项**；用 $x,y,z,\cdots,x_1,x_2,x_3,\cdots$ 等表示任何一个个体，称为**个体变元**或**个体变项**。另外，称个体变元的取值范围为**个体域**或**论域**，常用 D 表示；称宇宙中所有事物组成的集合为**全总个体域**，常用 U 表示。

定义 11.4.2　用来刻画个体的性质或个体之间相互关系的词称为**谓词**。

例 11.4.1　设有下列简单命题：

（1）武汉是一个省会城市。

（2）x 是有理数。

在（1）中，个体为"武汉"，谓词为"……是一个省会城市"；而在（2）中 x 是个体变元，谓词是"……是有理数"。

谓词用大写英文字母 $F,G,H,\cdots$ 表示，一般不再区分谓词常元和谓词变元。一个谓词符号是常元还是变元，通过当前情况可以确定。

一般地，如果谓词 F 涉及 n 个个体，就称是一个 n 元谓词，为了描述和研究逻辑问题的方便，通常将一个 n 元谓词符号和 n 个个体符号结合起来，形成一个具有特殊意义的符号串 $P(x_1,x_2,\cdots,x_n)$，称为**简单命题函数**。显然，命题函数的定义域为个体域，值域为 $\{0,1\}$。

对一个命题函数，如果其中含有 m 个命题变元，则称这个命题函数是一个 m 元命题函数，不含有命题变元的命题函数称为 0 元命题函数。由一个或多个简单命题函数以及逻辑连接词组合而成的表达式称为复合命题函数。

仅定义个体词和谓词的概念，对有些词语来说，还是不能准确地表达。如"所有的""有些"等这些词表示个体常元或个体变元之间的数量关系，称为量词，包括全称量词和存在量词。

定义 11.4.3　称"对任意的""每个""一切的""所有的"等词为全称量词，用符号"$\forall$"表示；称"有一个""至少有一个""存在""有些"等词为存在量词，用符号"$\exists$"表示。例如用 $\forall x F(x)$ 表示个体域中的所有个体具有性质 F。用 $\exists x F(x)$ 表示个体域中有的个体具有性质 F。量词的作用范围称为辖域。

例 11.4.2　设个体域 D 为所有实数组成的集合，$F(x):x$ 是有理数。

$\forall x F(x)$ 的含义为"每个实数都是有理数"。显然 $\forall x F(x)$ 的真值为 0。

$\exists x F(x)$ 的含义为"有的实数是有理数"。显然 $\exists x F(x)$ 的真值为 1。

在我们引入谓词逻辑的 3 个基本概念（个体、谓词、量词）之后，可以将任何命题进行符号化。

例 11.4.3　将下列命题符号化。

（1）每个人都有缺点。

（2）有的人喜欢运动。

（3）一切人都能做那件事。

（4）所有的人都是要吃饭的。

（5）有些成员提前完成了使命。

（6）并不是每一个学生都补考过。

解：（1）若 $M(x)$ 表示"x 是人"，$B(x)$ 表示"x 有缺点"，则原命题符号化为 $\forall x(M(x) \rightarrow B(x))$。

（2）若 $M(x)$ 表示"x 是人"，$B(x)$ 表示"x 喜欢运动"，则原命题符号化为 $\exists x(M(x) \wedge B(x))$。

（3）设 $M(x)$ 表示"x 是人"，$B(x)$ 表示"x 能做那件事"，则原命题符号化为 $\forall x(M(x) \rightarrow B(x))$。

（4）若 $M(x)$ 表示"x 是人"，$B(x)$ 表示"x 要吃饭"，则原命题符号化为 $\forall x(M(x) \rightarrow B(x))$。

（5）若 $M(x)$ 表示"x 是学生"，$B(x)$ 表示"x 提前完成了任务"，则原命题符号化为 $\exists x(M(x) \wedge B(x))$。

（6）若 $M(x)$ 表示"x 是学生"，$B(x)$ 表示"x 补考过"，则原命题符号化为 $\exists x(M(x) \wedge \neg B(x))$。

第五节　谓词公式及公式之间的逻辑关系

在命题逻辑中，简单命题和逻辑联结词可以组合成复合命题。那么在谓词逻辑中，什么样的谓词表达式才能成为谓词公式并能进行谓词逻辑的推理和演算呢？本节将介绍谓词公式的定义与解释，谓词公式的分类及公式间的逻辑关系。

首先介绍谓词逻辑中的 7 类合法符号。

（1）个体常元符号：用小写英文字母 $a,b,c,\cdots$ 来表示。

（2）个体变元符号：用小写英文字母 $x,y,z,\cdots$ 来表示。

（3）函数符号：用小写英文字母 $f,g,h,\cdots$ 来表示。

（4）谓词符号：有大写英文字母 $F,G,H,\cdots$ 来表示。

（5）量词符号：全称量词 $\forall$，存在量词 $\exists$。

（6）联结词符号：$\neg, \wedge, \vee, \rightarrow, \leftrightarrow$。

（7）辅助符号：(、)、,（即左括号、右括号和逗号）。

定义 11.5.1 谓词逻辑中**项**的递归定义如下：

（1）单个个体常元或个体变元符号都是项。

（2）若 $f(x_1, x_2, \cdots, x_n)$ 是 n 元函数，$t_1, t_2, \cdots, t_n$ 是项，则 $f(t_1, t_2, \cdots, t_n)$ 也是项。

（3）由有限次使用（1）（2）产生的表达式才是项。

有了项的定义，便可以给出谓词公式的定义。

定义 11.5.2 若 $F(x_1, x_2, \cdots, x_n)$ 是 n 元谓词，是 $t_1, t_2, \cdots, t_n$ 项，则称 $F(t_1, t_2, \cdots, t_n)$ 为原子谓词公式，简称原子公式。

定义 11.5.3 满足下列条件之一的表达式，称为**谓词公式**，简称公式。

（1）原子公式是谓词公式。

（2）若 A, B 是谓词公式，则 $\neg A$、$A \vee B$、$A \wedge B$、$A \rightarrow B$、$A \leftrightarrow B$ 也是谓词公式。

（3）若 A 是谓词公式，x 是个体变元符号，则 $\forall x A$、$\exists x A$ 也是谓词公式。

（4）只有有限次使用（1）～（3）产生的符号串才是谓词公式。

例 11.5.1 将下列命题符号化。

（1）工科的学生都要学高等数学。

（2）尽管有人胆小，但并非所有人都胆小。

解（1）令 $M(x): x$ 是工科的学生，$B(x): x$ 要学高等数学；则命题符号化为：
$$\forall x(M(x) \rightarrow B(x))$$

（2）令 $B(x): x$ 胆小；$M(x): x$ 是人。命题可符号化为
$$\exists x(M(x) \wedge B(x)) \wedge \neg \forall x(M(x) \rightarrow B(x))$$

定义 11.5.4 给定一个谓词公式 G，若变元 x 出现在关于该变元的量词的辖域之内，则称变元 x 的出现为约束出现，此时的变元 x 称为**约束变元**；若 x 的出现不是约束出现，则称它为自由出现，此时的变元 x 称为**自由变元**。

确定一个量词的辖域，就是找出位于该量词之后的相邻的子公式。具体如下：

（1）若量词后有括号，则括号内的子公式就是该量词的辖域。

（2）若量词后无括号，则与量词邻接的那个谓词为该量词的辖域。

例 11.5.2 指出下列公式中的约束变元、自由变元，以及量词的辖域。

（1）$\forall x(A(x) \rightarrow B(x))$；

（2）$\forall x(A(x) \rightarrow (\exists y)B(x,y))$；

（3）$\exists x \exists y(F(x,y) \vee G(y,z)) \wedge \exists x H(x,y)$；

（4）$\forall x(A(x) \leftrightarrow B(x)) \wedge (\exists x)C(x) \wedge D(x)$。

解 在（1）中，$\forall x$ 的辖域是 $A(x) \to B(x)$，x 为约束变元。

在（2）中，$\forall x$ 的辖域是 $A(x) \to (\exists y)B(x,y)$，$\exists y$ 的辖域是 $B(x,y)$，x,y 都为约束变元。

在（3）中，$F(x,y)$ 中的 x,y 都为约束变元，$G(y,z)$ 中的 y 为约束变元，z 为自由变元，$H(x,y)$ 中的 x 为约束变元，y 为自由变元。

在（4）中，$\forall x$ 的辖域是 $A(x) \leftrightarrow B(x)$，$x$ 为约束变元，$\exists x$ 的辖域是 $C(x)$，x 也为约束变元。$D(x)$ 中的 x 为自由变元。

从上例可知，在一个公式中，某一个变元的出现既可以是自由的，又可以是约束的。为了研究方便，不致引起混淆，同时为了使其表达式给大家一目了然的理解效果，对于表示不同意思的个体变元，总是以不同的变量符号来表示的，即希望一个变元在同一个公式中只以一种身份出现。由此引入以下两个规则：

（1）将量词中出现的变元以及该量词辖域中此变量之所有约束出现，都用新的个体变元替换。新的变元一定要有别于改名辖域中的所有其他变量。此规则称为自由变元的改名规则。

（2）将公式中出现该自由变元的每一处都用新的个体变元替换。新变元不允许在原公式中以任何约束形式出现。此规则称为自由变元的代入规则。

若公式 A 中无自由出现的个体变元，则称 A 为封闭的公式，简称**闭式**。不是闭式的公式称为**开式**。

谓词逻辑的所有合法符号中，有的符号在任何公式中出现时，其含义都是一样的，比如个体变元符号、联结词符号、量词符号、辅助符号等。但是，也有一些符号，比如个体常元符号、函数符号、谓词符号等，若不对它们进行具体的解释，则公式没有实际的意义。另外，个体域也会影响一个命题的真值。在谓词逻辑中，当给一个公式 A 中的所有不确定因素都指定特定含义时，就称对公式 A 作了一种解释。

对一个公式的解释，最多需要指定 4 类符号的含义。这 4 类符号是个体常元符号、函数符号、谓词符号、个体域 D。因此，可作下述定义。

定义 11.5.5 对谓词公式 G 的解释由如下四部分组成：

（1）非空的个体域集合 D。

（2）G 中的每个个体常量符号，指定 D 中的某个元素。

（3）G 中的每个 n 元函数符号，指定某个特定的函数。

（4）G 中的每个 n 元谓词符号，指定某个特定的谓词。

例 11.5.3 设解释 I 如下：

$$D = \{2,3\}；\quad a:2；\quad f(2):3, f(3):2；\quad M(2):0, M(3):1；$$
$$Q(2,2):1, Q(2,3):1, Q(3,2):0, Q(3,3):1$$

指出 $N = \forall x(p(x) \wedge Q(x,a))$ 在 I 下的真值。

解 $T_1(N) = T_2(M(2) \wedge Q(2,2) \wedge M(3) \wedge Q(3,2))$
$\qquad = 0 \wedge 1 \wedge 1 \wedge 0$
$\qquad = 0$

例 11.5.4 对谓词公式 $\forall x \exists y F(x,y)$，分别给出如下两个解释。使在第一种解释下公式的真值为 1，在第二种解释下公式的真值为 0。

解 解释Ⅰ：D 是所有人组成的集合，$F(x,y):y$ 是 x 的母亲。
则在Ⅰ下，公式的含义为"每个人都有母亲"，真值为 1。
解释Ⅱ为：D 是所有人组成的集合，$F(x,y):y$ 是 x 的儿子。
则在Ⅱ下，公式的含义为"每个人都有儿子"，真值为 0。

类似于命题公式的分类，也可以讨论把谓词公式进行分类的问题。

定义 11.5.6 如果公式 G 在对它的所有解释 I 下的真值都为 1。也称 G 是个永真式或有效公式。如果公式 G 在对它的所有解释 I 下的真值为 0，则称 G 是个永假式或矛盾公式。如果公式 G 在至少有一种解释 I 使得 G 的真值为 1，则称 G 是个可满足公式。

下面给出谓词逻辑的等价与蕴含。

定义 11.5.7 设 A,B 是两个公式，若 $A \leftrightarrow B$ 是永真式，则称 A 等值于 B，记作 $A \Leftrightarrow B$，并称 $A \Leftrightarrow B$ 是一个等价公式。

显然，公式 A 是等值于公式 B 的充分必要条件是：在任何一种解释 I 下，都有 $T_I(A) = T_I(B)$。

同命题逻辑中处理等价问题的情况一样，在谓词逻辑中，也是从等价的定义出发，先得到一些最基本的等价式，然后以这些基本等价式为基础，进一步研究更复杂的逻辑问题。但谓词逻辑基本等价式比命题逻辑基本等价式要多得多，也要复杂得多。一般地，可以把谓词逻辑基本分为两类，即命题逻辑基本等价式的推广和关于量词的基本等价式。

我们首先引入代入实例的概念。

定义 11.5.8 设 M_0 是含有 n 个命题变元 $P_1, P_2, \cdots, P_n$ 的命题公式，则 $M_1, M_2, \cdots, M_n$ 都是谓词公式，用 $M_i(1 \leqslant i \leqslant n)$ 处处替换 P_i 所得公式 M 称为 M_0 的一个代入实例。

定理 11.5.1 （1）永真的命题公式的任何一个代入实例都是永真式。
（2）永假的命题公式的任何一个代入实例都是永假式。

由于谓词公式的等值是通过有效公式来定义的，因此利用定理 11.5.1，就可以把命题逻辑中的基本等值式推广到谓词逻辑中来，得到一些结构相同的谓词逻辑等值式。

显然，由命题逻辑的一个基本等值式可以推广得到无穷多个谓词逻辑基本等值式。

由于谓词逻辑中，引进了谓词、量词等概念，因此，在谓词逻辑中还有重要的基本等值式在命题逻辑里是没有的，将它们列在下面。

设 $A(x)$、$B(x)$ 都是含 x 的任意的谓词公式，C 是一个命题，则有下列结论。

（1）量词转换律。
$\neg \forall x A(x) \Leftrightarrow \exists x \neg A(x)$；
$\neg \exists x A(x) \Leftrightarrow \forall x \neg A(x)$。

（2）量词分配律。
$\forall x(A(x) \land B(x)) \Leftrightarrow \forall x A(x) \land \forall x B(x)$；
$\exists x(A(x) \lor B(x)) \Leftrightarrow \exists x A(x) \lor \exists x B(x)$。

（3）量词辖域的扩张与收缩。
$\forall x(A(x) \land C) \Leftrightarrow \forall x A(x) \land C$；
$\forall x(A(x) \lor C) \Leftrightarrow \forall x A(x) \lor C$；
$\forall x(A(x) \to C) \Leftrightarrow \exists x A(x) \to C$；

$\forall x(C \to A(x)) \Leftrightarrow C \to \forall x A(x)$；

$\exists x(A(x) \wedge C) \Leftrightarrow \exists x A(x) \wedge C$；

$\exists x(A(x) \vee C) \Leftrightarrow \exists x A(x) \vee C$；

$\exists x(A(x) \to C) \Leftrightarrow \exists x A(x) \to C$；

$\exists x(C \to A(x)) \Leftrightarrow C \to \exists x A(x)$。

定义 11.5.9 设 A、B 是两个公式，如果 $A \to B$ 是永真式，则称 A 蕴含 B，记作 $A \Rightarrow B$，并称 $A \Rightarrow B$ 是一个**蕴含式**。

我们不加证明给出下列谓词逻辑的基本蕴含式。

(1) $\forall x A(x) \Rightarrow \exists x A(x)$；

(2) $\exists x(A(x) \wedge B(x)) \Rightarrow \exists x A(x) \wedge \exists x B(x)$；

(3) $\forall x A(x) \vee \forall x B(x) \Rightarrow \forall x(A(x) \vee B(x))$；

(4) $\exists x A(x) \to \forall x B(x) \Rightarrow \forall x(A(x) \to B(x))$；

(5) $\forall x(A(x) \to B(x)) \Rightarrow \forall x A(x) \to \forall x B(x)$；

(6) $\forall x(A(x) \to B(x)) \Rightarrow \exists x A(x) \to \exists x B(x)$。

第六节 范 式

使用真值表法和对偶定理可以判断两个命题公式是否等价。下面给出另外的方法判定两个公式是否等价，这就是将公式化为一种标准形式，即范式，然后比较两个范式是否相同，以下引入范式及相关的内容。

下面先定义真值函数概念。

定义 11.6.1 一个 n 元真值函数是指 $F:\{0,1\}^n \to \{0,1\}$，即此函数以 n 个命题变元为自变量，将对这些命题变元的一个任意一种赋值（n 个真值）变换成唯一的一个真值。不同的 n 元真值函数共有 2^{2^n} 个。

设 F 是一个 n 元真值函数，A 是一个含有 n 种命题变元的命题公式，如果 F 和 A 在任何一种赋值情况下的值都相同，就说 F 是 A 的真值函数，有时也说 F 可以由 A 表示。显然，每个命题公式的真值函数都存在且唯一，但一个真值函数可以无穷多个命题公式来表示（表示同一个真值函数的命题公式必互相等值）。

下面给出全功能联结词集和冗余词的概念。

定义 11.6.2 设 M 是一个联结词集合，若任一真值函数都可以用仅含 M 中的联结词的命题公式来表示，则称 M 为**全功能联结词集**。

定义 11.6.3 在一个联结词集合中，如果一个联结词可由该集合中的其他联结词来等值表示，则称此联结词为**冗余联结词**；不是冗余联结词的称为**独立联结词**。

定义 11.6.4 不含冗余联结词的全功能联结词集合称为**极小联结词集合**。

我们可以容易地得到下面结论：

(1) $\{\neg, \wedge, \vee, \to, \leftrightarrow\}$ 不是极小联结词集合。

(2) $\{\neg, \wedge, \vee\}$ 是全功能联结词集合，但不是极小联结词集合。

(3) $\{\neg, \wedge\}$ 是全功能联结词集合，也是极小联结词集合。

（4）$\{\neg, \vee\}$是全功能联结词集合，也是极小联结词集合。

（5）$\{\neg, \rightarrow\}$是全功能联结词集合，也是极小联结词集合。

定义 11.6.5 （1）形如$\Delta \wedge \Delta \wedge \cdots \wedge \Delta$的命题公式称为**简单合取式**，其中，每个$\Delta$都是单个命题变元或单个命题变元的否定。

（2）形如$\Delta \vee \Delta \vee \cdots \vee \Delta$的命题公式称为**简单析取式**，其中，每个$\Delta$都是单个命题变元或单个命题变元的否定。

有了简单合（析）取式的概念后，就可以定义范式了。

定义 11.6.6 （1）形如$\square \vee \square \vee \cdots \vee \square$的命题公式称为**析取范式**，其中，每个$\square$都是简单合取式。

（2）形如$\square \wedge \square \wedge \cdots \wedge \square$的命题公式称为**合取范式**，其中，每个$\square$都是简单析取式。

定理 11.6.1 对每个命题公式，都存在与之等价的析（合）取范式。

证明 任何一个命题公式G，通过下列步骤，必可等价变换成析（合）取范式。

首先我们利用蕴含等值式、等价等值式

$$A \rightarrow B \Leftrightarrow \neg A \vee B$$
$$A \rightarrow B \Leftrightarrow (A \rightarrow B) \wedge (B \rightarrow A)$$

消去G中的联结词$\rightarrow, \leftrightarrow$。

接着利用德·摩根律

$$\neg(A \wedge B) \Leftrightarrow \neg A \vee \neg B$$
$$\neg(A \vee B) \Leftrightarrow \neg A \wedge \neg B$$

将公式中的每个$\neg$移到单个命题变元前。

最后适当利用结合律、分配律、交换律、等幂律、吸收律、双重否定律等基本等值式，将公式化成析（合）取范式。

定理 11.6.2 给出了求给定命题的公式的析（合）取式的具体步骤，经过有限步等值变换，该公式就能化为与之等价的析（合）取范式。还要注意，一个命题公式的析（合）取范式不是唯一的。事实上，一个命题公式的析（合）取范式是有无穷多个的。

例 11.6.1 求命题公式$P \rightarrow (P \wedge (Q \rightarrow R))$的析取范式和合取范式。

解 $P \rightarrow (P \wedge (Q \rightarrow R))$

$\Leftrightarrow \neg P \vee (P \wedge (\neg Q \vee R))$

$\Leftrightarrow \neg P \vee (P \wedge \neg Q) \vee (P \wedge R)$ （析取范式）

$\Leftrightarrow (\neg P \vee P) \wedge (\neg P \vee \neg Q \vee R)$ （合取范式）

由于同一个命题公式的析（合）取式不是唯一的，因而，需将命题公式进一步规范化，得到具有唯一性的特殊范式——主析（合）取范式。

定义 11.6.7 设A是含有n种命题变元$P_1, P_2, \cdots, P_n$的命题公式，若简单合取式m中，命题变元$P_1, P_2, \cdots, P_n$都在m中出现且仅出现一次，则称m是A的**极小项**；若简单析取式M中，命题变元$P_1, P_2, \cdots, P_n$都在M中出现且仅出现一次，则称M是A的一个**极大项**。

例如$\neg P \wedge Q \wedge R$是关于命题变元P, Q, R的极小项。

含n种命题变元命题公式的极小（大）项有下述性质：

(1) n 个命题变元共有 2^n 个极小项。

(2) n 个命题变元的 2^n 个极小项的任一项,有且仅有一组真值指派使得此极小项的真值为1。

(3) n 个命题变元的 2^n 个极小项两两互不等价。

(4) n 个命题变元的 2^n 个极小项中的任两个不同极小项的合取式永假。

定义 11.6.8 对命题公式 A,如果它的析(合)取范式中,每个简单合(析)取式都是极小(大)项,则称此析(合)取范式是 A 的主析(合)取范式。

特别约定,永假式的主析取范式为0,永真式的主合取范式为1。

关于主析(合)取范式的存在性和唯一性,我们有下述两个定理。

定理 11.6.3 任何命题公式都存在与其等值的主析(合)取范式。

定理 11.6.4 任一命题公式的主析(合)取范式是唯一的。

例 11.6.2 求命题公式 $P \rightarrow (P \wedge (Q \rightarrow R))$ 的主析取范式。

解 $P \rightarrow (P \wedge (Q \rightarrow R))$
$\Leftrightarrow \neg P \vee (P \wedge (\neg Q \vee R))$
$\Leftrightarrow (\neg P \vee P) \wedge (\neg P \vee \neg Q \vee R)$
$\Leftrightarrow (\neg P \vee \neg Q \vee R) \Leftrightarrow (\neg P \vee \neg Q \vee R)$

例 11.6.3 用真值表法求 $((P \vee Q) \rightarrow R) \rightarrow P$ 的主析(合)取范式。

解 作出公式 $((P \vee Q) \rightarrow R) \rightarrow P$ 的真值表如表 11.6.1 所列。

表 11.6.1

P	Q	R	$P \vee Q$	$(P \vee Q) \rightarrow R$	$((P \vee Q) \rightarrow R) \rightarrow P$
0	0	0	0	1	0
0	0	1	0	1	0
0	1	0	1	0	1
0	1	1	1	1	0
1	0	0	1	0	1
1	0	1	1	1	1
1	1	0	1	0	1
1	1	1	1	1	1

得 $((P \vee Q) \rightarrow R) \rightarrow P$ 的主析取范式为:$m_2 \vee m_4 \vee m_5 \vee m_6 \vee m_7$。

主合取范式为:$M_0 \wedge M_1 \wedge M_3$。

在命题演算中,常常要将公式化成范式形式。在谓词演算中也是如此,即为了推理方便,通常将谓词公式化成与之等价的前束范式。

定义 11.6.9 如果公式 G 中的一切量词都位于该公式的最前端(不含否定词)且这些量词的辖域都延伸到其公式的末端,则公式 G 称为前束范式。其标准形式如下:
$$(Q_1 x_1)(Q_2 x_2) \cdots (Q_n x_n) M(x_1, x_2, \cdots, x_n)$$

其中,Q_i 为量词 $\forall$ 或 $\exists (i = 1, \cdots, n)$,$M$ 是一个没有量词的主谓词公式,x_i 是个体变元。

定理 11.6.5 任一谓词公式都可以化为与之等价的前束范式,但其前束范式不唯一。

将一谓词公式转换为与之等价的前束范式的步骤一般如下:

(1) 如公式中有联结词"$\rightarrow$""$\leftrightarrow$",则消去它们。

(2) 反复运用德·摩根定律,直接将"$\neg$"内移到原子谓词公式的最前端。

(3) 使用谓词的等价公式将所有的量词提到公式的最前端。

例 11.6.4 将公式 $(\forall x)P(x) \to (\exists x)Q(x)$ 化成前束范式。

解 $(\forall x)P(x) \to (\exists x)Q(x)$
$\Leftrightarrow \neg(\forall x)P(x) \vee (\exists x)Q(x) \Leftrightarrow (\exists x)\neg P(x) \vee (\exists x)Q(x)$
$\Leftrightarrow (\exists x)(\neg P(x) \vee Q(x))$

论证的有效性和结论的真实性是不同的，我们可证明下述定理。

定理 11.6.6 （1）有效结论不一定是真结论。
（2）真结论不一定是有效结论。

证明 （1）反例：如果 2+2=4，那么月球是恒星；2+2=4，所以月球是恒星。

令 P：2+2=4，Q：月球是恒星。则

前提：$P \to Q; P$

结论：Q

因为推理形式 $((P \to Q) \wedge P) \to Q$ 是永真式，所以 Q 是 $P \to Q, P$ 的有效结论。但显然 Q 是个假命题。

（2）反例：如果我是你，那么我就能说服她；我不是你，所以我不能说服她。

令 P：我是你，Q：我能说服她。则

前提：$P \to Q; \neg P$

结论：$\neg Q$

因为推理形式 $((P \to Q) \wedge \neg P) \to \neg Q$ 是永真式，所以 $\neg Q$ 是 $P \to Q, \neg P$ 的有效结论。但显然 $\neg Q$ 是个真命题。

那么，要确保一个推理所得到的结论是个真命题，进行的推理应该达到什么样的要求呢？下面的定理回答了这个问题。

定理 11.6.7 对一个由前提 $A_1, A_2, \cdots, A_n$ 推出结论 B 的推理，如果能确保以下两点：（1）每个前提 $A_1, A_2, \cdots, A_n$ 都真；（2）B 是 $A_1, A_2, \cdots, A_n$ 的有效结论。则 B 必定是个真命题。

第七节　命题逻辑推理理论

推理理论对于计算机科学中的程序验证，定理的机械化证明及人工智能都是十分重要的。下面，我们首先引入推理的概念。

定义 11.7.1 由一些前提 $A_1, A_2, \cdots, A_n$（$n \geq 1$）推出一个结论 B 的思维过程称为推理。

由上述有关推理的定义，可知推理是一个过程，每个推理至少要有一个前提，并且所有前提的地位是完全平等的。并非每个前提对推出结论都是有用的。推理的结论可以是前提中的某一个，也可以与所有前提都不相同。每个前提及结论都是命题。不是命题的词句在任何推理中都是无用的。特别地，在命题逻辑推理理论中，每个前提及结论都是命题公式。

在逻辑学中，一般最关心的问题是：一个推理的结论 B 是不是所述前提 $A_1, A_2, \cdots, A_n$ 的必然结果？而不关心前提及结论的真假。

定义 11.7.2 对一个由 $H_1, H_2, \cdots, H_n$ 推出 B 的推理，若 $H_1, H_2, \cdots, H_n \to B$ 是永真式，则称 B 是 $H_1, H_2, \cdots, H_n$ 的**有效结论**（逻辑结果）。记为 $H_1, H_2, \cdots, H_n \Rightarrow B$。

为保证推理的有效性，在推理的过程中每一步都必须按照规范的推理规则来进行，在命题逻辑推理理论中，有且仅有以下两种推理规则：

（1）前提引入规则，简称 P 规则。指在推理过程中，已有的前题任何时候都可以引用，并且引用次数不限。

（2）结论引入规则，简称 T 规则。指在推理过程中，已经推出的结论在推出之后，任何时候都可以引用。

在推理过程中，每一步都必须使用上述两个推理规则之一。一般地，一个推理的第一步通常都是运用 P 规则，后面各步既可以运用 P 规则，也可以运用 T 规则。

有效推理的认证最基本的有 3 类，即真值表法、直接证法和间接证法。下面分别介绍这 3 种方法：

方法一　真值表法

要证明 $A_1, A_2, \cdots, A_n \Rightarrow B$，只须证明 $A_1 \wedge A_2 \wedge \cdots \wedge A_n \to B$ 是个永真式即可。而证明一个命题公式是永真式，最简单的办法就是利用真值表方法。当然，真值表法是在前提和结论的形式结构都比较简单且所含命题变元较少的情况下所使用的方法。

例 11.7.1　判断推理是否有效：$(P \vee Q), \neg P$ 是前提，Q 是结论。

解　构造真值表如表 11.7.1 所列。

表 11.7.1

P	Q	$P \vee Q$	$\neg P$	Q
1	1	1	0	1
1	0	1	0	0
0	1	1	1	1
0	0	0	1	0

表 11.7.1 中，只有第 3 行中前提 $(P \vee Q), \neg$ 都为 1，且 Q 也为 1。因此 Q 是前提 $(P \vee Q), \neg P$ 的有效结论。

方法二　直接证法

推理过程中，每一个引入的新命题都是运用 P 规则，在前提集合中直接取出来的。

例 11.7.2　证明：$\neg(\neg P \vee Q), R \to Q) \Rightarrow \neg R$。

证明
① $\neg(\neg P \vee Q)$　　　　　　　　P 规则
② $\neg\neg P \wedge \neg Q$　　　　　　　　T 规则①，$E: \neg(A \vee B) \Leftrightarrow \neg A \wedge \neg B$
③ $\neg Q$　　　　　　　　　　　T 规则②，$I: A \wedge B \Rightarrow B$
④ $R \to Q$　　　　　　　　　　P 规则
⑤ $\neg R$　　　　　　　　　　　T 规则③④，$I: A \to B, \neg B \Rightarrow \neg A$

方法三　间接证法

使用直接证法，可以论证任何推理的有效性。但是，在有些情况下，直接证法可能会遇到困难，因此，有必要介绍另一种演绎方法——间接证法。间接证法根据要论证的推理问题的特点，预先引入一个新的特殊前提，然后根据此特殊前提与原有前提一起推出的结论情况，来确认原推理的有效性。间接证法有时又被分为反证法和附加前提法，下面我们给出一个附加前提法的例子。

例 11.7.3　或者哲学难学，或者没有多少学生喜欢它；如果生物容易学，那么哲学不难学。因此，如果许多学生喜欢哲学，那么生物并不容易学。

证明 令 P：哲学难学，Q：许多学生喜欢哲学，R：生物容易学。

则前提：$P \vee \neg Q; R \rightarrow \neg P$

结论：$Q \rightarrow \neg R$

推理过程如下

① Q 附加前提引入
② $P \vee \neg Q$ P 规则
③ P T 规则①②，$I: A \vee B, \neg B \Rightarrow A$
④ $R \rightarrow \neg P$ P 规则
⑤ $\neg R$ T 规则③④，$I: A \rightarrow B, \neg B \Rightarrow \neg A$
⑥ $Q \rightarrow \neg R$ CP 规则①⑤

第八节 谓词逻辑推理理论

同命题逻辑一样，在谓词演算中同样也要研究推理的问题，作为命题逻辑的扩大系统——谓词逻辑，完全可以使用与命题演算时相同的术语和符号，也可以使用命题演算系统中的证明方法和推理规则（如 P，T，CP）。在推导的过程中，还可以引用命题演算和谓词演算的全部基本等价公式和基本的蕴含公式，但在谓词演算推理中，某些前提与结论可能是受量词限制的，为了使用这些等价公式和蕴含公式，必须在推理中引入消去和添加量词的规则。

（1）全称特指规则（简称 US）。

$$\forall x G(x) \Rightarrow G(y)$$

其中：y 是个体域中的任意一个个体。

上述 US 规则也有推广公式，即 $\forall x G(x) \Rightarrow G(c)$。其中，$c$ 是个体域中的某一个个体。

例 11.8.1 词句"所有素数都是整数"可符号化为 $\forall x P(x)$，其中 $P(x)$ 表示"x 是素数"。个体域为全体素数，则根据全称特指规则有 $P(7)$，即"7 是整数"。

（2）存在特指规则（简称 ES）。

$$\exists x G(x) \Rightarrow G(c)$$

其中：c 是个体域中某些特殊的个体。

上述规则的意思是指如果个体域中存在个体具有性质 G，那么必有某些（至少一个）个体 c 具有性质 G。

需要限制 $G(x)$ 中没有自由个体出现。自由出现的个体，则必须用函数符号来取代。

例 11.8.2 设个体域是全体整数，$P(x)$ 表示"x 是偶数"，$Q(x)$ 表示"x 是奇数"，显然，$P(2)$ 和 $Q(3)$ 都为真，$P(2) \wedge Q(3)$ 也为真。故 $\exists x P(x)$ 和 $\exists x Q(x)$ 都为真，但 $P(2) \wedge Q(2)$ 为假。

（3）全称推广规则（简称 UG）。

$$G(y) \Rightarrow (\forall x) G(x)$$

其中：y 是个体域中任意一个个体。

上述规则的意思是指如果任意一个个体 y（自由变项）都具有性质 G，那么所有个体 x 都具有性质 G。

仍需限制 x 不在 $G(y)$ 中约束出现。

例 11.8.3　设个体域是全体人类，$P(x)$ 表示"x 是要呼吸的"。显然对任意一个人 $a,P(a)$ 都成立，即任何人都是要呼吸的，则应用 UG 规则有 $\forall xP(x)$ 成立。

（4）存在推广规则（简称 EG）。

$$G(c) \Rightarrow \exists x(x)$$

其中：c 是个体域中的某个个体常量。

上述规则的意思是指如果有个体常量具有性质 G，则 $\exists xG(x)$ 必为真。

需要限制 x 不出现在 $G(c)$ 中。

例 11.8.4　设个体域为全体人类，$P(x)$ 表示"x 是天才"，P（牛顿）表示"牛顿是天才"是成立的，故 $\exists xP(x)$ 成立。

上述 4 条规则，看似简单，但要正确使用它们，常常有许多限制，稍不注意，就会出错。

下面举例说明推理规则的应用。

例 11.8.5　证明苏格拉底三段论。

所有的人都是要死的；苏格拉底是人。所以苏格拉底是要死的。

证明　设 $H(x):x$ 是人，$M(x):x$ 是要死的，s：苏格拉底。

则前提：$\forall x(H(x) \to M(x)), H(s)$

结论：$M(s)$

推理过程如下：

(1)	$\forall x(H(x) \to M(x))$	P
(2)	$H(s) \to M(s)$	US,(1)
(3)	$H(s)$	P
(4)	$M(s)$	T,(2),(3),I：假言推理

例 11.8.6　证明下面的有效推理。

所有的有理数都是实数；并非所有的有理数都是整数。因此，有的实数不是整数。

证明　令 $F(x):x$ 是有理数，$G(x):x$ 是实数，$H(x):x$ 是整数。

则前提：$\forall x(F(x) \to G(x)), \neg\forall x(F(x) \to H(x))$

结论：$\exists x(G(x) \land \neg H(x))$

推理过程如下：

(1)	$\neg\forall x(F(x) \to H(x))$	P
(2)	$\exists x\neg(F(x) \to H(x))$	T,(1),E：量词否定律
(3)	$\neg(F(c) \to H(c))$	ES,(2)
(4)	$\forall x(F(x) \to G(x))$	P
(5)	$F(c) \to G(c)$	US,(4)
(6)	$\neg(\neg F(c) \lor H(c))$	T,(3),E：蕴含等值式
(7)	$F(c) \land \neg H(c)$	T,(6),E：德·摩根律，双重否定律

（8） $F(c)$ T,(7),I：化简
（9） $\neg H(c)$ T,(7),I：化简
（10） $G(c)$ T,(5),(8),I：假言推理
（11） $G(c) \wedge \neg H(c)$ T,(9),(10),I：合取引入
（12） $\exists x(G(x) \wedge \neg H(x))$ EG,(11)

习　题

1．判断下列语句是否为命题。
（1） $a-b$。
（2）请随手关门！
（3） $x \geqslant 1$。
（4）我正在说谎。

2．判断下列命题是复合命题还是简单命题。
（1）我今天或明天去看电影。
（2）今天是晴天。
（3）离散数学是计算机专业的必修课。
（4）两数之和是偶数当且仅当两数均为偶数或两数均为奇数。

3．将下列命题符号化。
（1）虽然刚刚年龄不大，但却很有抱负。
（2）不是鱼死，就是网破。
（3）对这个建议，我既不反对也不支持。
（4）吃一堑，长一智。
（5）我既不看电视也不看电影，我在洗澡。
（6）尽管天气很炎热，老张还是来了。
（7）李勇不仅学习成绩优秀，而且综合能力也很强。

4．当 M、N 的真值为 1，R、S 的真值为 0 时，求下列各命题公式的真值。
（1） $(R \leftrightarrow M) \wedge (\neg S \vee M)$。
（2） $(\neg R \wedge \neg S \wedge M) \leftrightarrow (R \wedge S \wedge \neg M)$。
（3） $(\neg M \wedge N) \rightarrow (R \wedge \neg S)$。

5．写出下列公式的真值表。
（1） $P \rightarrow (Q \vee R)$。
（2） $\neg (P \vee Q) \leftrightarrow (\neg P \wedge \neg Q)$。
（3） $((P \rightarrow Q) \wedge (R \rightarrow Q) \wedge (P \wedge R)) \rightarrow Q$。
（4） $(\neg P \wedge R) \vee (Q \rightarrow R)$。

6．判定下列公式的类型。
（1） $\forall x F(x) \rightarrow \alpha \forall x \exists y G(x, y) \rightarrow \forall x F(x)$。
（2） $\forall x \exists y F(x, y) \rightarrow \exists x \forall y F(x, y)$。

(3) $P \to (P \lor Q \lor R)$。
(4) $((P \to Q) \land (Q \to R)) \to (P \to R)$。

7．证明下列等价式成立。
(1) $\neg(P \leftrightarrow Q) \Leftrightarrow (P \lor Q) \land \neg(P \land Q)$。
(2) $P \to (Q \lor R) \Leftrightarrow (P \land \neg Q) \to R$。
(3) $P \lor (P \to (P \land Q)) \Leftrightarrow \neg P \lor \neg Q \lor (P \land Q)$。
(4) $((P \land Q) \to R) \land (Q \to (S \lor R)) \Leftrightarrow (Q \land (S \to P)) \to R$。

8．求下面公式的析取范式。
(1) $(P \to Q) \to R$。
(2) $P \lor (\neg P \land Q \land R)$。
(3) $(\neg P \land Q) \lor (P \lor \neg Q)$。
(4) $(\neg P \to Q) \to (\neg Q \lor P)$。

9．求下列公式的主析取范式和主合取范式。
(1) $(Q \to P) \land (\neg P \land Q)$。
(2) $(P \lor Q) \to (Q \land R)$。
(3) $P \lor (\neg P \to (Q \lor (\neg Q \to R)))$。

10．（1）使用联结词¬、∨构造包含命题变元 P, Q, R 的公式 $L(P, Q, R)$，使得 $\neg L(P, Q, R) = L(\neg P, Q, R) = L(P, \neg Q, R) = L(P, Q, \neg R)$。
（2）求（1）中公式 $L(P, Q, R)$ 的主合取范式。

11．判断公式 $(\neg P \to \neg Q) \to (Q \to P)$ 是重言式、矛盾式或者其他。

12．试证下列蕴含关系。
(1) $(P \to Q) \to Q \Rightarrow P \lor Q$。
(2) $((P \lor \neg P) \to Q) \to ((P \lor \neg P) \to R) \Rightarrow (Q \to R)$。
(3) $(Q \to (P \land \neg P)) \to (R \to (P \land \neg P)) \Rightarrow (R \to Q)$。
(4) $(P \to (Q \to R)) \Rightarrow (P \to Q) \to (P \to R)$。

13．证明下列推理的有效性。
(1) $\neg(P \land Q), \neg Q \lor R, \neg R \Rightarrow \neg P$。
(2) $P \to (Q \to S), Q, P \lor \neg R \Rightarrow R \lor S$。
(3) $(A \lor B) \to (C \land D), (D \lor E \to F) \Rightarrow A \to F$。
(4) $P \to Q, (\neg Q \lor R) \land \neg R, \neg(\neg P \land S) \Rightarrow \neg S$。

14．证明下列推理得到的结论是有效结论。
（1）如果我恢复了健康，我就能继续工作，假如我不能继续工作，我就必须出外疗养或卧床在家；我没有出外疗养的机会，并且我不愿意卧病在床。所以，我必须恢复健康。
（2）有甲、乙、丙、丁 4 队参加篮球比赛。如果甲队第三，则当乙队第二时丙队第四；或者丁队不是第一，或者甲队第三；已知乙队第二。因此丁队第一，那么丙队第四。

15．设有解释如下（个体域 D 为全体自然数）：
谓词 $P(x)$：x 是素数。
谓词 $E(x)$：x 是偶数。

谓词 $N(x,y)$：x 可以整除 y。

请分别将下列各式译成自然语言，并指出其真值：

（1）$\forall x(N(2,x) \to E(x))$。

（2）$\exists x(E(x) \land \forall y(P(y) \to N(x,y)))$。

16．给定下列谓词公式，判定哪些公式是永真式，哪些是永假式，哪些是可满足式？

（1）$(\exists x)P(x) \to (\forall x)P(x)$。

（2）$\neg(\forall x)P(x) \to (\forall y)Q(y) \land (\forall y)Q(y)$。

（3）$(\forall x)(\forall y)P(x,y) \leftrightarrow (\forall y)(\forall x)P(x,y)$。

（4）$\neg(\forall x)Q(x) \leftrightarrow (\exists x)(\neg Q(x))$。

17．求下列公式的前束范式。

（1）$(\forall x)(F(x) \to (\exists y)G(x,y))$。

（2）$(\exists x)(\neg((\exists y)A(x,y)) \to ((\exists z)B(z) \to D(x)))$。

（3）$(\forall x)F(x) \to (\exists x)((\forall z)G(x,z) \lor (\forall z)H(x,y,x))$。

（4）$(\forall x)((\exists x)F(x,y) \land (\exists y)G(x,y)) \to (\forall y)(H(x,y) \to R(y))$。

18．判断下列谓词逻辑中的推理是否正确。

（1）$(\forall x)(F(x) \lor G(x)),(\forall x)(G(x) \to \neg H(x)),(\forall x)H(x) \Rightarrow (\forall x)F(x)$。

（2）$(\forall x)(\neg F(x)G(x)),(\forall x)\neg G(x) \Rightarrow (\exists x)F(x)$。

19．用推理规则证明：

$(\forall x)(G(x) \lor Q(x)),\neg(\forall x)G(x) \Rightarrow (\exists x)Q(x)$。

参考文献

[1] 闵嗣鹤,严士健. 初等数论[M]. 3 版. 北京：高等教育出版社,2003.

[2] 柯召,孙琦. 数论讲义[M]. 2 版. 北京：高等教育出版社,1999.

[3] 张禾瑞. 近世代数基础[M]. 北京：高等教育出版社,1978.

[4] 熊全淹. 近世代数[M]. 武汉：武汉大学出版社,1991.

[5] 华中师范大学数学系《抽象代数》编写组. 抽象代数[M]. 武汉：华中师范大学出版社,2000.

[6] 牛凤文. 抽象代数[M]. 2 版. 武汉：武汉大学出版社,2008.

[7] 杨子胥. 近世代数[M]. 2 版. 北京：高等教育出版社,2003.

[8] 肖攸安. 椭圆曲线密码体系研究[M]. 武汉：华中科技大学出版社,2006.

[9] 杨波. 现代密码学[M]. 北京：清华大学出版社,2003.

[10] 张焕国,刘玉珍. 密码学引论[M]. 武汉：武汉大学出版社,2003.

[11] 斯廷森.密码学原理与实践[M]. 3 版. 冯登国,等译. 北京：电子工业出版社,2009.

[12] 宋秀丽,等. 现代密码学原理与应用[M]. 北京：机械工业出版社,2012.

[13] 胡运权,等. 运筹学[M]. 4 版. 北京：清华大学出版社,2012.

[14] 刁在筠,等. 运筹学[M]. 北京：高等教育出版社,2001.

[15] 卓新建,等. 图论及其应用[M]. 北京：北京邮电大学出版社,2018.

[16] 马振华,等. 现代应用数学手册 离散数学卷[M]. 北京：清华大学出版社,2002.

[17] 陈恭亮. 信息安全数学基础[M]. 北京：清华大学出版社,2014.

[18] 秦艳琳,等. 信息安全数学基础[M]. 武汉：武汉大学出版社,2014.

[19] 屈婉玲,等. 离散数学[M]. 2 版. 北京：高等数学出版社,2015.

[20] Lee R C T. 算法设计与分析导论[M]. 王卫东,译. 北京：机械工业出版社,2008.

[21] 王晓东. 计算机算法设计与分析[M]. 北京：电子工业出版社,2007.

[22] 吴晓平,秦艳琳,黄魏. 信息安全数学基础[M]. 武汉：海军工程大学出版社,2006.

[23] 吴晓平,秦艳琳. 应用数学基础[M]. 北京：科学出版社,2008.

[24] 吴晓平,秦艳琳. 信息安全数学基础[M]. 北京：国防工业出版社,2009.

[25] 吴晓平,秦艳琳,罗芳. 密码学[M]. 北京：国防工业出版社,2010.

[26] 胡卫,秦艳琳,等. 密码学[M]. 武汉：海军工程大学出版社,2020.